U0690873

国家级一流本科专业建设

南开大学"十四五"规划核心课程精品教材

碳中和管理
与技术概论

鞠美庭 宋 欣 刘泽珺 等编著

化学工业出版社

北京

内容简介

《碳中和管理与技术概论》结合"双碳"目标，重点介绍了碳排放与碳中和的基础知识，梳理了碳中和管理的国际经验，全面总结了碳中和相关工程技术，深入阐述了地球碳库及自然碳汇，提出了城市碳中和规划思路，系统分析了能源、石油化工、钢铁、建材、有色金属、交通、建筑、农业等行业的发展现状、碳排放特征及碳中和路径。

《碳中和管理与技术概论》可作为高等院校本科生和研究生普及碳排放相关知识的教学用书，也可作为碳排放管理相关培训教材使用，同时可为相关研究者、决策者、管理者提供全面系统的参考。

图书在版编目（CIP）数据

碳中和管理与技术概论 / 鞠美庭等编著. -- 北京：化学工业出版社，2025. 8. --（国家级一流本科专业建设成果教材）. -- ISBN 978-7-122-48688-2

Ⅰ. X511

中国国家版本馆 CIP 数据核字第 2025QU9523 号

责任编辑：满悦芝　　　　　　　文字编辑：杨振美
责任校对：杜杏然　　　　　　　装帧设计：张　辉

出版发行：化学工业出版社
　　　　　（北京市东城区青年湖南街 13 号　邮政编码 100011）
印　　装：北京云浩印刷有限责任公司
787mm×1092mm　1/16　印张 15¾　字数 382 千字
2025 年 9 月北京第 1 版第 1 次印刷

购书咨询：010-64518888　　　　　售后服务：010-64518899
网　　址：http://www.cip.com.cn
凡购买本书，如有缺损质量问题，本社销售中心负责调换。

定　　价：58.00 元　　　　　　　版权所有　违者必究

本书编委会

主　　任：鞠美庭　宋　欣　刘泽珺

副 主 任：漆新华　宋少洁　殷培杰
　　　　　毕　涛　李智强

其他人员：(按姓氏笔画排序)：
　　　　　吕　帅　李　程　李奇伦　何泳绰
　　　　　张义昊　陈玉龙　陈庆斌　郭凤娟

前言
PREFACE

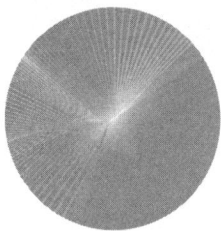

2020 年 9 月 22 日，习近平主席在第七十五届联合国大会上正式提出"中国将提高国家自主贡献力度，采取更加有力的政策和措施，二氧化碳排放力争于 2030 年前达到峰值，努力争取 2060 年前实现碳中和"。"双碳"目标是我国为延缓全球气候变暖做出的重要承诺，也是我国经济社会发展的内在要求。我们组织编写这本《碳中和管理与技术概论》的初衷是希望能够给相关专业的本科生和研究生，以及企事业单位的工作人员提供全面的碳排放、碳中和相关知识。

本书介绍了碳排放与碳中和的基础知识，梳理了碳中和管理的国际经验，全面总结了碳中和相关工程技术，系统分析了能源、石油化工、钢铁、建材、有色金属、交通、建筑、农业等行业的发展现状、碳排放特征及碳中和路径。

本书由鞠美庭、宋欣、刘泽珺任编委会主任，漆新华、宋少洁、殷培杰、毕涛、李智强任编委会副主任。各章编写分工分别为：第一章由刘泽珺、宋欣（中国电力建设集团有限公司北方区域总部）编写；第二章由殷培杰编写；第三章由漆新华编写；第四章由刘泽珺、李智强（中国电力建设集团有限公司北方区域总部）编写；第五章由陈玉龙、毕涛［华测生态环境科技（天津）有限公司］编写；第六章由刘泽珺、张义昊编写；第七章由何泳绰、毕涛编写；第八章由郭凤娟、李智强编写；第九章由吕帅、李智强编写；第十章由李奇伦、毕涛编写；第十一章由李程、李智强编写；第十二章由陈庆斌（天津市生态道德教育促进会）、宋欣编写；第十三章由宋少洁编写。鞠美庭、宋欣和刘泽珺对全书进行了统稿和审定。以上未标注单位的编写人员的工作单位均为南开大学。

感谢化学工业出版社对本教材的编写指导和出版支持。本书编写过程中参考了相关领域的著作、文献和标准文件，引用了国内外许多专家学者和机构发表的研究成果资料，在此向有关作者致以谢忱。

由于编者水平有限，书中还存在不足和疏漏之处，敬请专家、学者及广大读者批评指教。

编者
2025 年 5 月于天津

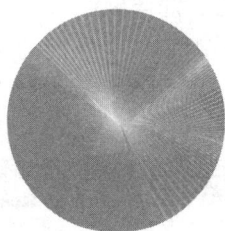

目录
CONTENTS

第三章　碳中和技术概述　　**24**

第四章　城市碳中和规划思路　　**44**

第十章　交通行业的碳排放及碳中和　134

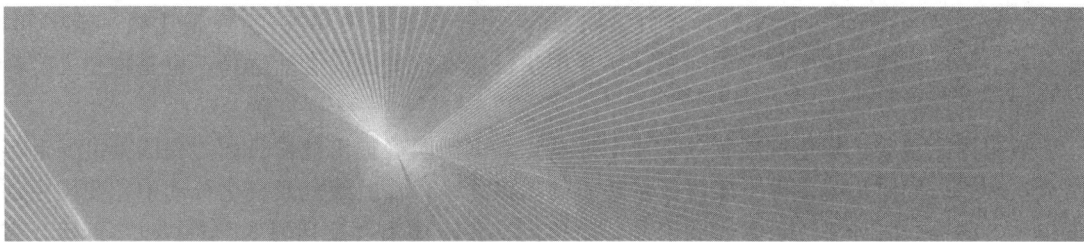

第一章
碳排放与碳中和基础知识

2020 年 9 月 22 日，习近平主席在第七十五届联合国大会上正式提出"中国将提高国家自主贡献力度，采取更加有力的政策和措施，二氧化碳排放力争于 2030 年前达到峰值，努力争取 2060 年前实现碳中和"。"碳达峰""碳中和"的提出，不仅彰显了我国负责任的大国形象，同时也是我国发展的内在要求。

第一节　碳达峰与碳中和概念

碳达峰，通常是指某个国家或地区年度温室气体排放量达到历史最高值，是温室气体排放量由增转降的历史拐点，标志着经济发展由高耗能、高排放向低耗能、低排放模式转变。

碳中和，通常是指某个地区在一定时间内（一般指一年内）人类活动直接和间接排放的温室气体总量，与通过植树造林、工业固碳等吸收的碳总量相互抵消，即碳源与碳汇之间达到平衡状态，实现碳"净零排放"。

问题 1：碳达峰、碳中和提出的背景是什么？我国为什么提出碳达峰、碳中和？

碳中和概念始于 20 世纪 90 年代末期，最初主要是指个体及组织通过购买碳汇、植树造林等方式实现个体行为及组织活动的碳"净零排放"。碳达峰、碳中和的提出与全球气候治理进程密切相关。

自 20 世纪 60 年代以来，世界公害事件及极端天气的出现，引起了科学界对气候变化问题的重视，人类关注气候变化的标志性事件如图 1-1 所示。随着研究的不断深入，人类活动排放的温室气体是造成气候变化的主要原因成为科学界的共识。为应对气候变化，1992 年以来联合国政府间气候变化专门委员会（IPCC）先后发布六次评估报告，证实了人类活动对全球气候环境的影响。2022 年发布的第六次评估报告更是明确指出当前气候状态已经进入紧急状态，危险的临界点已近在咫尺，人类必须采取减排和减缓气候变化措施。气候变化是一项跨越国界的全球性挑战，需要国际通力合作。世界各国已深刻认识到温室效应给人类社会带来的影响，2015 年近 200 个缔约方签署了《巴黎协定》，力争在 21 世纪内将全球平均气温升幅控制在工业化前水平以上 2℃之内，并努力将气温升幅限制在工业化前水平以上 1.5℃之内。

习近平主席在第七十五届联合国大会上提出我国将提高国家自主贡献力度，"二氧化碳排放力争于 2030 年前达到峰值，努力争取 2060 年前实现碳中和"。实现碳达峰、碳中和，既是着力解决资源环境约束突出问题、实现中华民族永续发展的必然选择，也是构建人类命运共同体的庄严承诺。

放眼国际社会，绿色低碳发展已成全球共识，多国明确提出减排目标。我国是世界上第二大经济体，同时也是世界上碳排放量较多的国家之一；在减缓气候变化行动中，我国主动承担起关键参与者、重要贡献者和引领者的角色，我国提出"碳达峰""碳中和"目标，高度契合《巴黎协定》要求，是全球实现 1.5℃温控目标的关键，展示了我国负责任大国的担当，体现了我国推动完善全球气候治理的决心。

立足国内实际情况，我国是世界上最大的能源生产国，也是世界上最大的能源消费国。我国能源资源禀赋呈现富煤、缺油、少气的特点，能源结构以煤炭为主，煤炭是主要的碳排放来源；我国原油和天然气对外依存度较高，国家统计局数据显示，2024 年我国原油对外依存度高于 70%，2022 年天然气对外依存度超过 40%，深刻影响我国的能源供应和经济发展。控制碳排放、推动能源结构改革，是国家安全战略上的重要考量。目前，我国在新能源产业和技术发展方面处于全球领先地位，特别是在光伏发电、新能源汽车领域，"碳中和"对我国经济发展而言是不可多得的机遇。"碳达峰""碳中和"是我国主动做出的战略决策，能推动广泛而深刻的经济社会变革。我国加强应对气候变化、尽快实现绿色低碳发展转型，是符合自身发展利益的，更可形成国内低碳行动与全球气候治理的良性互动。

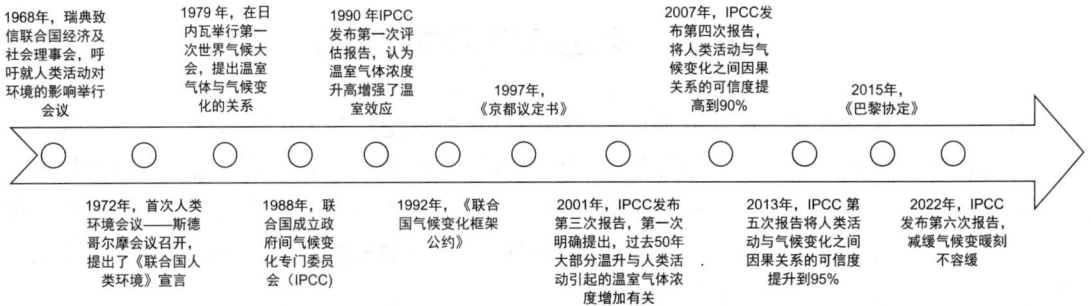

图 1-1 人类关注气候变化的标志性事件

问题 2：碳达峰、碳中和的"碳"指的是什么？"碳"为什么引起了人们的高度重视？

我国承诺力争 2030 年前实现碳达峰，此处的碳是指二氧化碳排放。我国宣布努力争取 2060 年前实现碳中和，此处的碳不仅包含二氧化碳，还包括甲烷、氟利昂（几种氟氯代甲烷和氟氯代乙烷的总称）、氢氟碳化物等其他温室气体。

温室气体（GHG），是指大气中吸收和重新放出红外辐射的自然存在和人类活动产生的气态成分，包括二氧化碳（CO_2）、甲烷（CH_4）、氧化亚氮（N_2O）、氢氟碳化物（HFCs）、全氟化碳（PFCs）、六氟化硫（SF_6）和三氟化氮（NF_3）。这些温室气体会产生温室效应。温室效应，又称"花房效应"，是指透射阳光的密闭空间由于与外界缺乏热对流而形成的保温效应，即太阳短波辐射可以透过大气射入地面，而地面增暖后放出的长波辐射却被大气中的二氧化碳等物质所吸收，从而产生大气变暖的效应。大气中的二氧化碳等温室气体就像一层厚厚的玻璃，使地球变成了一个大暖房，其作用类似于农业上栽培农作物的温室。温室气体浓度越高，温室效应越强，人为排放导致的温室气体浓度变化可加大温室效应。温室效应会导致一系列严重后果，如温度升高、两极冰川融化、海平面上升、土地干旱、极端天气出现频率升高、病虫害增加等等，严重威胁人类的生存。

温室气体包含多种，为什么我们用"碳"来代称温室气体呢？为什么会选择二氧化碳作为参照气体呢？因为二氧化碳是人类活动排放的主要温室气体且对全球变暖影响最大，为了便于计算和比较不同温室气体的温室效应，通常将温室气体按照影响程度的不同折算成二氧化碳当量（CO_2e）。

问题3：什么是碳排放？什么是人为排放？什么是直接排放？什么是间接排放？为什么碳达峰、碳中和只考虑人类活动引起的碳排放？

碳排放通常是指煤炭、石油、天然气等化石能源燃烧活动和工业生产过程以及土地利用方式变化等活动产生的温室气体排放，也包括因使用外购的电力和热力等所导致的温室气体排放。

人为排放通常是指人类活动引起的各种温室气体、气溶胶或气溶胶的前体物的排放。这些活动包括各类化石燃料的燃烧、毁林、土地利用方式变化、畜牧业生产、化肥施用、污水管理以及工业活动等。

直接排放与间接排放的区别在于边界的划分，直接排放是在定义明确的边界内各种活动产生的物理排放，间接排放是在规定的边界之外产生的排放。以钢铁行业为例，钢铁生产过程中煤炭作为燃料燃烧产生的温室气体排放属于直接排放，使用的外购电力、热力、蒸汽等能源在生产环节产生的温室气体排放属于间接排放。

碳排放分为自然排放和人为排放。自然排放包括森林碳排放、海洋碳排放、土壤碳排放、岩石碳排放、生物体碳排放等，人为排放包括化石燃料燃烧、土地利用方式变化等。碳达峰、碳中和只考虑人类活动引起的碳排放，这与大气中温室气体的主要产生方式有关。全球变暖主要是由人类活动引起的，这是目前科学界的主流认识。1992年以来IPCC先后发布六次评估报告，证实了人类活动对全球气候环境的影响。

问题4：什么是碳源？什么是碳汇？什么是碳"净零排放"？

碳源，是指向大气中释放碳的过程、活动或机制。自然界中的碳源主要是海洋、土壤、岩石与生物体，另外工业生产、生活等都会产生二氧化碳等温室气体，也是主要的碳排放源。在这些排放的碳中，有一部分累积在大气圈中，引起温室气体浓度升高，打破了大气圈原有的热平衡，影响了全球气候变化。《2006年IPCC国家温室气体清单指南》所涉及的碳排放源详见附图1。

碳汇，是指从大气中清除CO_2的过程、活动或机制。既可以通过生物转化将吸收的CO_2储存在生物、土壤等自然环境中，也可以通过工程项目从大气中捕集CO_2，将捕集的CO_2封存于地下存贮层或重新加以利用。

"净零排放"并不是完全不产生任何温室气体排放，而是温室气体排放与吸收之间达到一种平衡状态。基于一个基准目标，尽可能快速地将温室气体排放减少到一个低的基准水平，剩余的碳排放量可通过森林、海洋等重新吸收，达到净零排放。

问题5：我国实现碳中和的根本途径是什么？重点是什么？

我国实现碳中和的根本途径是做到"两个替代""双主导"和"双脱钩"。"两个替代"，即在能源领域加快清洁能源替代和电能替代，是推动我国清洁、绿色、低碳发展的主要方式。在能源开发上，使用风能、水能、地热能、生物质能等清洁能源替代化石能源，从源头上减少污染物的排放，形成以清洁能源为主导的能源开发新格局；在能源消费上，使用电能替代化石能源，以电代气、以电代煤、以电代油等，提高电能在终端能源消费中的比重。"两个替代"能够促进我国能源领域和消费领域转型升级。"双主导"指的是我国能源结构发生根本性改变，建立以清洁能源为主导的新能源供应体系；能源消费模式发生转变，电力消费逐渐占据主导地位。"双脱钩"指的是经济发展与碳排放脱钩、能源电力发展与碳排放脱钩。

我国实现碳中和的重点为"两控"与"两化"。"两控",即压控煤炭消费总量、压控油气消费增速。"两化",即能源结构清洁化、能源消费高效化。能源领域的深刻变革是实现碳中和的重要途径,我国能源资源禀赋呈现"富煤、缺油、少气"的特点,在此背景下,减少化石燃料燃烧、转变能源结构、提高能源利用效率进而控制温室气体排放是实现"双碳"目标要解决的主要问题。

居民日常生活的碳排放量估算

居民日常生活中的碳源可以从家庭用电、小轿车出行、家用天然气、家用自来水、食用猪肉等方面考虑。

- 家庭用电中,碳排放量等于耗电量(kW·h)乘以 0.5703kg/(kW·h)(2022 年全国电网平均排放因子),耗电量按照《中国能源统计年鉴 2023》进行估算,2022 年中国人均生活电力消费量为 987kW·h,折合每天耗电 2.70kW·h,则居民每天家庭用电碳排放量为 1.54kg。

- 小轿车出行,碳排放量等于油耗(L)乘以 2.7kg/L,易车研究院发布的《2023 用车里程洞察报告》显示,2023 年中国年均用车里程 1.54×10^4 km,按照该数据进行估算,中国人均小轿车出行日里程数为 42.19km。工业和信息化部发布的 2023 年度中国乘用车企业平均燃料消耗量与新能源汽车积分情况公告显示,2023 年乘用车行业平均油耗 3.78L/100km,则居民每天小轿车出行碳排放量为 4.31 kg。

- 家用天然气,碳排放量等于天然气使用量(m^3)乘以 0.19kg/m^3,按照《中国能源统计年鉴 2023》进行估算,2022 年中国人均生活天然气消费量为 41.7m^3,折合每天消耗 0.11 m^3 天然气,则居民每天家用天然气碳排放量为 0.02kg。

- 家用自来水中,碳排放量等于自来水使用量(m^3)乘以 0.91kg/m^3,按照《中国统计年鉴 2023》进行估算,2022 年中国人均用水量为 424.7 m^3,折合每天消耗 1.16m^3 的家用自来水,则居民每天家用自来水的碳排放量为 1.06kg。

- 食用猪肉,碳排放量等于猪肉消费量乘以 12.1kg/kg,按照《中国统计年鉴 2023》进行估算,2022 年中国人均猪肉消费量为 26.9kg,折合每天消耗 0.07kg 的猪肉,则居民每天食用猪肉产生的碳排放量为 0.85kg。

根据上述计算结果粗略估算可知,居民平均每天的碳排放量为 1.54+4.31+0.02+1.06+0.85=7.78(kg)。全国人口数量按照《中国统计年鉴 2023》中的 14.12 亿人计算的话,全国居民平均每天碳排量为 1098.54×10^4 t。

第二节 二氧化碳排放权交易

碳交易,即温室气体排放权交易的统称,由于温室气体中二氧化碳占比最大,通常以每吨二氧化碳当量为计算单位,将二氧化碳排放权作为一种商品,买方向卖方购买一定的碳排放配额,以减缓温室效应从而实现其减排目标。碳交易是为了控制温室气体排放而建立的市场机制,有利于促进企业清洁生产、低碳减排。碳交易通常在碳交易市场中进行。

问题 1：碳交易产生的背景是什么？我国为什么要加入碳交易？

碳交易的产生源于人类对气候变化的关注，以及对气候变化所引起的人类生存环境不断恶化这一客观事实的重视。联合国政府间气候变化专门委员会通过艰难谈判，于 1992 年 5 月 9 日通过《联合国气候变化框架公约》（简称《框架公约》）。1997 年 12 月 149 个国家和地区代表在日本东京召开了《框架公约》缔约方第三次会议，该会议通过了《框架公约》的第一个附加协议，即《京都议定书》，这是《框架公约》下第一份具有法律约束力的文件，也是人类历史上首份以法规的形式限制温室气体排放的文件。《京都议定书》提出，把市场机制作为解决二氧化碳为代表的温室气体减排问题的新路径，即把二氧化碳排放权作为一种商品，从而形成了二氧化碳排放权的交易，简称碳交易。

碳交易，即由政府对碳排放定价。我国建设碳交易体系主要有以下考量。一是深刻认识到气候变暖已成为全球共识，气候变化问题已上升为政治问题。建立碳交易市场，是实现中国政府向国家社会做出的"力争 2030 年前实现碳达峰、2060 年前实现碳中和"承诺的重要举措和保障。二是欧洲屡次提及"碳边境"问题，这导致我国碳排放密集型产品极有可能面临在国际贸易中被征收碳税的风险，这倒逼我国采取一定的措施降低产品碳税。三是碳交易是实践证明了的解决碳排放问题的有效市场机制。碳交易能够盘活企业减排的动力，让企业参与到碳减排中，有利于企业完成政府履约考核目标。

问题 2：我国碳交易发展经历了哪些阶段？

我国碳交易发展经历了三个阶段：参与国际碳交易体系阶段、地方试点阶段以及全国推广阶段。我国参与国际碳交易体系始于 1998 年 5 月。地方试点阶段涉及七个省（市），分别为北京、天津、上海、重庆、湖北、广东和深圳。随后，福建和四川两个非试点省份也成立了碳交易市场。从试点阶段碳交易情况来看，由于湖北和广东拥有一定规模的高耗能工业体系且纳入碳交易市场的排放单位较多，这两个省份的碳排放交易量最大；北京市利用碳交易市场机制有效推动了节能减排，碳强度降幅最为明显。2013—2020 年，我国碳交易市场碳交易额呈现增长趋势。全国推广阶段从 2021 年 7 月开始，首个履约周期参与主体均为发电企业。全国碳排放交易采用以配额交易为主导、以核证自愿减排量为补充的双轨体系。我国碳交易发展历程如图 1-2 所示。

问题 3：什么是碳排放权？什么是碳排放配额？碳排放配额的划分标准或者依据是什么？

碳排放权，即核证减排量，是指依法取得的向大气排放温室气体的权利。

碳排放配额，即碳排放权的凭证和载体，是指经政府主管部门核定，分配给重点排放单位指定时期内的允许向大气中排放温室气体的量，通常以二氧化碳当量（CO_2e）进行核算。1 单位配额相当于 1t CO_2e。

按照《碳排放权交易管理暂行条例》和《碳排放权交易管理办法（试行）》，碳排放配额的确定由生态环境部和省级生态环境主管部门共同确定。生态环境部会同国务院有关部门根据国家温室气体排放控制要求，综合考虑经济增长、产业结构调整、能源结构优化、大气污染物排放协同控制等因素，制定年度碳排放配额总量确定与分配方案。省级生态环境主管部门会同同级有关部门根据生态环境部制定的年度碳排放配额总量确定与分配方案，向本行政区域内的重点排放单位分配规定年度的碳排放配额。

问题 4：什么是碳交易市场？哪些企业需要纳入全国碳排放权交易市场？

碳交易市场，是指由政府通过对耗能企业的控制排放而人为制造的市场。通常情况下，

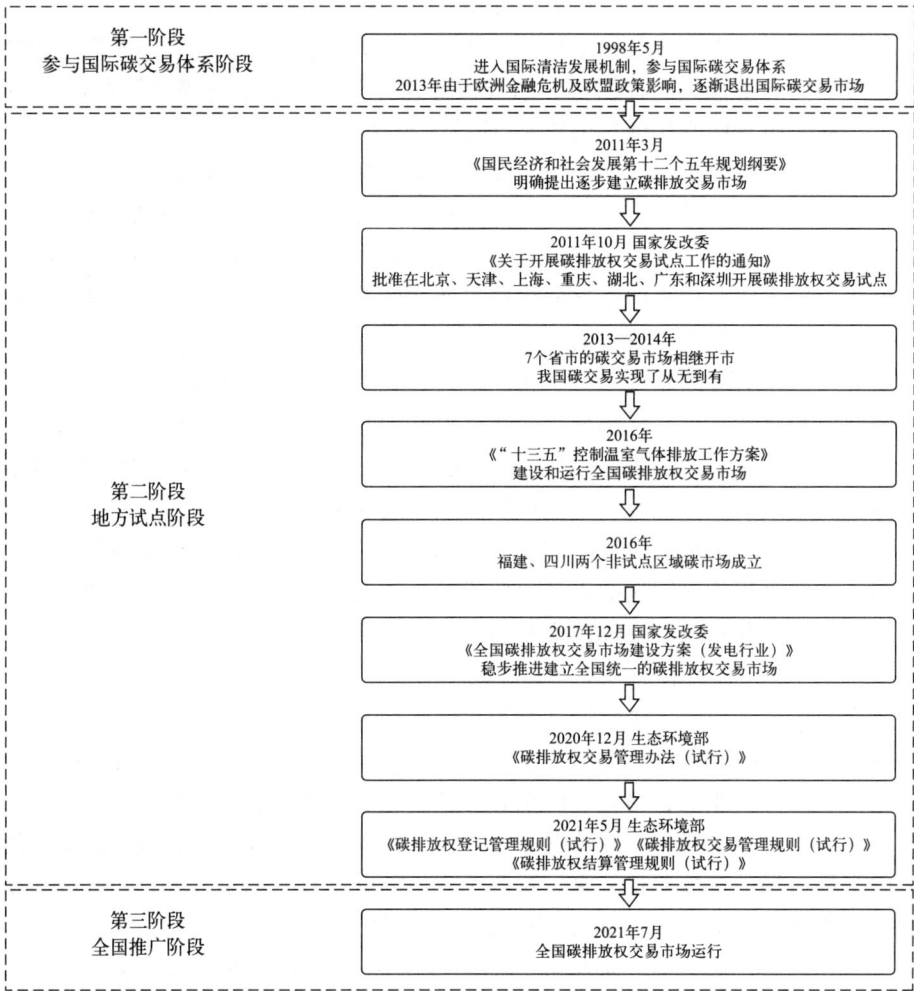

图 1-2　我国碳交易发展历程

政府确定一个碳排放总额，并根据一定规则将碳排放配额分配至企业。如果未来企业的碳排放高于配额，需要到市场上购买配额。与此同时，部分企业通过采用节能减排技术，最终碳排放低于其获得的配额，则可以通过碳交易市场出售多余配额。双方一般通过碳排放交易所进行交易。

举个简单的例子，某化工厂获得的碳排放配额为 30000t/a，由于生产技术的改进和新增除污设施，当年实际排放的碳为 25000t，则其富余 5000t/a 的碳排放配额，可以拿到碳交易市场上进行出售。某钢铁厂是该城市的重点排放单位，所获得的碳排放配额为 40000t/a，由于市场需求量大，该工厂进行了规模扩大，碳排放量增加到 45000t/a，超出了规定的碳排放额度，需在市场上进行碳排放配额的购买，以抵消多排放的碳。钢铁厂购买化工厂富余的 5000t/a 的碳排放配额，两个工厂实现总碳排放量未超标，这个过程就是碳交易。

按照《碳排放权交易管理办法（试行）》，温室气体重点排放单位需纳入全国碳排放权交易市场。温室气体重点排放单位的划分原则有两项，分别为：属于全国碳排放权交易市场覆盖行业；年度温室气体排放量达到 26000t CO_2e。

问题 5：企业排放的温室气体量是否超过企业获得的碳排放配额，由谁来确定和监管？具体如何执行？

企业碳排放量的核算可分为碳盘查与碳核查。碳盘查，即碳排查，是指以政府或企业等为单位，计算其在社会和生产活动中各环节直接或者间接排放的温室气体，该过程也可进行温室气体排放清单编制，是一种自主行为。碳核查，是指由具有公信力的第三方技术服务机构对企业的碳盘查报告进行审核并出具核查报告或声明的过程，是由政府委派具有资质和公信力的第三方完成指定时间段的外审工作。

《碳排放权交易管理办法（试行）》规定，重点排放单位应当根据生态环境部制定的温室气体排放核算与报告技术规范，编制该单位上一年度的温室气体排放报告，载明排放量，并于每年 3 月 31 日前报生产经营场所所在地的省级生态环境主管部门。排放报告所涉数据的原始记录和管理台账应当至少保存五年。重点排放单位对温室气体排放报告的真实性、完整性、准确性负责。重点排放单位编制的年度温室气体排放报告应当定期公开，接受社会监督，涉及国家秘密和商业秘密的除外。

省级生态环境主管部门应当组织开展对重点排放单位温室气体排放报告的核查，可以通过政府购买服务的方式委托第三方技术服务机构，对重点排放单位温室气体排放报告进行核查，并将核查结果告知重点排放单位。核查结果应当作为重点排放单位碳排放配额清缴依据。技术服务机构应当对提交的核查结果的真实性、完整性和准确性负责。

问题 6：除了碳交易市场外，控制温室气体减排的政策工具还有哪些？区别是什么？

控制温室气体排放的政策工具主要有三种形式：行政命令、碳税和碳交易。其中行政命令属于强制性政策，一般是政府通过控制高排放产品的供需来实现减排，通常采用限制新项目核准、限制存量项目产量或要求存量项目进行节能减排改造等方式；碳税，是指针对二氧化碳排放征税，主要面向煤炭、石油、天然气等化石燃料，按照其碳含量或碳排放量进行征收；碳交易，即碳排放权交易，采用"总量管制与排放交易"的运作方式，即设定排放总量控制目标，然后引导边际减排成本不同的各方进行交易，以最低的成本实现减排目标。

碳税和碳交易是有效的碳定价工具，属于市场调节机制，能够将二氧化碳等温室气体的负外部性内部化，相较行政命令而言，效率更高，社会福利损失更少。碳税和碳交易均遵循"污染者付费"原则，通过具体的碳价，鼓励生产者和消费者将温室气体排放所产生的社会成本的一部分实现内部化。

行政命令、碳税、碳交易三种政策工具各有优势，因而在不同的减排阶段、面向不同的减排领域可能需要不同的政策工具组合。三种政策工具的对比详见表 1-1。

表 1-1　三种政策工具的对比

政策工具	干预手段	实质	适用场景	缺点
行政命令	—	—	碳排放较快增长阶段，以规划控制等方式限制新项目，快速降低新增排放	—
碳税	价格干预	控制碳排放成本	碳排放低速增长或下降阶段，可用于参与方众多、排放强度较低、边际减排成本相近而交易成本较高的领域，如建筑、交通部门等	排放量难以直接确定
碳交易	总量干预	控制碳排放量	碳排放低速增长或下降阶段，可用于参与方相对有限、排放强度较高、边际减排成本存在差异、交易成本较低的领域，如电力、工业部门等	存在价格波动

第三节　实现"双碳"目标的关键

一、要把碳达峰与碳中和纳入生态文明建设整体布局

二十大报告明确指出"实现碳达峰碳中和是一场广泛而深刻的经济社会系统性变革"。碳达峰、碳中和是在当前生态环境遭到破坏、极端天气不断出现、人类生存环境面临严峻考验的背景下，在统筹考虑人与自然和谐发展、人类可持续发展的基础和前提下提出的伟大战略，是我国对国际社会、对世界人民做出的庄严承诺。

"双碳"目标与经济发展的关系，本质上也是生态环境保护与经济发展之间的关系，二者之间是相辅相成的。

"双碳"目标的提出旨在改善人类生存环境，其出发点和落脚点都是促进人类的可持续发展。经济是人类的一种活动形式，是人类社会的物质基础，经济发展是为了确保人类社会生活的持续繁荣，本质也是为人类发展服务。二者的目标具有高度的一致性。

实现碳达峰、碳中和是一场广泛而深刻的经济社会系统性变革，会促进消费观念重塑、产业布局重构、能源结构调整，深刻影响政府、企业、个人的行为。碳达峰、碳中和不仅不会对经济发展产生阻碍作用，反而会促进经济的发展，是对企业科技创新能力的一次考验。"双碳"目标是新时代的发展要求，能够激发传统企业转型升级的强劲动力，撬动社会资本投入，顺应时代要求的企业会在此次大浪淘沙中凸显出来。碳达峰、碳中和能够推动实现更高质量、更有效率、更加公平、更可持续、更为安全的发展，促进生产发展、生活富裕、生态良好的文明发展道路的建设。

二、碳达峰的峰值越低，越有利于碳中和的实现

碳达峰与碳中和之间不是孤立存在的，而是相辅相成的。二者是同一目标下的两个阶段，碳达峰是近期目标，碳中和是远景规划，二者需要有序推进。碳达峰是碳中和的基础和前提，碳中和的实现需要建立在碳达峰的基础之上。

碳达峰的概念已经明确指出，达峰峰值即为一定范围内温室气体排放达到历史最高值，碳中和即碳源和碳汇之间达到平衡状态，达峰时间的早晚和峰值的高低直接影响碳中和实现的时长和实现的难度。植树造林、工业固碳等所能吸收的碳总量相对固定，远远少于工业发展所排放的碳量，换言之，碳汇量是有限的。碳达峰的峰值越高，所需要的碳汇就越多，减排成本和减排难度就越大；反之，碳达峰的峰值越低，越有利于碳中和目标的达成。

我国碳达峰、碳中和时间紧、任务重。全球气候变化是一个不断累积的过程，发达国家在过去200多年的工业化进程中，向大气排放了大量的温室气体。大多数发达国家在20世纪后半叶到21世纪初期就实现了碳达峰，从碳达峰到碳中和，按照现有承诺时间来看，欧盟将用71年，美国要用43年，日本也需要用37年。我们承诺要用全球最少的时间——30年，实现全球最大的碳强度降幅，这个任务是十分艰巨的。发达国家的碳减排经验表明，在追求碳达峰的过程中，我们应致力于低峰值达峰，尽可能降低碳达峰的峰值，从而减轻碳减排的压力并降低减排成本。

三、要兼顾经济和民生实际情况，推进"双碳"目标达成

"双碳"目标是基于改善人类生存环境提出来的战略要求，在发展过程中，不能一味教条地只强调"双碳"目标的达成，要吸取以往政策执行过程中的经验教训，时刻把民生放在第一位。

"双碳"目标需稳固推进，推进过程中要兼顾经济合理性和民生承受力。针对不同城市，要摸清"家底"，熟悉城市发展的碳排放清单，对重点领域和行业制定行之有效的减排措施，针对不同区域、行业、企业"对症下药"，不可在政策执行过程中简单化、一刀切。涉及民众生活的水、电、气、暖等资源，要充分考虑民众生活的便利性和舒适性，在此基础上制定相应的减排措施。要避免"运动式"减排和"一刀切"停产限产，不能以牺牲人民的生活质量和合理发展需求为代价。

四、实现"双碳"目标需要政府和全社会共同努力

碳达峰、碳中和是我国政府经过深思熟虑做出的重大战略决策，其根本目的是改善人类的生存环境，这一战略决策提出的出发点即表明碳达峰、碳中和与每个人息息相关。

尽管工业排放是碳排放的主要和重要来源，实现碳达峰、碳中和需要政府、企业通力合作，但是与居民生活相关的衣、食、住、行所产生的温室气体排放也不容忽视。北京大学光华管理学院翁翕教授指出，我国家庭生活消费所产生的二氧化碳等温室气体占我国温室气体排放总量的 50％ 左右。联合国环境规划署《2020 年排放差距报告》指出，当前家庭消费温室气体排放量约占全球排放总量的 2/3。中国科学院一项研究报告也显示，居民消费产生的碳排放量占总量的 53％。

生产是为了消费，消费反过来会促进生产。消费的需要决定着生产，并在一定程度上引导着生产的发展方向与趋势。低碳消费倒逼供给侧转型升级、更好地满足低碳消费的需求。消费是生产的最终目的和再生产新的需求起点，只有消费群体接受并实行低碳消费模式才能从根本上推动低碳生产。因此，实现低碳消费不仅是消费本身的问题，而且是关系到低碳生产能否顺利开展、最终实现的根本性问题。

可见推动消费领域变革、加快转变公众生活方式是实现碳达峰碳中和、缓解气候变化的重要举措。

当前，消费领域碳减排存在行业分散、涉及面广、难以定量等诸多问题。未来，应融合互联网、大数据、区块链等数字化技术，对分散的消费端碳减排予以量化，打通与公众生活密切相关的衣、食、住、用、行等绿色场景，解决不同企业、平台之间互补兼容及应用场景数据分散等问题，应用现代化技术手段探索公众参与碳减排的方法，推动全社会形成绿色生活方式。

因此碳达峰、碳中和的实现需要供给侧、需求侧共同发力，需要政府、企业、个人通力合作。

为了促进普通公众参与到碳中和行动中来，我国对各种产品设置了碳标识，标识上标注了产品的碳排放相关信息。碳标识，即碳标签，是一种环境标识，是一种披露商品全生命周期中碳排放信息的政策工具。通过对商品全生命周期不同阶段的碳排放量进行核算、确认和报告，将量化结果标记在产品或者服务的标签上，以告知消费者产品或服务的碳排放信息，

辅助消费者做出购买选择。碳足迹，是指企业或机构、活动、产品或个人通过交通运输、食品生产和消费以及各类生产过程等引起的温室气体排放的集合，可用于表示一个人或者团体的"碳耗用量"。碳标签是产品碳足迹的标签化展示。对于企业来说，引入碳标签，可以提升企业的环保形象和信誉度，增强消费者对产品的信任和认可度。对于消费者来说，通过碳标签，可以了解产品的碳足迹，进而选择低碳产品，可以减少自身消费行为对环境的负面影响，形成绿色低碳生产生活方式。

第四节　我国的"双碳"政策

一、国家层面"双碳"政策

2020年9月22日，习近平主席在第七十五届联合国大会上向世界宣布了中国的碳达峰目标与碳中和愿景，即中国将提高国家自主贡献力度，采取更加有力的政策和措施，二氧化碳排放力争于2030年前达到峰值，努力争取2060年前实现碳中和。2021年中央财经委员会第九次会议提出，要把碳达峰、碳中和纳入生态文明建设整体布局，拿出抓铁有痕的劲头，如期实现2030年前碳达峰、2060年前碳中和的目标。在实现中华民族伟大复兴的时代背景下，将碳达峰、碳中和纳入生态文明建设总体布局，对推动社会全面绿色转型、经济高质量发展、人与自然和谐共生的现代化建设具有重要意义。

此后，习近平总书记多次在不同场合提到碳达峰、碳中和，国家层面、部委层面关于碳达峰、碳中和的重大部署决策层出不穷。目前，我国已形成目标明确、分工合理、措施有力、衔接有序的"1+N"政策体系。其中"1"是顶层设计文件，是管总管长远的，在碳达峰、碳中和"1+N"政策体系中发挥统领作用，包括2021年发布的《中共中央　国务院关于完整准确全面贯彻新发展理念做好碳达峰碳中和工作的意见》（以下称《意见》）以及《2030年前碳达峰行动方案》（以下称《方案》）。其中，《意见》以2025年、2030年、2060年为时间节点，设置了单位GDP（国内生产总值）能耗、碳排放、非化石能源消费比重、森林覆盖率与蓄积量等阶段性目标值。《方案》是碳达峰阶段的总体部署，在目标、原则、方向等方面与《意见》保持有机衔接，同时更加聚焦2030年前碳达峰目标，相关指标和任务更加细化、实化、具体化。"N"包括能源、工业、交通运输、城乡建设等分领域分行业碳达峰实施方案，以及科技支撑、能源保障、碳汇能力、财政金融价格政策、标准体系、督察考核等保障方案。迄今为止，已累计出台80多份重点领域实施方案和支撑保障政策文件。

与"双碳"目标有关的规划、纲要、意见及建议，反映了目前和未来一段时间内"双碳"工作的重点和努力方向，可以指导具体实施方案的制定。对中国来说，"双碳"目标作为实现高质量发展的战略途径，不仅是应对气候变化的国家政策，也是经济结构向可持续发展转型升级的内在需求。国务院及各部委出台多项与"双碳"目标有关的规划、纲要、建议及意见，详见附表1。

国家层面出台的"双碳"政策，是高屋建瓴、统筹全局的，为全国开展碳达峰、碳中和工作提供了明确的方向指引。该政策体系坚持能源清洁替代、经济绿色低碳循环发展、减污降碳协同增效、各地区各区域协调发展，制定了我国未来一段时间经济社会发展的目标体系。

① 能源清洁替代：《意见》《方案》两份政策文件分阶段设定了"十四五"和"十五五"

期间以及 2060 年的非化石能源、单位国内生产总值能源消耗以及单位国内生产总值二氧化碳排放等量化指标。推进碳达峰行动过程中，要坚持能源绿色低碳转型，推进煤炭消费替代和转型升级，大力发展新能源，因地制宜开发水电，积极安全有序发展核电，合理调控油气消费，加快建设新型电力系统。

② 经济绿色低碳循环发展：2021 年 2 月 22 日，国务院印发《关于加快建立健全绿色低碳循环发展经济体系的指导意见》，首次从全局高度对建立健全绿色低碳循环发展的经济体系做出顶层设计和总体部署，制定了 2025 年和 2035 年经济绿色发展目标。绿色低碳循环经济发展要建立在高效利用资源、严格保护生态环境、有效控制温室气体排放的基础上，统筹推进高质量发展和高水平保护，确保实现碳达峰、碳中和目标，推动我国绿色发展迈上新台阶。

③ 减污降碳协同增效：2022 年生态环境部等七部门联合印发了《减污降碳协同增效实施方案》，对减污降碳协同增效工作进行了系统谋划，并提出了分阶段目标。当前我国生态文明建设同时面临实现生态环境根本好转和碳达峰碳中和两大战略任务，生态环境多目标治理要求进一步凸显，协同推进减污降碳已成为我国新发展阶段经济社会发展全面绿色转型的必然选择。减污降碳政策能够有效减少环境污染物和温室气体排放，有利于推动总量减排、源头减排、结构减排，实现减污与降碳、改善环境质量与应对气候变化的协同效应，实现环境效益、经济效益和社会效益。

④ 各地区各区域协调发展：我国各省市地区资源禀赋不同，能源结构、产业发展、技术创新能力不一，发展基础存在差异，各地区要因地制宜，结合本地区资源环境禀赋、产业布局、发展阶段等，科学制定本地区碳达峰行动方案，合理确定降碳目标，提出符合实际、切实可行的碳达峰时间表、路线图、施工图，探索最优化降碳路径，以最小的经济投入成本换取总体的碳减排成果。

二、省市层面"双碳"政策

目前省级层面已发布多项碳达峰、碳减排相关政策，政策内容多集中在碳达峰实施方案、科技创新支持、财政支持、碳交易市场、重点行业或领域降碳、能效约束、节能减排等方面。

省级层面制定的政策文件主要有以下两个特点。

一是与国家政策制定表现出很强的衔接性，体现了对国家政策的贯彻落实。继国务院出台《2030 年前碳达峰行动方案》之后，江西、上海、吉林、海南、天津、北京、江苏、内蒙古、安徽、青海、湖北、山东、四川、山西、广西、河南等先后出台省市或自治州碳达峰行动方案。部分省市所辖县（市、区）也纷纷出台碳达峰行动方案，如截至 2023 年底，上海、天津所有市辖区均已制定碳达峰行动方案。值得一提的是，上海市真新街道办事处出台了《真新街道碳达峰实施方案》，可见上海市在贯彻碳达峰行动方案上的执行力度之大、速度之快。部分省市出台了重点领域碳达峰行动方案，主要包括工业领域、城乡建设领域、有色金属领域。针对国务院及各部委制定的《减污降碳协同增效实施方案》《加快建立健全绿色低碳循环发展经济体系的指导意见》等政策，各省市均结合地方特点制定了实施方案。

二是各省市、地区因地制宜，制定了更符合当地经济社会发展的"双碳"政策。上海市金融业发展居于全国领先地位，上海市在"双碳"政策制定上充分发挥这一优势，着力打造绿色金融，助力碳达峰、碳中和，先后制定了《上海加快打造国际绿色金融枢纽　服务碳达峰碳中和目标的实施意见》《上海银行业保险业"十四五"期间推动绿色金融发展 服务碳达峰碳中和战略的行动方案》等政策措施。山西省是我国的产煤大省，针对煤炭资源高碳排放的特点，制定了《山西省煤炭行业碳达峰实施方案》，以煤炭清洁高效利用为方向，提升全产业链碳减排水平，推动煤炭产业绿色低碳转型。江西省矿产资源丰富，是我国重要的有色金属、稀有金属、稀土和铀矿资源生产基地之一，矿产资源配套程度相对较高。其中，有色金属行业是江西省重点培育的产业之一，是实施工业强省战略、推动工业高质量跨越式发展的重要支撑，也是工业领域碳排放的重点行业。为落实碳达峰行动方案，江西省在制定了《江西省工业领域碳达峰实施方案》的基础上，针对有色金属行业，专门制定了《江西省有色金属行业碳达峰实施方案》。

思考题

1. 实现"双碳"目标不仅是兑现国际承诺，更是我国自身发展的内在要求，对此你是如何理解的？

2. 如何理解"碳达峰"与"碳中和"之间的关系？

第二章

地球碳库及自然碳汇

碳库（carbon pool）是指地球系统中储存碳的场所，这些场所能够累积或释放碳，是碳的储存库。这些储存库包括大气圈、陆地生物圈、海洋和岩石圈等。碳在这些储存库之间通过各种化学、物理、地质和生物过程进行交换，构成全球碳循环。

碳汇是指从大气中清除 CO_2 的过程、活动或机制。根据技术来源可分为自然碳汇和工程碳汇。基于碳中和目标，需要保护和恢复各种自然系统，增强其碳汇功能以充分发挥自然碳汇的作用；充分研究各种技术路径的工程碳汇手段，以发展和实施高效、低成本的工程碳汇，对无法避免的排放部分进行利用和封存。

第一节　碳循环及其途径

一、碳循环

碳是地球上最为重要的生命元素，维系着地球生命系统的新陈代谢过程，在生命系统中占有不可替代的位置。碳也是地球上最为重要的环境要素，在地球演化和生命起源的历史长河中扮演着非常重要的角色。碳循环是指碳元素在地球的生物圈、岩石圈、水圈及大气圈中交换，并随地球运动循环往复的现象，碳的全球循环过程包括大气中 CO_2 被陆地和海洋中的生物吸收，又通过生物或地质过程以及人类活动以 CO_2 形式返回大气。

碳循环是生物地球化学循环的一部分，是地球上生物圈、大气圈、水圈和岩石圈之间的关键循环之一，其他主要的生物地球化学循环包括氮循环和水循环。通过碳循环，地球能够将大气中 CO_2 的浓度维持在一个相对稳定的水平，这对于维持地球气候和生态系统的平衡至关重要。为了描述碳循环的动态，可以将碳循环分为快速碳循环和慢速碳循环。快速碳循环也被称为生物碳循环，可在数年内完成，物质从大气圈转移到生物圈，然后返回大气圈；慢速碳循环或地质碳循环（又称深层碳循环）需要数百万年才能完成，物质通过地壳在岩石、土壤、海洋和大气之间移动。

二、碳循环的内涵

在不同圈层之间的物理、化学和生物过程及其相互作用的驱动下，各种形态的碳在各个子系统内部发生迁移转化并在子系统之间（如陆地和大气界面、海洋与大气界面等）发生通量交换。碳循环过程涉及碳以不同形式（如二氧化碳、碳酸盐、有机物等）从一个储存库转移到另一个储存库，通过物理、化学以及生物过程进行自然的循环。碳循环过程亦可分为碳固定过程和碳释放过程。前者是从大气吸收 CO_2 的过程，称为碳汇；后者是向大气释放 CO_2 的过程，称为碳源。

碳的固定过程包括有机碳固定、无机碳固定，以及人类通过各种技术方法对碳的固定。有机碳固定是指绿色植物从空气中获取 CO_2，经过光合作用转化为葡萄糖，再合成植物体的含碳化合物，经过食物链的传递，成为动物体的含碳化合物。无机碳固定包括海水溶解部分大气中的 CO_2，干旱区盐碱土吸收 CO_2，以及碳质岩的形成（即雨水和地下水吸收大气中 CO_2 成为碳酸，碳酸又把石灰岩变为可溶态的碳酸氢盐随河流流入海洋，而海水中的碳酸盐和碳酸氢盐是饱和的，接纳了新输入的碳酸盐后便有等量的碳酸盐沉积下来，通过成岩过程形成石灰岩、白云石和碳质岩）。人类固定 CO_2 的技术包括在地下深层埋藏 CO_2，通过高温高压反应将 CO_2 合成为其他含碳化合物。

碳释放主要包括以下几种形式。①有机体碳释放，即植物和动物（包括微生物）的呼吸作用把通过光合作用或取食积累在体内的一部分碳转化为 CO_2 释放进大气，构成生物体或贮存在生物体内的碳在生物体死亡后通过微生物分解作用转变为 CO_2，最终排入大气。大气中的 CO_2 平均每 7 年通过光合作用与陆地生物圈交换一次。②燃料化石碳释放。一部分动植物残体在被分解之前即被沉积物所掩埋，成为有机沉积物，经过悠长的年代，它们在热能和压力作用下转变成矿物燃料——煤、石油和天然气等。当它们被风化或作为燃料燃烧时，其中的碳被氧化成 CO_2 排入大气。人类消耗大量矿物燃料，对碳循环产生了重大影响。在化学和物理因素作用下，石灰岩、白云石和碳质岩被分解，所含的碳以 CO_2 形式释放入大气。碳质岩的破坏在短时期内对碳循环的影响虽不大，但对全球几百万年时间里的碳平衡却是重要的。③大气、河流和海洋之间的 CO_2 交换。这种交换发生在气和水的交界面，由于风和波浪的作用而加强，且这两个方向流动的 CO_2 量大致相等。

三、碳循环基本过程

碳循环的途径主要有生物小循环和地质大循环。

（一）生物小循环

碳的生物小循环是指碳在生态系统中，特别是陆地生态系统和海洋生态系统内，通过生物过程快速进行的循环。在这个过程中，碳主要以 CO_2 的形式参与。具体包括：

① 光合作用：绿色植物、浮游植物以及光合细菌通过光合作用吸收大气中的二氧化碳，并将其转化为有机物质（如葡萄糖），同时释放出氧气。

② 呼吸作用：通常生物（包括动物和植物）都会通过呼吸作用消耗有机物质，将碳以二氧化碳的形式释放回大气中。

③ 分解作用：死亡的动植物体被土壤微生物分解，这些微生物在分解过程中会将有机碳再次转化为二氧化碳并释放到大气中。

④ 食物链/网：生物之间通过食物链或食物网传递能量和营养物质时，碳也在不同生物体之间不断转移。

生物小循环通常周期较短（数小时至数十年），在此期间，碳在大气、生物体、土壤及水体之间迅速交换。

（二）地质大循环

碳的地质大循环是指碳元素在地球内部与表面层之间在长时间尺度（百万年甚至更长）进行的交换过程。

① 岩石风化与沉积：地壳中的碳酸盐岩和其他含碳矿物经过物理风化和化学风化作用释放出无机碳，其中一部分会被植物吸收，另一部分则随水流迁移到海洋沉积成新的碳酸盐岩或储存在沉积物中。

② 火山活动与板块构造：地壳深层的碳可以通过火山喷发返回到大气层，或者在板块运动过程中随着地壳的俯冲而进入地幔深处；另外，深海沉积物也可能在板块下沉过程中被带入地幔，碳在高温高压下重新熔融，并可能在地壳上部形成新的火成岩。

③ 化石燃料形成：远古生物遗体在特定条件下可以转变为化石燃料（如煤、石油、天然气），这些碳在地质时间尺度上被储存起来，但在人类开采利用后会迅速释放到大气中。

碳的生物小循环和地质大循环是地球自然环境长期演化过程中的一种基本动态平衡机制。生物小循环关注的是生命体系内的短期碳流动，地质大循环探讨的则是跨越漫长地质年代的碳储存与释放机制。两个循环相互影响、相互依存，共同维系着地球生态系统的平衡和全球气候系统的变化。

第二节　地球的主要碳库

碳库是指在地球系统中能够长期储存或暂时积累碳的各种物理和生物组成部分，其中含有各种形式的碳，如无机碳和有机碳。这些储存单元可以长期或短期地固定和积累碳，参与全球碳循环。根据储存介质和空间分布，可将碳库分为大气碳库、陆地生态系统碳库、海洋碳库、地质碳库等。

碳库也被认为是一个有能力积累或释放碳的系统。在特定时间内，碳储存的绝对数量称为碳储量。碳以不同形式从一个碳库转移到另一个碳库，生态系统某段时间内通过某一生态过程断面的碳元素总量称为碳通量。碳从大气转移到任何其他碳库，称为碳的固定。通常来说，碳汇是从大气中清除二氧化碳的过程或机制。在一定的时间间隔内，如果碳的流入量超过碳的流出量，则该碳库可称为碳汇。碳源是向大气释放二氧化碳的过程或机制。在特定时间段内，如果碳流出量超过碳流入量，则该碳库可称为碳源。

一、大气碳库

大气碳库是全球碳循环中的重要环节，其主要组成部分是大气中的二氧化碳（CO_2），同时也包括少量的甲烷（CH_4）、氧化亚氮（N_2O）以及其他痕量温室气体。大气碳库的存在状态直接影响到全球气候系统，因为这几种温室气体通过温室效应影响长波辐射，从而影响地球表面温度。尽管相对于其他碳库来说碳含量较低，但大气碳库是碳循环中最活跃的部分之一，是温室效应的主要贡献者，对全球气候变化影响巨大。

二、陆地生态系统碳库

陆地生态系统碳库存在明显的区域差异，并受植被、土壤类型与气候带的显著影响。陆地生态系统是一个土壤、植被、大气相互作用的复杂系统，其碳库容量的估算目前存在相当大的不确定性，根据不同的估算方法得出的结果差距很大。生态系统碳库有很多分类形式，如按植被类型可分为森林碳库、农田碳库、湿地碳库等，按生态系统的组分又可将陆地碳库划分为土壤碳库、植被碳库、凋落物碳库、近地大气碳库等。

植被碳库（活体生物碳库）是指森林、草原、湿地等生态系统中的植物体内所含的碳。土壤是陆地生态系统的核心，是连接大气圈、水圈、生物圈以及岩石圈的纽带。土壤碳库是储量仅次于海洋的第二大碳库，也是陆地生态系统中最大的碳库，储量是陆地植被碳库的 2～3 倍，是全球大气碳库（7.5×10^{11} t）的两倍多。IPCC 估计土壤凋落物对大气 CO_2 年通量的贡献是燃烧化石燃料贡献量的 10 倍。由于土壤有机碳库容巨大，其较小幅度的变化就可能影响到向大气的排放，以温室效应形式影响全球气候变化，同时也影响到陆地植被的养分供应，进而对陆地生态系统的分布、组成、结构和功能产生深刻影响。

三、海洋碳库

海洋是世界上最大的碳库。海洋中的碳主要以三种形式存在：溶解无机碳（包括溶解的 CO_2、HCO_3^- 和 CO_3^{2-}）、溶解有机碳（包括不同类型的有机物）和特殊有机碳（包括活的有机体和死的动植物残体）。海洋碳储量约是大气圈的 60 倍，海洋的微小变化可以引起大气 CO_2 浓度的巨变。自从工业革命开始，海洋已经吸收了大约一半人类所排放的 CO_2。联合国环境规划署、联合国粮农组织以及联合国教科文组织政府间海洋学委员会发布的报告《蓝碳：健康海洋对碳的固定作用——快速反应评估报告》指出，海洋植物每年可从大气中吸收 2×10^9 t CO_2。其中，红树林、盐沼地和海草床储存了海底埋藏的碳的一半，每年可储存 1.65×10^9 t CO_2，成为地球上最密集的碳储存器。海洋通过物理溶解、化学反应（形成碳酸盐）以及生物过程吸收并储存大量的碳，包括表层水体、深层海水、海洋沉积物及海洋生物体内的碳。其中，溶解在海水中的 CO_2、海洋表面生产的有机碳和深海沉积物中的无机碳与有机碳都属于海洋碳库，估计为 3.8×10^{12} t 碳。自 1850 年以来，海洋碳库已经吸收了约 2×10^{11} t 碳。

四、地质碳库

地壳岩石中平均含有 0.27% 的碳，约有 6.55×10^{20} t 碳，其中 73% 以碳酸盐岩（海相碳酸盐岩、沉积碎屑岩中碳酸盐胶结物以及泥质岩中碳酸盐矿物）和幔源碳的形式存在，其余部分以石油、天然气、煤等各种有机碳形式存在。在各种内外营力作用过程中（如脱碳气、氧化、热裂解、微生物降解等），碳以水溶气相、油溶气相、连续气相、连续液相等各种形式迁移或转化，最终以 CO_2 等气体形式通过地下水、油（气）田、地热区、活动断裂带和火山活动不断地释放出来，或者储存在沉积地层中成为 CO_2 气田。有一部分（约 0.1%）动物、植物残体在被分解之前即被沉积物所掩埋而成为有机沉积物。这些沉积物经过漫长的年代，在热能和压力作用下转变成矿物燃料，如煤、石油和天然气等，形成由煤、石油、天然气所组成的地质碳库。这部分碳通常较稳定，在自然状态下一般不参与地球各圈层间的碳循环。但是，工业革命以来，人类不断开发利用化石燃料，使地质碳库中大量非活性的碳不断被排放到大气中。此外，气候变暖也导致寒冷地区地质碳库中的碳释放到大气中，转化成大气中的 CO_2，参与了全球的碳循环过程。

这些碳库之间相互关联，共同构成地球上庞大且复杂的碳循环系统，对全球气候变化有重要影响。科学家们通过对各类型碳库的研究，评估其对全球碳收支的影响，并据此提出减缓气候变化的战略措施。

几个世纪以来，人类活动通过改变土地利用方式，以及最近从岩石圈中以工业规模开采化石碳（煤炭、石油和天然气开采以及水泥制造），扰乱了快速碳循环。增加的二氧化碳还导致海洋 pH 值下降，并从根本上改变了海洋化学。大部分化石碳是在过去半个世纪中被提取的，而且提取率还在继续快速上升，导致了人为气候变化。

第三节　自然碳汇及其分类

自然生态系统是指在一定时间和空间范围内，依靠自然调节能力而维持相对稳定的生态系统，如森林、草原、湿地、海洋等。自然生态系统是地球表层生态系统的重要组成部分，深度参与着全球碳循环过程。大气中的 CO_2 被陆地和海洋植物经光合作用吸收后进入生物圈、岩石圈、土壤圈和水圈，被吸收的碳一部分在生物地球化学作用下最终成为碳汇，另一部分通过土壤呼吸和微生物分解重新返回大气。自然生态系统的稳定与否直接决定了大气 CO_2 浓度的高低，对全球碳循环有着重大影响。自然碳汇作为最经济且副作用最小的方法，是未来我国应对气候变化，实现碳达峰、碳中和最有效的途径之一。

自然碳汇可分为陆地碳汇和海洋碳汇两大类。陆地碳汇包括陆地植被碳汇、土壤碳汇和地质碳汇。其中，陆地植被碳汇通过森林植被、草原植被以及湿地植被等植物的光合作用实现，受气温与降水、大气成分、土地利用方式变化以及自然干扰等因素的影响。土壤碳汇受区域植被条件、气候条件和土壤利用等因素影响。而地质碳汇如碳酸盐岩和硅酸盐岩通过风化作用吸收大气 CO_2，主要受气温、降水、岩石类型、水文条件以及人类活动的影响。海洋碳汇是指海洋通过物理、化学和生物过程吸收大气中的 CO_2，并将其储存在海洋的不同组成部分中，包括表层海水、深海水体、海洋沉积物以及海洋生物体内。海洋碳汇与季风洋流条件、陆源有机物输入、海岸地理条件和人类活动直接相关。

一、陆地碳汇

陆地碳汇是指陆地生态系统吸收和存储大气中碳的过程，包括植物的光合作用、土壤有机质的积累、湿地的碳储存等。陆地碳汇的概念涵盖了森林、草原、湿地、农田和其他土地类型。这些生态系统在光合作用过程中吸收大气中的二氧化碳，形成有机化合物和生命大分子物质，一部分形成生物体，一部分以凋落物的形式进入土壤，并转化为有机碳储量，可以降低大气中的温室气体浓度，对缓解气候变化起着重要作用。

根据 2024 年底我国向联合国提交的气候变化报告数据，我国拥有 30646.5 万公顷的林地、127516.4 公顷的农地、264451.1 万公顷的草地、541273 万公顷的湿地，2021 年中国土地利用、土地利用变化和林业的温室气体净吸收量为 13.15 亿吨二氧化碳当量。这些生态系统是天然的碳库和碳汇，是生态系统碳汇的主要来源，我国生态系统碳汇能力是可以提升的。按照于贵瑞等在 2022 年的预测，中国陆地生态系统碳汇能力为 10 亿~13 亿吨每年。通过稳定现有森林、草原、湿地、滨海碳汇，实施生态保护与修复等重大增汇工程，开发应用生态系统管理及新型生物/生态碳捕集、利用与封存技术，巩固和提升生态系统碳汇功能，可使生态系统碳汇能力在 2050—2060 年达到 20 亿~25 亿吨每年。

土壤碳库是陆地生态系统中最大的碳库。土壤碳库的构成影响其累积和分解，并直接影响全球陆地生态系统碳平衡，同时也影响土壤质量变化。美国土壤学会将土壤固碳定义为大气二氧化碳以稳定固体的形式被直接或间接储存到土壤中，包括直接将二氧化碳转化为碳酸钙或碳酸镁等土壤无机物，或间接通过植物光合作用将大气二氧化碳转化为植物能量，并在分解过程中被固定为土壤有机碳。牛津大学教授卡梅隆·赫普伯恩（Cameron Hepburn）将土壤碳汇定义为通过各种土地经营管理增加土壤有机碳含量的过程。南京农业大学潘根兴教授认为土壤碳汇是土壤截获大气二氧化碳并使其成为土壤固相碳组分的过程，以土壤有机碳或土壤无机碳的形式实现，是土壤对大气二氧化碳的汇效应的总体表现。博西奥（Bossio）等人的研究显示：土壤碳占自然气候解决方案潜力的 25%（总潜力为每年 238 亿吨 CO_2e），其中 40% 用于保护现有土壤碳，60% 用于重建枯竭的碳储量；土壤碳占森林减排潜力的9%，占湿地减排潜力的 72%，占农业和草原减排潜力的 47%。土壤碳对于减少碳排放、清除大气中的二氧化碳、提供生态系统服务以及减缓气候影响也非常重要。土壤有机碳循环包含植被固定大气中二氧化碳的"碳输入"和微生物分解土壤中有机碳的"碳输出"两大环节。土壤无机碳多为干旱、半干旱区土壤碳库的主要形式。土壤吸收二氧化碳的机制包括大气输送、碳酸盐溶解和包气带土壤水渗滤作用，其逆过程则释放二氧化碳，二者形成无机碳循环。

（一）森林碳汇

森林在全球碳循环中扮演重要角色，在调节大气 CO_2 浓度和维持生命系统等方面具有不可替代的作用。森林土壤碳库（7420 亿吨 C）占陆地土壤碳库（15020 亿吨 C）的 49%，而森林植被碳库（3630 亿吨 C）占陆地植被碳库（4970 亿吨 C）的 73%。全球陆地生态系统的总初级生产力大约一半由森林完成。

森林生态系统是陆地生态系统的主体，是陆地上最主要的生物碳储存库，是生物群中地球初级生产力的最大贡献者。据 IPCC 估计，全球陆地生态系统碳储量约 24770 亿吨，其中植被碳储量约占 20%，土壤碳储量约占 80%。占全球土地面积约 30% 的森林，其植被的碳储量约占全球植被的 77%，森林土壤的碳储量约占全球土壤的 39%。但由于森林（特别是热带森林）遭受破坏、砍伐以及退化等，目前全球森林整体上成为主要的碳源之一。IPCC第五次评估报告指出，2010 年农业、林业和其他土地利用（AFOLU）造成的温室气体排放达到全球温室气体排放量的 24%，仅次于能源领域，占第二位。AFOLU 温室气体排放主要来自森林砍伐和牲畜排放、土壤和施肥排放。森林退化、森林火灾和农业焚烧也是造成AFOLU 温室气体排放的重要原因之一。

开展造林和再造林活动，以及加强森林管理，增加森林面积和森林蓄积量，能提高森林的碳储量。减少破坏性采伐、保护现有森林资源，加大森林病虫害和森林火灾的防控力度，减少因极端气候事件造成的干旱、洪涝、雨雪冰冻灾害等对森林资源的破坏等，能有效保护现有森林的碳储存能力，减少森林向大气中排放 CO_2 等温室气体。增加木质林产品的使用、提高木材的利用效率、延长木材使用寿命等都可增强木质林产品的储碳能力、减少碳排放。用木材替代水泥、砖瓦等能源密集型建筑材料，能节约能源消耗、减少碳排放。1750—2011年，林业和其他土地利用（FOLU）导致的二氧化碳排放量约占人为温室气体排放量的1/3；2000—2009 年，这一比例降为 12%；最近几年，全球由 AFOLU 产生的温室气体排放量减少，主要得益于森林砍伐率的下降和人工造林的增加。

（二）草原碳汇

草原是以旱生多年生草本植物占优势的生物群落与其环境构成的功能综合体，是最重要的陆地生态系统之一。草原碳汇是指草原生态系统通过植物光合作用吸收大气中的二氧化碳（CO_2），将其转化为有机物质并将其储存在地下根系和土壤有机质中。草原生态系统在地球碳循环中扮演着重要角色，是全球陆地生态系统的重要碳库之一。IPCC认为草原碳汇的管理和保护对于减缓气候变化、保护生物多样性和维持可持续农业发展具有重要意义。

草原是内陆干旱到半湿润气候下，以旱生禾本科植物占绝对优势，多年生杂类草及半灌木也或多或少起显著作用的植被类型。草原地区的降水量不能维持森林的生长，却能支持耐旱的多年生草本植物，所以草原一般辽阔无林。草原生态系统与其气候条件关系密切。草原气候的主要标志是水分和温度及其组合状况。热带草原的气候条件是年降水量900～1500mm，但都集中在雨季，在4—6月期间几乎没有什么降水。夏季高温少雨，年平均温度16～20℃，而气温月较差大。温带草原的气候条件特点是夏季多雨高温，冬季寒冷，降雪不多且常融化，或多为暴风雪，春季晴朗、温和、湿度适中，最暖月7月的平均温度为20～23℃，全年温暖月约有7个月。草原生态系统中，土壤主要作用是为植物、动物和微生物提供生活的场所，并且为植物供应水分和养分。

草原碳汇包括以下几个方面。①植物吸收CO_2。草原植物通过光合作用将大气中的CO_2转化为有机物质，其中一部分通过光合作用直接储存在植物组织中。②地下碳储存。草原植物的根系将一部分碳储存在土壤中，形成土壤有机质。这部分碳可以在数年到数百年的时间尺度上储存。③土壤微生物作用。土壤中的微生物分解动植物残体和根系物质，将其转化为有机碳，并释放CO_2。然而，在健康的草原生态系统中，土壤微生物的作用会导致碳的净增加。

草原碳汇的规模和数量是一个复杂的问题，受多个因素的影响，包括草原类型、气候条件、土壤质地、植被生长状态等。天然草地通常表现为碳汇，而过度管理的草地可能变成温室气体的净排放源。2023年3月，联合国粮食及农业组织（下称"粮农组织"）发布了首份《全球草原土壤碳评估报告》。报告显示，2010年全球30厘米深的草原土壤中每年吸收63.6兆吨碳。但这个数值未包括地面部分的碳。IPCC 2019年发布的《气候变化与土地特别报告》（SRCCL）显示，草地土壤碳固存的潜力为每年4亿～86亿吨二氧化碳当量。需要注意的是，草原碳汇的数量会受到人类活动的影响，如过度放牧、土地利用变化和草原退化等，这些活动可能导致碳的释放和碳储量减少。

（三）湿地碳汇

湿地系指不论天然或人工、长久或暂时的沼泽地、泥炭地或水域地带，带有或静止或流动的淡水、半咸水或咸水水体的系统，包括低潮时水深不超过6m的水域。湿地是一种介于陆地和海洋之间的生态系统，是陆地生态系统的主要组成部分，是地球生态系统生物地球化学循环、水文过程与生态学过程的关键媒介和载体。

湿地在其发生、发展和演替过程中，通过生物地球化学过程、水文学过程与生态学过程，能够捕获并储存和固定二氧化碳，同时也会释放二氧化碳、甲烷和氧化亚氮等温室气体到大气层中。湿地具有较高的生产力和湿润或淹水的土壤环境，厌氧环境使得有机质分解缓慢而积累在土壤中。土壤碳库是湿地碳库的主要组成部分。随着对湿地碳汇认识的加深，其重要性正逐渐得到重视及肯定。1997年通过的《京都议定书》提出，可以通过增加生态系统碳储量来补偿经济发展中的碳排放，越来越多的国家试图通过提高湿地碳汇以达到上述目的。2012年，"湿地恢复与保护"获批列入新的碳交易类别。

湿地约占陆地面积的3%～6%，但其总碳储量约为500亿～700亿吨碳。湿地的平均碳储密度因湿地类型、地理位置、湿地状态和土地管理等因素而有所不同。例如泥炭地是碳储密度最高的湿地类型之一，其平均碳储密度可以超过$1000g/m^2$。河口湿地的平均碳储密度通常在$200～1000g/m^2$之间，具体取决于沉积物的类型和河流输送的有机物质。非泥炭湿地（如沼泽和浅水湖泊）的平均碳储密度通常在$50～200g/m^2$之间，具体取决于湿地的水文特征和植被类型。

全球天然湿地的碳吸收能力相当于海洋的70%。研究表明，目前全球湿地因人为破坏，每年释放约30亿吨CO_2，相当于全球CO_2排放总量的11%。全球有80%的湿地在退化，退化的湿地具有巨大的潜在碳储空间。合理地管理和恢复湿地，能大幅提高现有湿地的碳储存能力，减缓大气中CO_2浓度升高的趋势。

二、地质碳汇

岩石风化是指岩石在水、氧气、二氧化碳等作用下，通过化学和物理反应逐渐分解和溶解的过程。化学风化包括岩石与水和空气中的二氧化碳反应生成碳酸盐溶液等，其过程中容易吸收和封存大量的CO_2。具体而言包括：岩溶作用，碳酸盐岩在风化和侵蚀过程中释放CO_2，同时在沉积和成岩过程中重新吸收CO_2，形成自然地质碳汇；地下水系统，地下水溶解石灰石和其他含碳酸盐矿物，将部分CO_2转化为无机碳形式储存在地下水中，然后随着水流向深部迁移并可能永久封存。

岩石碳汇可以持续将二氧化碳吸收和封存，时间达数百到数千年，甚至更长时间，对抵消CO_2排放和稳定气候具有重要意义。岩石风化碳汇的效率受到岩石类型和环境因素的影响。砂岩和页岩等容易风化的岩石对CO_2的吸收较为有效。温度、湿度、降雨量和土壤质地等环境因素也会对岩石风化碳汇产生影响。

岩石风化碳汇作为一个自然过程和可持续的碳汇方法，对于减缓气候变化和降低大气中CO_2浓度具有潜在的益处。尽管仍需进一步研究和实践，但岩石风化碳汇已被视为一种具有潜力的气候变化缓解策略。

三、海洋碳汇

海洋碳汇指的是海洋中吸收和储存碳的过程。海洋是地球上最大的碳储存库之一，其通过多种机制将大量的CO_2吸收并保留在海水和海洋生态系统中。海洋生态系统每年能吸收人类活动所排放的大量CO_2，在减缓气候变化中发挥着不可替代的作用。

蓝色碳汇是相对于陆地森林（绿色碳汇）而言的概念，特指海洋和沿海生态系统所吸收、储存和固化的碳，即从大气或海水中捕获并长期储存二氧化碳的过程。蓝色碳汇不仅有助于降低大气中的温室气体浓度，对全球气候变化有缓解作用，还为维持海洋生态系统的健康与生物多样性提供了重要支持。蓝色碳汇可以保护海岸线免受风暴潮侵袭，提供重要的渔业资源，并作为关键的栖息地服务于众多海洋生物种群。其中沿海植被吸收和封存的碳，如红树林、海草床和盐沼，被称为沿海蓝碳。沿海蓝碳的单位面积固碳潜力和固碳时间均高于陆生森林。人们对其作为基于自然的解决方案（NbS）和负排放技术（NET）的使用期望很高。在应对气候变化策略中，蓝色碳汇的价值逐渐受到重视，各国政府开始考虑将保护和恢复海洋生态系统纳入碳减排计划。红树林、海草床和盐沼等，这三类生态系统的面积虽不到海床的 0.5％，植物生物量也仅占陆地的 0.05％，但它们的碳储量却占海洋碳储量的 50％以上。

（一）海洋碳汇的原理

海洋碳汇是通过海水的溶解度泵以及红树林、盐沼、海草床、渔业资源、微生物等海洋生态系统的生物泵（含碳酸盐泵），吸收二氧化碳等温室气体，并将其固定和储存的过程、活动和机制。

溶解度泵是指利用大气二氧化碳分压高于海洋的条件，使二氧化碳溶于海水，在高密度海水重力作用下将二氧化碳"拖曳"到深海中。温度决定二氧化碳在海水中的溶解度，温度越低，二氧化碳溶解度越大。当表层洋流将热带地区海水输送到高纬度地区时，表层海水冷却，并通过海气交换吸收大气中二氧化碳，导致表层海水中的溶解无机碳浓度在短时间内迅速升高，并在高纬地区注入深海，这一过程即为溶解度泵。温盐环流是由高纬度地区深水的形成驱动的，那里的海水比平常温度更低、密度更大。在相同的表面条件下，深水（即海洋深处的海水）在形成过程中会促进二氧化碳溶解度增加，导致深水中的二氧化碳浓度更高。溶解的无机碳浓度高于表面平均浓度。这两个过程共同作用，将碳从大气中泵入海洋内部。其后果之一是，由于气体溶解度降低，赤道附近较温暖地区的深水发生渗漏，将大量二氧化碳释放到大气中。

碳酸盐泵的作用机理是海洋生物的钙化作用（calcification）。生活在海洋表层的钙质生物，如颗石藻和浮游有孔虫等，其体表都会沉积碳酸钙。这些生物会利用海水中的溶解无机碳（dissolved inorganic carbon，DIC）形成碳酸钙，从而产生坚硬的保护外壳。随着这些生物的死亡，壳体中的碳酸钙会同生物一起沉降至海底，其中可能会伴随着微型生物的分解利用，造成部分碳的回收利用，完全逃离这些过程的碳酸钙颗粒则会到达海底，并在海底的沉积物中封存几千年或更长的时间，从真正意义上降低了大气中的 CO_2 水平。需要注意的是，碳酸钙在海洋中沉降的同时也驱动了海水中碳酸盐反向泵过程，最终会导致溶解在海水中的 CO_2 不断向大气中释放，这在一定程度上抵消了生物有机碳泵和颗粒无机碳（particulate inorganic carbon，PIC）沉降的固碳效应。

生物泵起始于真光层，浮游植物通过光合作用将无机碳转化为溶解有机碳（dissolved organic carbon，DOC）和颗粒有机碳（particulate organic carbon，POC），其中部分以 POC 的形式通过沉降等过程输送至深海，部分以 DOC 的形式向下扩散至深海。然而，后来科学家们逐渐认识到生物泵导致的 POC 向深海的输送十分有限，绝大多数 POC 在沉降途中被降解或通过呼吸作用转化成 CO_2 及其他形式的有机碳。焦念志等提出微生物碳泵的概念：海洋中大部分新生成的 DOC 易被微生物利用，在产生 CO_2 的同时，还会伴随着经微生物介导而产生新的 DOC 的过程。据估计，微生物产生的 DOC 中大约有 5％～7％是惰性溶解有机碳（RDOC），这部分 DOC 不会被迅速矿化，可以积累在海洋中并长期存在，从而形成海洋 RDOC 库，实现海洋内部碳的封存。海洋微型生物碳泵（MCP）理论框架提出了产生RDOC 的三个重要途径：微型生物细胞在生长代谢过程中改造并分泌 RDOC，病毒颗粒裂解导致宿主细胞死亡和裂解并释放 RDOC，以及原生动物等捕食者摄食微型生物细胞并释放 RDOC。

（二）典型沿海蓝色碳汇系统

典型的沿海蓝色碳汇系统包括红树林、海草和盐沼。

1. 红树林

红树林是生活在热带和亚热带海滩和海岸、主要由红树科植物组成的一种特殊的植被类型。红树林特别适应咸水环境，其特点是根系密集纠结，使树木看起来像高跷一样矗立在水面上。这种根系使红树林能够承受每天潮汐的涨落，减少波浪能量，防止海岸侵蚀。

红树林大约有 80 个品种，但根据其地理分布可大致分为两种类型。第一种为真正的红树林，是专门在恶劣的沿海条件下生活的物种，直接参与红树林生态系统结构的形成。第二种为伴生红树林，生活在红树林环境中，但对生态系统结构没有重大贡献。红树林采用各种方法排出或耐受盐分，包括叶片上的盐腺和根部的水过滤系统。它们的沉水根系可以减缓水流速度，有利于沉积物的沉降和有机物质的积累。许多红树林物种通过胎生繁殖，即种子附着在母树上发芽，并以幼苗而非种子的形式落下。一些物种厚厚的蜡质叶子可以减少水分流失，还有一些物种的叶子会旋转，以减少强烈阳光的影响。

作为重要的碳汇，红树林将大气中的二氧化碳封存在其生物质和土壤中，每公顷的封存量远高于温带或热带森林。红树林茂密的根系可以截留沉积物，缓冲风暴和海浪的冲击，从而保护海岸免受侵蚀。红树林拥有丰富的生物多样性，支持各种物种的生命周期，其中许多物种对渔业乃至地方和区域经济都很重要。许多鱼类和其他海洋生物利用红树林根部作为其幼体的栖息地和生长场所，因此红树林在维持具有重要商业价值的海洋物种数量方面发挥着至关重要的作用。红树林具有惊人的复原力，可以吸收并缓解一些环境影响，帮助生态系统从极端环境事件（包括飓风和海啸）中恢复。

然而，沿海开发、过度采伐、环境污染和气候变化使红树林濒临灭绝。保护红树林已成为当务之急，因为红树林的消失会对碳储存、生物多样性和依赖渔业的当地经济产生深远的负面影响。世界许多地方都在开展恢复项目，以帮助扭转这一趋势。

2. 海草

海草是一类海洋植被，分布在世界各地的沿海浅水区。它们的特点是有水下茎和叶，能在潮间带充满挑战的条件下生存。海草有几种关键的适应性，使它们能够在潮间带恶劣的条件下生存：海草的茎细长，适合在水下生长；海草的叶子小而窄，有一层蜡质层，可以防止水分流失；海草具有细根网络，有助于将其固定在海底并吸收养分；海草生长缓慢，只能在浅海水域的软沉积物中生长。海草提供一系列生态系统服务，对减轻气候变化的影响非常重要。海草是重要的碳汇。海草为鱼类、甲壳类和软体动物等多种海洋生物提供栖息地，对维持沿海生态系统的恢复能力非常重要。海草广泛分布的根系有助于稳定沉积物，防止土壤侵蚀和养分流失到海洋中。海草通过吸收海浪能量和减少沉积物迁移，有助于保护沿海地区免受风暴和海水侵蚀的影响。海草可以过滤水体中的营养物质和其他污染物，从而改善水质。海草能像陆生植物一样进行光合作用，产生氧气，促进海洋环境的健康。

海草床是高产的沿海生态系统，它们提供重要的生态系统服务，支持沿海地区的碳循环和营养循环。海草草甸只占全球海洋表面的不到 0.2%，却占海洋有机碳储量的 10%，是最有效的碳汇之一（$48×10^6 \sim 112×10^6$ t/a）。海草蓝色碳汇在减缓和适应气候变化中的作用已引起国际社会的重视。在海草生态系统中，海草生物量的很大一部分以叶片和根茎＋根的形式转移到沉积物的有机物库中，这些有机物可能在长期沉积物中占很大比例（50%～90%）。

海草床正受到人类活动的威胁，如沿海开发、环境污染和与气候变化有关的影响。海草栖息地的丧失会对海洋生物多样性及其提供的生态系统服务（包括碳固存、海岸保护和水质改善）产生重大影响。努力保护和恢复海草生境有助于支持可持续的沿海管理。

3. 盐沼

盐沼是一种沿海生态系统，分布在世界各地的温带和热带地区。盐沼是重要的碳汇，其每公顷固碳能力是热带森林的 5 倍。盐沼中生长着茂密的耐盐植物，以抵御海平面上升和海岸侵蚀而闻名。盐沼实际是沿海湿地，位于陆地和海洋之间的潮间带，定期受潮汐影响，是沿海生态系统的重要组成部分。盐沼主要由耐盐植物组成。潮汐是盐沼形成和维持的重要因素。潮汐带来的海水淹没和退去，影响着盐沼的盐度、湿度和营养物质分布。盐沼为多种动物提供了栖息地，例如鸟类、鱼类、贝类和其他多种无脊椎动物，同时也提供气候调节、碳储存、水质净化等多种生态服务。

盐沼可分为潮汐淡水沼泽和潮汐干沼泽两种。其中潮汐淡水沼泽是最常见的盐沼类型，分布在潮差相对较窄的地区。潮汐干沼泽分布在潮差非常大的地区，涨潮时沼泽暴露在空气中。

盐沼湿地作为重要的海岸带蓝碳生态系统，具有较高的固碳和储碳能力，主要的固定作用通过碳埋藏过程实现，即盐沼将固定产物（如植物残体、凋落物等）埋藏于土壤中。氡放射性同位素示踪技术发现：通过间隙水交换输送到海洋的大量溶解态无机碳（主要是碳酸氢盐），大部分可以在海洋中储存数千年，因此，海岸带盐沼蓝碳系统固定的大气 CO_2，不仅可以通过碳埋藏储存于沉积物中，也可以通过间隙水交换过程长久储存于海洋中。

盐沼也正受到人类活动的威胁，盐沼生境的丧失会对海洋生物多样性及其提供的生态系统服务产生重大影响。努力保护和恢复盐沼生境有助于减缓气候变化的影响。

思考题

1. 试举例说明自然碳汇的类型及特点。
2. 简述地球主要碳库的特点。

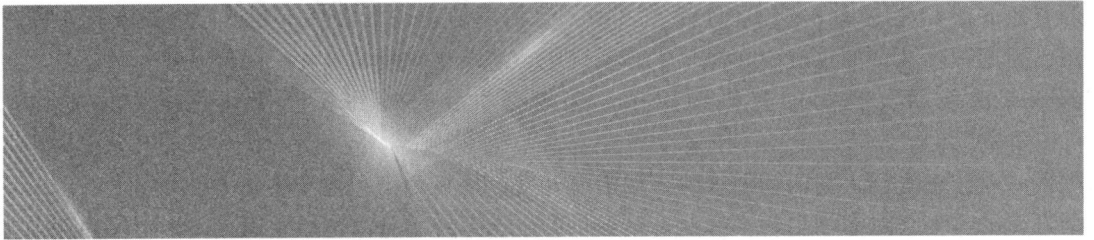

第三章
碳中和技术概述

本章主要概述了目前实现碳中和的几类主要关键技术手段，包括零碳电力技术，氢能利用技术，二氧化碳捕集、利用与封存技术，二氧化碳资源化技术和生物质能源技术。

第一节　零碳电力技术概述

电力脱碳是实现碳中和目标最重要的途径，具有"零碳"属性的可再生能源和核能电力是实现这一目标最重要的抓手。可再生能源发电通常具有波动性的特点，这增加了电网的调度难度和运营成本。因此需要开发更先进的储能技术，结合先进的输配电技术来支撑"新能源发电-规模化储能-先进输配电"的高效能源供应模式。

一、传统发电节能提效技术

2022年我国的发电量总计88487.1亿千瓦时，其中火电仍占据主导地位，占比高达66.50%（图3-1）。因此，针对传统发电的节能提效技术至关重要。目前相关技术包括燃煤热电联产、超超临界燃煤发电和燃煤耦合生物质发电等技术。

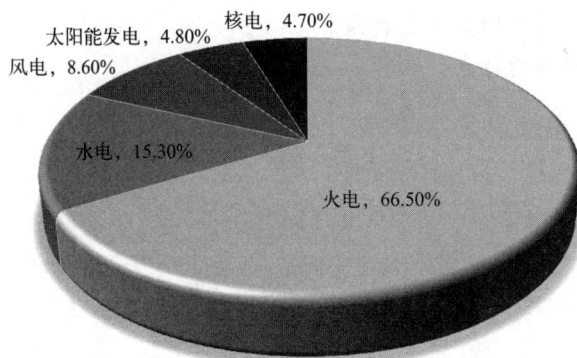

太阳能发电，4.80%　核电，4.70%
风电，8.60%
水电，15.30%
火电，66.50%

图 3-1　我国 2022 年发电量结构

（一）燃煤热电联产技术

燃煤热电联产是一种能够同时生产电能和供热的燃煤能源利用方式。这种方式具有节约能源、改善环境、提高供热质量、增加电力供应等综合效益，是循环经济的一种发展模式。在燃煤热电联产中，燃煤经破碎系统、输送系统送至锅炉，在锅炉里燃烧，产生高温高压的主蒸汽，送入汽轮机做功，抽汽或者背压排汽供工艺使用，在满足供热需要的同时发出电能。

然而，燃煤热电联产也存在一些缺点，比如煤炭燃烧后产生硫氧化物、氮氧化物和粉尘等污染物，需要配套烟气处理设施，电厂用电较高，用水量较多等，还需要配套储煤、输煤设施，占地面积大。总体来说，燃煤热电联产是一种重要的发电方式，但是其缺点也需要得到关注并采取措施加以改进。

（二）超超临界燃煤发电技术

燃煤发电是通过产生高温高压的水蒸气来推动汽轮机发电的，蒸汽的温度和压力越高，发电的效率就越高。而超超临界（ultra supercritical，USC）燃煤发电技术是指将水蒸气温度和压力升高到600℃、26MPa以上，从而大幅提高机组热效率并降低煤耗和污染物排放。目前 USC 发电机组的发电效率在45%以上，高于亚临界机组的37.5%。与传统燃煤锅炉相比，USC 发电厂的 CO_2 排放量可减少约22%。同时，USC 燃煤发电技术也需要更先进的设备和控制系统，因此投资成本较高，维护难度也相对较大。

（三）燃煤耦合生物质发电技术

燃煤耦合生物质发电技术是一种将燃煤发电与生物质发电相结合的技术。这种技术利用生物质作为燃料，与燃煤发电相结合，以提高发电效率和降低碳排放。生物质耦合燃烧方式包括直接耦合燃烧、间接耦合燃烧和并联耦合燃烧。

直接耦合燃烧是一种将生物质与煤直接混合燃烧的技术。在这种技术中，生物质燃料（如农业废弃物、林业废弃物、城市生活垃圾等）与煤粉混合后，送入燃烧器进行燃烧。间接耦合燃烧是一种将生物质气化后再与燃煤发电系统耦合的技术。在这种技术中，生物质首先在气化炉中气化，生成可燃气体（主要为氢气、一氧化碳和甲烷等），然后将这些可燃气体送入燃煤锅炉中与煤共同燃烧，产生高温高压蒸汽驱动汽轮机发电。并联耦合燃烧是一种将生物质与煤分别燃烧，然后将蒸汽并入同一汽轮机进行发电的技术。在这种技术中，生物质燃料和煤分别在各自的燃烧器中燃烧，产生的高温高压蒸汽分别进入汽轮机的低压缸，然后在高压缸中混合，驱动汽轮机旋转发电。

间接耦合和并联耦合燃烧可有效避免生物质燃料带来的积灰和腐蚀等问题，且燃料的适应性更广。但是由于新增设施多，其建设和运维成本显著高于直接耦合方式。

二、可再生能源发电技术

可再生能源发电技术利用多种取之不尽、用之不竭的能源来发电，而这些能源是可以再生的，在人类历史时期内都不会耗尽。具体包括太阳能发电、风力发电、水力发电、生物质发电、地热能发电和海洋能发电等技术。

（一）太阳能发电技术

太阳能发电是利用太阳光能直接转化为电能的技术。它主要有两种方式：一种是光伏发电，利用光伏效应将太阳光能直接转化为电能；另一种是太阳能热发电，利用太阳能集热器将太阳能转化为热能，再通过热能转换装置将热能转换为电能。

光伏发电系统主要由太阳电池板（组件）、控制器和逆变器三大部分组成，它们主要由电子元器件构成，不涉及机械部件，所以光伏发电设备结构紧凑且可靠，具有稳定、寿命长和安装维护简便的特点。光伏发电技术理论上可以用于任何需要电源的场合，上至航天器，下至家用电源，大到兆瓦级电站，小到玩具，光伏电源可以无处不在。

太阳能热发电则通过集热装置驱动汽轮机发电，根据集热方式不同，又分为槽式线聚焦、塔式点聚焦和碟式点聚焦三种。

（二）风力发电技术

风能具有蕴藏量大、可再生、分布广、无污染等特点。风力发电是指把风的动能转化为电能。我国风能资源丰富，开发潜力巨大。我国已成为全球风力发电规模最大、增速最快的市场。截至2024年底，我国风电装机容量约5.1亿千瓦。

风力发电的原理是把风能转化为机械能，再将机械能转化为电能进行输出。具体过程是通过风力带动风车叶片旋转，再通过增速机提升旋转的速度，从而使发电机内部线圈旋转切割磁场，最终产生电流，并利用储能装置将能量以电能的形式储存起来。依据现有风车技术，在大约3m/s的微风速度下，风力发电机便可以开始发电。

风力发电机组是风力发电所需要的装置，主要由机舱、风轮、发电机、调向器（尾翼）、塔架、限速安全机构和储能装置等元件构成。风轮可以在调向器的作用下根据风向的变化调节方向，从而最大限度地利用风能。

（三）水力发电技术

水力发电的基本原理是利用水位落差，配合水轮发电机产生电能，也就是利用水的位能转化为水轮的机械能，再以机械能推动发电机，从而得到电能。低位水通过吸收太阳光能进行水循环分布在地球各处，从而恢复高位水源。水力发电的优点包括再生性、环境友好、成本低、高效而灵活等，但是其建设成本较高，对生态环境也有一定影响。

（四）生物质发电技术

生物质是指利用大气、水、土地等通过光合作用而产生的各种有机体，即一切有生命的可以生长的有机物质统称为生物质。生物质能就是太阳能以化学能形式贮存在生物质中的能量形式，即以生物质为载体的能量。生物质能直接或间接来源于绿色植物的光合作用，可转化为常规的固态、液态和气态燃料，取之不尽、用之不竭，是一种可再生能源，同时也是唯一一种可再生的碳源。其主要组成元素为碳、氢、氧。

生物质发电是利用生物质所具有的生物质能进行发电的技术，是可再生能源发电技术的一种，包括农林废弃物直接燃烧发电、农林废弃物气化间接发电、垃圾焚烧发电、垃圾填埋气发电、沼气发电等，具有环保性、灵活性和多样性等特点。生物质发电可显著减少 CO_2 和 SO_2 的排放，具有巨大的环境效益。

（五）地热能发电

地热能是一种储量丰富、稳定可靠的零碳清洁能源，也是唯一不受天气、季节变化影响的可再生能源。地热发电实际上就是把地下的热能转变为机械能，再将机械能转变为电能的能量转变过程。但地热发电不需要庞大的锅炉，也不需要消耗燃料。所使用的技术包括干蒸汽发电站、闪蒸蒸汽发电站和二元循环发电站。地热发电还可以利用液压或爆破碎裂法将水注入岩层中，产生高温蒸汽，然后将蒸汽抽出地面推动涡轮机转动从而发电。在这个过程中，将一部分未利用的蒸汽或者废气经过冷凝器处理还原为水回灌到地下，循环往复。需要注意的是，虽然地热能是一种可再生的清洁能源，但是地热能发电也存在一些潜在的风险和负面影响，如可能引发地震等问题。因此，在开展地热发电项目时需要进行充分的环境影响评估和风险管理。

（六）海洋能发电

海洋能蕴藏量丰富、分布广、清洁无污染，但能量密度低、地域性强。海洋能发电技术是利用海洋中的能源进行发电的技术，主要包括潮汐能发电、波浪能发电、温差能发电和盐差能发电等。潮汐能发电是指利用潮汐来产生电力的技术。利用潮汐能源的最主要方法包括潮汐动力和海洋能源发电，这需要建造大型的水电站，具有首次投资大和维护成本高的缺点。波浪能发电是指通过利用波浪的动能来驱动涡轮机转动，从而产生电能的技术。中国是世界上主要的波能研究开发国家之一，从 20 世纪 80 年代初开始主要对固定式和漂浮式振荡水柱波能装置以及摆式波能装置等进行研究。温差能发电是指利用海洋表层和深层海水之间的温差来产生电能。盐差能发电利用不同含盐量的海水之间的化学电势差来产生电能。

海洋能是取之不尽的可再生资源，潮汐能源有规律可循，开发规模大小均可。但目前获取能量的最佳手段尚未达成共识，大型项目可能会破坏自然水流、潮汐和生态系统。

三、储能技术

风能、太阳能等可再生能源发电方式受自然因素影响较大，具有明显的间歇性和波动性，大规模随机波动新能源并网给电网运行带来挑战。另外在很多情况下需要对能源进行时空上的转移，因此需要采用储能技术，将能量以某种形式储存起来，并在需要时将其释放出来。储能技术可以根据储存能量的形式进行分类，包括机械储能、化学储能、电磁储能和相变储能等。

（一）机械储能

通过机械装置将能量储存起来，例如抽水蓄能、压缩空气储能和飞轮储能等。抽水蓄能是利用水的重力势能来储存能量，压缩空气储能是利用空气的压缩能来储存能量，飞轮储能则是利用飞轮的旋转动能来储存能量。

（二）化学储能

通过化学反应将能量储存起来，例如锂离子电池、铅酸电池、液流电池等。这些电池通过化学反应将电能转化为化学能储存起来，在需要时再通过逆反应将化学能转化为电能释放出来。

（三）电磁储能

通过电磁场将能量储存起来，例如超导磁储能和超级电容器等。超导磁储能是利用超导线圈中的电流产生的磁场来储存能量，超级电容器则是利用电容器中的电场来储存能量。

（四）相变储能

通过物质的相变过程来储存能量，例如冰蓄冷和熔融盐蓄热等。冰蓄冷是利用水结冰时放出的热量来储存冷能，熔融盐蓄热则是利用盐类物质的熔化或凝固过程来储存或释放热能。

四、核能发电技术

与太阳能、水能和风能等可再生能源一样，核能在发电过程中几乎不产生温室气体，因此核能技术和产业的发展在实现碳中和目标的过程中起到重要作用。核能发电与火力发电极其相似，只是以核反应堆及蒸汽发生器来代替火力发电的锅炉，以核衰变能代替矿物燃料的化学能。核能发电技术包括核裂变发电和核聚变发电两种，两者是两个相反的核反应过程。在核裂变和核聚变反应中都有质量的减少，减少的质量则转化为核能。

（一）核裂变发电

核裂变发电是利用核反应堆中的核裂变能进行发电的技术。其原理是利用较重的原子核（主要是铀核或钍核）分裂释放能量，通常是链式反应，也就是一生二，二生四……不断持续的过程。只要反应条件合适，且核原料的浓度适宜，核裂变链式反应就能发生，且随时可以控制反应的进行。核裂变发电技术虽然相对简单，但其所需的原料（比如铀矿）储量十分有限。此外，核裂变产生的废弃物多为长半衰期放射性物质，很容易产生放射性污染。原料的储量和废弃物的污染问题极大地限制了核裂变广泛应用的前景，人类急需更好的核能解决方案。

（二）核聚变发电

核聚变发电是一种利用轻原子核（如氢的同位素氘和氚）聚变反应产生热能，然后利用热能发电的技术。核聚变是 21 世纪正在研究中的重要技术，主要是把聚变燃料加热到 1 亿摄氏度以上高温，让其产生核聚变，然后利用热能。核聚变通常由三种方式产生，分别是引力约束、惯性约束和磁约束。目前已经实现的第一代可控核聚变的燃料还只限于氘和氚，不会产生环境污染和温室气体。与核裂变相比，热核聚变不但资源易于获得（氘在海水中广泛存在，氚需要通过其他技术来人为生产），其安全性也是核裂变反应堆无法比拟的。热核反应堆如果在事故状态下释能增加时，等离子体与放电室壁的相互作用强度则增大，由此进入等离子体的杂质随之增加。核聚变发电的最终实现还需很长的时间。

五、输配电技术

输配电技术是一种电力传输技术，将电能从发电厂输送到电力用户，包括高压输电、中压输电和低压配电等多个环节。在输配电过程中，电力变压器、电力线路、变电站等设备和技术被广泛应用于电力传输的各个环节。其中，电力变压器用于对不同电压等级的电能进行转换，以满足不同设备的电压要求；电力线路则用于将电能从一个地方传输到另一个地方，包括高压输电线路、中压输电线路和低压配电线路；变电站则用于将电能从一个电压等级转换到另一个电压等级，并输送到用电地。

输配电技术还包括电力计量技术、电力系统自动化技术和电力系统安全技术等多个方面。其中，电力计量技术用于测量、记录用户使用的电能，以便电力公司进行收费；电力系统自动化技术用于控制、监测和保护电力系统；电力系统安全技术则用于保证电力系统的安全运行。

此外，可再生能源发电基地分布不均衡，通常远离电力负荷中心，相距数百至数千公里，大量间歇性、波动性的可再生能源并网也会对电网的安全稳定运行带来巨大影响，导致电力系统灵活性不足、调节能力不够等，制约更高比例和更大规模的可再生能源发展。因此，高比例可再生能源并网及运行控制也是零碳电力技术发展的关键之一。

第二节　氢能利用技术概述

氢能是一种二次清洁能源，被誉为"21世纪终极能源"，也是碳达峰、碳中和背景下加速开发利用的一种清洁能源。氢在地球上主要以化合态的形式存在，是宇宙中分布最广泛的物质，它构成了宇宙质量的 75%。氢气（H_2）易燃易爆、爆炸极限宽（体积分数 4%～75%）、点火能量低、扩散系数大，且易对材料力学性质产生劣化影响。氢能利用过程中的关键环节主要是氢的制取、储存、运输、应用。

一、制氢技术

常用的制氢技术包括化石能源制氢、电解水制氢、可再生能源制氢和化工原料制氢等。其中利用化石能源制得的氢气称为"灰氢"，在制备灰氢基础上增加 CO_2 捕集、利用与封存技术（CCUS）制得的氢气称为"蓝氢"，利用可再生能源制得的氢气则称为"绿氢"。

（一）化石能源制氢

化石能源制氢是一种传统的制氢方式，主要是利用煤炭、石油和天然气等化石燃料通过化学热解或者气化生成氢气。这种制氢技术路线相对成熟，成本相对较低，是目前氢气最主要的来源之一。然而，化石能源制氢过程中会产生大量的二氧化碳，因此被视为一种高碳排放的能源。为了降低碳排放量，人们研发了碳捕集与封存技术（CCS），对产生的二氧化碳进行捕集并封存或利用，从而降低对环境的影响。此外，借助新能源电力，如光伏发电、风电等，水电解制氢技术可以实现近零碳排放，是未来实现"绿氢"生产的重要技术环节。

（二）电解水制氢

电解水制氢是指水分子在直流电作用下被解离生成氧气和氢气，分别从电解槽阳极和阴极析出的技术。根据电解槽隔膜材料的不同，通常将水电解制氢分为碱性水电解（AWE 或 ALK）、质子交换膜（PEM）水电解、高温固体氧化物水电解（SOEC）以及固体聚合物阴离子交换膜（AEM）水电解。其中，AWE 是最早工业化的电解水技术，已有数十年的应用经验，最为成熟；PEM 电解水技术近年来产业化发展迅速，SOEC 电解水技术处于初步示范阶段，而 AEM 水电解研究刚起步。

电解水制氢过程中不会产生有害物质，因此不会对环境造成污染。在适当的条件下，电解水制氢的效率可以达到 90% 以上。水是可再生的资源，因此电解水制氢是一种可持续的能源。但是，电解水制氢也存在一些缺点，如需要大量的电力来提供电解所需能量，因此成本较高。此外，电解水制氢需要使用专门的电解设备和催化剂，因此初始投资成本较高。

（三）可再生能源制氢

可再生能源制氢是指利用可再生能源（如太阳能、风能、水电、海洋能等）通过电解水或其他方法将氢气生产出来的技术。将可再生能源与电解水制氢相结合，可以进一步提高可再生能源的利用率和氢气的生产效率。例如，在风力发电和光伏发电资源较为丰富的地区，可以利用这些可再生能源为电解水提供电力，从而生产出氢气。这种结合方式可以实现能源的多元化利用，提高能源利用效率，并降低对传统化石能源的依赖。可再生能源制氢过程中不会产生有害物质，因此不会对环境造成污染。可再生能源制氢可以根据可再生能源的供应情况进行调整，因此具有很强的灵活性。

1. 生物质制氢

生物质制氢是以光合作用产生的生物质为基础的制氢方法，以一切有生命的可以生长的有机物质为原料进行制氢，具有节能、环保、原料来源丰富等优点，主要包括化学法和生物法（图 3-2）。化学法制氢是通过热化学处理，将生物质转化为富氢可燃气，然后通过分离得到纯氢的方法。该方法可由生物质直接制氢，也可以由生物质解聚的中间产物（如甲醇、乙醇）进行制氢。化学法又细分为气化法、热解重整法和超临界水转化法等。生物法制氢是利用微生物代谢来制取氢气的一种生物工程技术。与传统的化学法相比，生物法制氢有节能、可再生和不消耗矿物资源等优点。生物法可细分为光解水制氢、光发酵制氢、暗发酵制氢以及光暗耦合发酵制氢等。

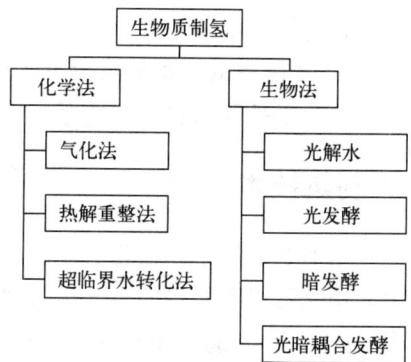

图 3-2　生物质制氢技术分类

2. 化学法制氢

气化法制氢：气化法制氢是指在气化剂（如空气、水蒸气等）中，将碳氢化合物转化为含氢可燃气体的过程，该技术存在焦油难以控制的问题。目前生物质气化制氢需要借助催化剂来加速中低温下的反应。

热解重整法制氢：生物质在隔绝氧气或只通入少量空气的条件下受热分解的过程称为热解。热解与气化的区别在于是否加入气化剂。热解制氢经历两个步骤：第一步为生物质热解，得到气、液、固三相产物；第二步利用热解产生的气体或生物油重整制氢。在第一步中，持续高温会促进焦油生成，焦油黏稠且不稳定，由于低温不易气化，高温容易积炭堵塞管道，影响反应进行。因此可通过调整反应温度和热解停留时间来提高制氢效率，但产氢量依然很低，因此需要对热解产生的烷烃、生物油进行重整来提升制氢效率。

超临界水转化法制氢：当温度处于 374.2℃、压力在 22.1MPa 以上时，水具备液态时的分子间距，同时又会像气态时分子运动剧烈，成为兼具液体溶解力与气体扩散力的新状态，称为超临界水。超临界水制氢是生物质在超临界水中发生催化裂解制取富氢燃气的方法。该方法中生物质的转化率可达到 100%，气体产物中氢气的体积分数可超过 50%，且反应中不生成焦油等副产品。与传统方法相比，超临界水可以直接湿物进料，具有反应效率高、产物氢气含量高、产气压力高等特点，产物易于储存、便于运输。

3. 生物法制氢

光解水制氢：微生物通过光合作用分解水制氢。目前研究较多的是光合细菌、蓝绿藻。以蓝绿藻为例，它们在厌氧条件下通过光合作用分解水产生 O_2 和 H_2。光合反应中存在两个相互独立又协调作用的系统：接收光能分解水产生 H^+、e^- 和 O_2 的光系统Ⅱ（PSⅡ）；产生还原剂来固定 CO_2 的光系统Ⅰ（PSⅠ）。PSⅡ产生的电子由铁氧还蛋白携带经由 PSⅡ 和 PSⅠ 到达制氢酶，H^+ 在制氢酶的催化作用下生成 H_2。光合细菌制氢和蓝绿藻一样，都是光合作用的结果，但是光合细菌只有一个光合作用中心（相当于蓝绿藻的 PSⅠ），由于缺少藻类中起光解水作用的 PSⅡ，所以只进行以有机物作为电子供体的不产氧光合作用。

光发酵制氢：光发酵制氢是厌氧光合细菌依靠从小分子有机物中提取的电子和光提供的能量将 H^+ 还原成 H_2 的过程。光发酵制氢可以在较宽的光谱范围内进行，制氢过程没有氧气的生成，且培养基质转化率较高，被看作一种很有前景的制氢方法。

暗发酵制氢：异养型的厌氧菌或固氮菌通过分解有机小分子制氢。异养微生物缺乏细胞色素和氧化磷酸化途径，厌氧环境中的细胞面临着因产能氧化反应而造成的电子积累问题。因此需要通过特殊机制来调节新陈代谢中的电子流动，通过产生氢气消耗多余的电子就是调节机制中的一种。能够发酵有机物制氢的细菌包括专性厌氧菌和兼性厌氧菌，如大肠埃希菌、褐球固氮菌、白色瘤胃球菌、根瘤菌等。发酵型细菌能够利用多种底物在固氮酶或氢酶的作用下分解底物制取氢气，底物包括甲酸、乳酸、纤维二糖、硫化物等。

光暗耦合发酵制氢：利用厌氧光发酵制氢细菌和暗发酵制氢细菌的各自优势及互补特性，将二者结合以提高制氢能力及底物转化效率的新型模式被称为光暗耦合发酵制氢。暗发酵制氢细菌能够将大分子有机物分解成小分子有机酸，以获得维持自身生长所需的能量和还原能力，并释放出氢气。由于产生的有机酸不能被暗发酵制氢细菌继续利用而大量积累，暗发酵制氢细菌制氢效率低下。光发酵制氢细菌能够利用暗发酵产生的小分子有机酸，从而消除有机酸对暗发酵制氢的抑制作用，同时进一步释放氢气。所以，将二者耦合到一起可以提高制氢效率，扩大底物利用范围。

二、储氢技术

作为 H_2 从生产到利用过程中的桥梁，储氢技术在氢气能源的利用中起到重要作用。由于 H_2 是易燃易爆气体，因此开发经济、高效、安全的储氢技术是氢能发展的关键之一。目前，储氢方法包括物理储氢、固态储氢、有机液体储氢以及其他储氢方式（图 3-3）。

（一）物理储氢

物理储氢是一种通过改变储氢条件提高氢气密度以实现储氢的技术。该技术为纯物理过程，不需要储氢介质，成本较低，且易放氢，氢气浓度较高。物理储氢主要包括高压气态储氢与低温液化储氢。高压气态储氢技术是在高压下将氢气压缩，以高密度气态形式储存。这种方式具有成本较低、能耗低、易脱氢、工作条件范围较宽等特点，是发展最成熟、最常用的储氢技术之一。低温液化储氢是将氢气在低温高压条件下液化后储存在容器中，具有储存容器体积小的优点。但这种方式需要容器保持低温绝热真空，对于技术是个不小的挑战。

（二）固态储氢

固态储氢是一种利用固态材料吸附和储存氢气的方法。固态储氢的原理是利用固态材料（如金属有机骨架、碳纳米管等）的特殊孔道结构和表面性质吸附和储存氢气。这种储存方式的优点是安全性高、储存密度大、易于运输和释放等。

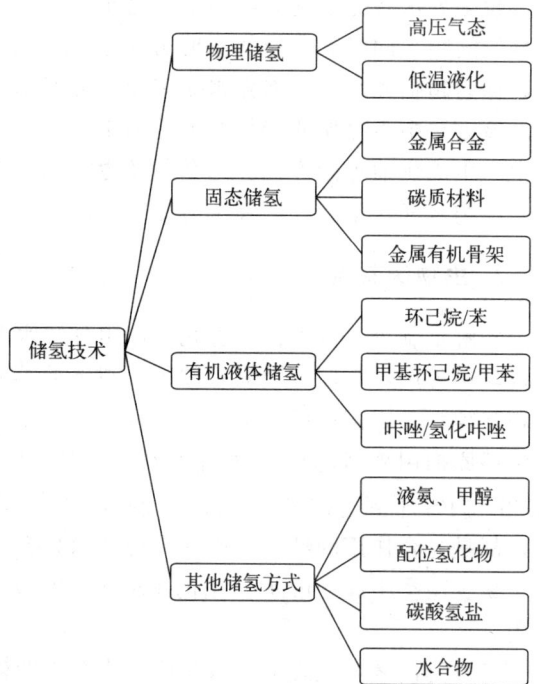

图 3-3　主要的储氢技术分类

固态储氢技术目前正在快速发展中，已经有一些固态储氢材料应用于实际生产和生活中。例如，镁基固态储氢材料是目前研究较为广泛的储氢材料之一，具有较高的储氢容量和较低的储存压力，被认为是未来国家氢能战略的重要组成部分。总体来说，固态储氢是一种具有潜力的储氢方式，尤其适用于需要高安全性、高储存密度和易于运输的领域。

（三）有机液体储氢

有机液体储氢是一种利用不饱和液态有机物作为储氢载体，通过与氢气发生加氢-脱氢反应，实现氢气可逆储存及载体循环利用的过程。

典型的液态储氢载体材料包括环己烷/苯、甲基环己烷/甲苯、咔唑/氢化咔唑等。有机液体储氢技术的工作原理可分为三个环节：加氢、储存和运输。加氢环节中，氢气通过催化反应被加到液态储氢载体中，形成可在常温常压条件下稳定储存的储氢有机液体化合物。运输环节中，加氢后的储氢有机液体（氢油）通过普通的槽罐车运输到用户端，采取类似汽柴油加注的泵送形式，安全、简单、快速地加注到储氢有机液体储罐中。有机液体储氢技术具有储存安全、可利用普通管道和罐车等设备进行物料补给，以及在整个运输、补给过程中不会产生氢气或能量损失等优点。

（四）其他储氢方式

除了上述储氢方式以外，还有液氨储氢、甲醇储氢、配位氢化物储氢、碳酸氢盐储氢和水合物储氢等。

液氨储氢技术是指将氢气与 NO_2 反应生成液氨，作为氢能的载体进行利用。液氨在常压、400 ℃的条件下即可得到 H_2，常用的催化剂包括钌系、铁系、钴系与镍系，其中钌系的活性最高。液氨燃烧产物为氮气和水，无有害气体。

甲醇储氢是一种利用氢气与甲醇之间的化学反应生成甲醇水合物从而实现氢气储存的方法。在实际应用中，甲醇水合物可以在一定条件下分解，将储存在其中的氢气释放出来。这种储氢方式的反应过程可逆，具有较高的储氢密度和较好的安全性能。同时，甲醇可以从煤、天然气等原料中制取，具有来源丰富、成本低廉的优点。

配位氢化物储氢是一种利用配位氢化物进行储氢的技术。配位氢化物是由碱金属或碱土金属与第ⅢA族元素或非金属元素形成的化合物，如 $NaAlH_4$、$LiBH_4$ 等。这些化合物可以在一定条件下释放出氢气，从而实现氢气的储存和运输。配位氢化物储氢的优点包括储氢量大、可逆性好、安全性好等。其中，$LiBH_4$ 的氢含量较高，理论储氢量达到 10.7%，是目前报道的可逆储氢量最大的材料之一。此外，一些无机物如 N_2、CO、CO_2 等也可以与 H_2 反应生成配位氢化物，这些产物既可以作为燃料，又可分解获得 H_2，是一种目前正在研究的储氢新技术。总体来说，配位氢化物储氢是一种具有潜力的储氢方式，尤其适用于需要大量储存和运输氢气的领域。

碳酸氢盐储氢基于碳酸氢盐与甲酸盐之间的相互转化实现储氢、放氢。反应一般以 Pd 或 PdO 作为催化剂，吸湿性强的活性炭作为载体。Pd 价格昂贵，因此这种材料储氢的成本较高。氢气质量密度约 2%。该方法便于大量储存和运输，安全性好，但储氢量和可逆性都不是很理想。

水合物储氢是一种利用水合物进行储氢的技术。水合物又称孔穴形水合物，是一种类冰状晶体，由水分子通过氢键形成的主体空穴在很弱的范德瓦耳斯力作用下包含客体分子组成。在一定的温度和压力条件下，水合物可以储存氢气，从而实现氢气的储存和运输。水合物储氢的优点包括储氢量大、可逆性好、安全性好等。水合物的储氢量可以达到 18% 以上，同时反应条件温和，不需要过高的温度和压力。此外，水合物储氢还可以通过循环使用的方式提高储氢效率。

三、氢能应用

目前氢能的主要应用领域包括车用氢燃料电池、氢原料工业应用、家庭/楼宇氢利用系统以及作为备用电源使用等。

氢燃料电池是一种将氢气和氧气中的化学能通过化学反应转换成电能的装置，其基本原理是电解水的逆反应，将氢和氧分别供给阳极和阴极，氢通过阳极向外扩散，和电解质发生反应后放出电子，电子通过外部的负载到达阴极。氢燃料电池具有清洁、高效等优点，有望在汽车、便携式发电和固定发电站等领域实现规模化应用。

作为一种重要的化工原料，H_2 在化工生产领域应用广泛。其中，合成氨消耗了大量的 H_2，全球每年约有 60% 的 H_2 用于合成氨。H_2 也可以与氯气反应合成 HCl 来制备盐酸。此外，氢气还在电子工业、冶金工业、食品工业、精细化工和航空航天等领域广泛应用。

此外，备用电源是供电系统中不可或缺的一类产品。传统上采用柴油发电机、锂电池、铅酸蓄电池等作为备用电源。柴油发电机具有运营成本高、环境污染重、噪声大等问题，而锂电池和铅酸蓄电池的使用寿命不理想、能源密度低、续航能力差。以氢燃料备用电源替代传统备用电源则具有清洁无污染、无噪声且续航能力强等优点。

第三节　二氧化碳捕集、利用与封存技术

二氧化碳捕集、利用与封存技术（CCUS）是应对全球气候变化的关键技术之一，该技术通过捕集工业和能源生产过程中排放的二氧化碳，实现二氧化碳的减排和大规模地质封存，以降低大气中二氧化碳浓度、减缓全球气候变暖趋势。

一、二氧化碳捕集技术

二氧化碳捕集技术主要包括燃烧前捕集、燃烧后捕集和富氧燃烧捕集。燃烧前捕集技术是将化石燃料转化为合成气，再通过吸附、吸收等方法将合成气中的二氧化碳分离出来。燃烧后捕集技术是在化石燃料燃烧后，通过吸收、吸附等方法将烟气中的二氧化碳分离出来。富氧燃烧捕集技术是在燃烧过程中加入富氧空气或纯氧，生成高浓度的二氧化碳气体，再通过吸收、吸附等方法将其分离出来。根据分离原理的不同，烟气中二氧化碳的捕集技术包括液体吸收、固体吸附和膜分离等。

（一）液体吸收技术

液体吸收技术是目前应用最为广泛的 CO_2 捕集技术，主要利用气体混合物中不同组分在同一种液体中的溶解度不同，当使用某种液体处理气体混合物时，在气体和液体接触时，气体中的一种或数种溶解度相对较大的组分进入液体中，从而使得气相中各组分的相对浓度发生变化，使混合气体得到分离净化。按照 CO_2 吸收原理的不同，液体吸收 CO_2 捕集技术主要分为物理吸收法、化学吸收法和物理化学联合吸收法，其中化学吸收法应用最为广泛。

物理吸收法是指吸收剂不与 CO_2 发生化学反应，仅通过 CO_2 在吸收剂中的物理溶解实现 CO_2 吸收的方法。常用的物理吸收剂包括甲醇、碳酸丙烯酯、聚乙二醇二甲醚和 N-甲基-2-吡咯烷酮等。

化学吸收法利用碱性吸收剂有选择性地与混合烟气中的 CO_2 发生化学反应，生成碳酸盐、碳酸氢盐、氨基甲酸盐等不稳定盐类，之后通过改变温度或压力等外部条件，使这些盐类发生解吸释放出 CO_2，从而实现 CO_2 的脱除和吸收剂的再生。根据采用的吸收剂的种类，化学吸收法包括有机胺法、热钾碱法、氨法、离子液体法、相变吸收剂法和酶促法等。

物理化学联合吸收法兼具物理吸收法和化学吸收法的特点，将物理吸收剂和化学吸收剂按照一定比例混合后用于吸收 CO_2。常用的工艺有环丁砜法和常温甲醇法。环丁砜法以环丁砜、二异丙醇胺和水的混合溶液为吸收剂，该工艺对设备的腐蚀较大。常温甲醇法以甲醇、烷醇胺和少量缓蚀剂组成的低沸点混合溶液为吸收剂。

（二）固体吸附技术

CO_2 固体吸附技术是一种利用固体吸附剂吸附 CO_2 气体的技术。该技术常用于处理工业排放的废气，以达到减排的目的。CO_2 固体吸附技术的原理是利用固体吸附剂与 CO_2 之间的物理或化学作用，将 CO_2 吸附在固体吸附剂表面或内部。吸附剂的选择是关键，需要根据 CO_2 的不同来源选择合适的吸附剂。目前已经开发了一系列 CO_2 吸附量高、能够实

现快速吸附、选择性和稳定性良好的吸附剂。相对于液体吸收，固体吸附技术的工作条件能覆盖更宽的温度和压力范围，因此可以应用于更多工况，同时可以有效避免胺类溶剂在使用过程中产生有毒和腐蚀性物质。

按照 CO_2 吸附温度区间，CO_2 固体吸附材料可以分为低温吸附剂（＜200℃）和中高温吸附剂（＞200℃）。低温固体吸附剂包括碳材料以及分子筛等多孔材料，中温固体吸附剂主要有水滑石类吸附剂，高温固体吸附剂则主要是钙基和锂基吸附剂。

（三）膜分离技术

膜分离技术是一种利用膜材料的选择透过性，以膜两侧的压力差为推动力，使 CO_2 气体透过特定膜而实现分离的技术。该技术常用于处理高浓度的 CO_2 气体，如烟气、沼气等。膜法分离 CO_2 包括膜分离法和膜吸收法。用于烟气中 CO_2 分离的膜材料通常具有以下特征：较高的 CO_2 渗透率；较好的 CO_2/N_2 选择性；抗化学腐蚀；耐高温；抗老化；制造成本低廉。用于 CO_2/N_2 分离的膜材料主要包括高分子膜、促进传递膜、无机膜、有机-无机杂化膜等。

二、二氧化碳封存技术

二氧化碳封存技术主要包括地质封存、海洋封存和矿物封存等。

地质封存的基本原理是模仿自然界储存化石燃料的机制，把 CO_2 封存在地层中，CO_2 经由输送管线或车船运输至适当地点后，注入特定地质条件及特定深度的地层中，通常是注入地下深部的油气层、煤层、盐水层甚至玄武岩层中进行储存。该技术在实现 CO_2 储存的同时，还能提高石油和天然气采收率等。

海洋封存的基本原理是利用海洋庞大的水体体积及 CO_2 在水体中不低的溶解度，使海洋成为封存 CO_2 的容器。CO_2 海洋封存的潜在容量远大于化石燃料的碳含量，海水从大气层中吸收 CO_2 的潜在能力取决于大气层的 CO_2 浓度和海水的化学性质，吸收速率的高低则取决于表层及深层海水的混合速率。受限于表层及深层海水间的缓慢对流，仅在大约1000m 深的海洋水体中发现了人类活动排放 CO_2 的证据。就阻隔 CO_2 返回大气层而言，灌注深度越深，隔离效果越好。可以把 CO_2 灌注于海洋的温跃层以下，以期获得更好的封存效果。被灌注到深海中的 CO_2 可以是气态、液态、固态或水合物形态，灌注形态不同，CO_2 的溶解速率会有差别。提高海水中 CO_2 的浓度会对海洋生物造成不利影响，例如降低生物钙化和繁殖及生长速率、影响迁移能力等。虽然 CO_2 海洋封存已历经近 30 年的理论发展、实验室试验和小规模现场测试以及模式模拟研究，尚缺乏大规模 CO_2 海洋封存的操作实例。

矿物封存的基本原理是使 CO_2 与金属氧化物发生化学反应，形成固体形态的碳酸盐及其他副产品。矿物封存所形成的碳酸盐也是自然界的稳定固态矿物，可在很长的时间中提供稳定的 CO_2 封存效果。CO_2 地表矿物封存的可行性取决于封存过程的能量成本、反应物的成本以及封存的长期稳定性三个因素。CO_2 一旦经地表封存生成碳酸盐矿物，其封存稳定期可长达千年，相对于地质、海洋等其他封存机制，其封存后的监管成本较低。

第四节　二氧化碳资源化技术

二氧化碳资源化技术是指通过特定工艺和技术手段，将二氧化碳转化为具有高附加值的化工产品、燃料或材料，实现二氧化碳资源化利用的一系列技术。这些技术可以减少二氧化碳的排放，并且能够将废气转化为有用的产品，是实现碳中和的重要途径之一。二氧化碳资源化利用方式主要包括化学转化、生物转化和矿化利用技术等，可以用来制备甲醇、CO、烯烃、芳烃等化学品和汽油、生物柴油等燃料，也可以用来制备可降解塑料、石墨烯等材料，还可以通过矿化作用用于发电、制肥料和处理固废等（图3-4）。

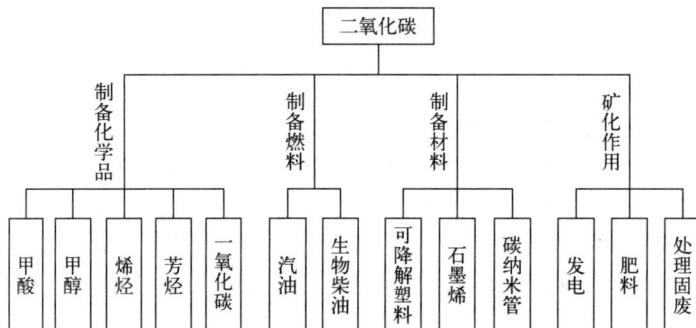

图 3-4　二氧化碳资源化技术示意图

一、二氧化碳制备化学品

CO_2 是一种廉价且丰富的 C_1 资源，将其转化为高值化学品对于碳减排和碳中和具有重要意义。但是，由于 CO_2 具有很高的标准生成热，分子结构非常稳定，CO_2 的化学转化一直以来都是一个极具挑战的科学问题。现有的一些技术实现了将 CO_2 转化为甲醇、甲酸、CO、烯烃和芳烃等化学品。

（一）二氧化碳制备甲醇

甲醇是重要的有机化工原料之一，被广泛应用于有机合成、医药、农药、燃料等领域。利用 CO_2 制备甲醇的基本原理是在一定的温度和压力下，以 H_2 和 CO_2 作为原料，在催化剂的作用下通过催化加氢得到甲醇，反应如下：

$$CO_2 + 3H_2 \longrightarrow CH_3OH + H_2O \tag{3-1}$$

由于 CO_2 反应惰性大、活化难，活性高、耐失活和寿命长的 CO_2 加氢制甲醇催化剂的开发至关重要。常用的 CO_2 加氢合成甲醇的催化体系是 Cu 基催化剂，如 Cu-Al、Cu-Zn 和 Cu-Pd 催化剂等。

（二）二氧化碳制备甲酸

甲酸是基本有机化工原料之一，广泛用于农药、皮革、染料、医药和橡胶等工业。以二氧化碳为碳源，经过热催化、光催化、电催化或生物酶催化等直接加氢合成甲酸是二氧化碳资源化利用的重要方式之一，该反应也是一种原子利用率为100%的绿色过程。

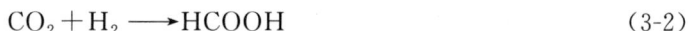

$$CO_2 + H_2 \longrightarrow HCOOH \tag{3-2}$$

1. 二氧化碳制备一氧化碳

一氧化碳在工业生产中起到非常重要的作用，它可以作为几乎所有液体燃料或基础化学品的气体原料，因此将 CO_2 转化为 CO 是 CO_2 高值化利用的重要途径之一。目前实现这一过程的主要方法有高温裂解法、热催化还原法、电催化还原法和光催化还原法。

2. 二氧化碳制备烯烃

烯烃是石油化工行业最基本、最重要的原料之一。利用 CO_2 制备烯烃的技术路线主要包括两种：一种是一步法制烯烃，即 CO_2 氧化低碳烷烃脱氢制烯烃；另一种是两步法制烯烃，即以 CO_2 为原料制备甲醇和合成气等中间体，中间体再进一步加氢制取低碳烯烃。

3. 二氧化碳制备芳烃

芳烃是生产苯、甲苯和二甲苯等有机化工产品的基础原料，这些产品可以用于制备橡胶、尼龙、树脂等高分子材料。利用 CO_2 制备芳烃可以替代石油基化工产品。CO_2 加氢制备芳烃的常规反应路径是 CO_2 先在氧化物表面转化为 CO，再在金属或金属碳化物表面发生费-托合成生成碳氢化合物。

二、二氧化碳制备燃料

CO_2 也是生产汽油和生物柴油的重要原料。利用 CO_2 制备汽油主要是通过逆水煤气变换反应（RWGS）先将 CO_2 还原为 CO，之后再经过费-托合成路径转化为 α-烯烃，再进一步通过聚合、芳构化和异构化等步骤生成汽油馏分。

利用 CO_2 生产生物柴油则是利用藻类的光合作用，从水中获取 CO_2、H_2CO_3、HCO_3^- 等碳源，先将其在藻内（通常用微藻）转化为油脂，再将藻类的油脂提取分离后通过酯交换反应生成生物柴油和丙三醇。藻类光合作用效率高，生长周期短，生长速度快。利用藻类固定 CO_2，与地下封存方式相比，没有 CO_2 逃逸、地下水污染、地面沉降等潜在风险问题。同时，利用藻类吸收 CO_2 来制备生物柴油的应用范围广，且藻类后续处理较为简单，易于实现 CO_2 的资源化利用。

三、二氧化碳制备高性能材料

CO_2 除了可以用于生产化学品和液体燃料以外，也可用于生产多种高性能材料，比如可降解塑料、石墨烯、碳纳米管等。

（一）二氧化碳制备可降解塑料

二氧化碳制备可降解塑料是一种利用二氧化碳作为原料合成可降解塑料的技术。这种技术的原理是将二氧化碳分子中的双键转化为单键，然后与环氧丙烷、环氧乙烷等物质发生聚合反应，生成聚碳酸亚丙酯、聚碳酸亚乙酯等可降解塑料。在制备过程中，需要选择合适的催化剂和反应条件，以提高聚合反应的速率和产物的分子量。同时需要严格控制反应温度和压力等参数，以避免副反应的发生，保证产物的质量。这种可降解塑料具有良好的环保性能，可以在自然环境中迅速降解，焚烧处理也不会产生烟雾和有害气体，只生成 CO_2 和 H_2O，不会对环境造成污染。此外，由于二氧化碳是低成本、无害的原料，因此这种塑料的生产成本也相对较低。

（二）二氧化碳制备石墨烯

石墨烯（graphene）是碳的一种同素异形体，碳原子以 sp^2 杂化键合形成单层六边形蜂窝状晶体。石墨烯具有优异的光学、电学、力学特性，在材料学、微纳加工、能源、生物医学和药物传递等方面具有重要的应用前景，被认为是一种未来革命性的材料。英国曼彻斯特大学物理学家安德烈·盖姆和康斯坦丁·诺沃肖洛夫，由于成功从石墨中剥离出石墨烯（2004 年）并在单层和双层石墨烯体系中分别发现整数量子霍尔效应及常温条件下的量子霍尔效应（2009 年）而获得 2010 年诺贝尔物理学奖。近年来的研究发现，以 CO_2 为原材料可以制备石墨烯，主要包括超临界二氧化碳剥离技术和镁热还原技术。

超临界二氧化碳剥离技术是利用超临界 CO_2 流体（温度在 31.3℃ 以上，压力在 7.4MPa 以上）的超强渗透能力，在石墨片层之间形成薄薄的溶剂层，随着流体的逐渐渗入，石墨层间的距离逐渐扩大，并在此基础上通过缓慢加压与迅速泄压产生耦合力，当该力大于相邻石墨烯层间的范德瓦耳斯力时，石墨片层脱落，从而得到单层或少量多层的石墨烯材料。结合流体剪切法、超声法、球磨法、超声耦合剪切法等强化技术可以有效增强超临界 CO_2 分子在石墨层间的扩散和剥离作用，从而大大提高石墨烯的制备效率。

镁热还原技术可以用于分解键能较高的化合物，比如可以通过直接燃烧、高温镁热还原或自蔓延高温合成等过程将二氧化碳分子中的双键转化为单键，然后在金属催化剂的作用下，将碳原子排列成二维的石墨烯结构。

（三）二氧化碳制备碳纳米管

碳纳米管由于其独特的结构及优良的力学、电学和化学等性能，在材料、物理、电子、化学等领域受到众多科学家的极大关注，具有广阔的应用前景。近期研究结果表明也可以以 CO_2 为原料，通过激光蒸发、电化学还原、催化还原-气相沉积等技术制备碳纳米管。

激光蒸发技术主要基于光热效应。大功率 CO_2 激光束在石墨或纳米炭黑等碳源上作用会产生光热效应，即将激光能量转化为热能。当激光束照射到碳源上时，碳源吸收激光能量，温度快速升高从而蒸发。在高温下，碳原子会发生热解和重排反应，形成碳原子团簇。这些碳原子团簇具有较高的活性，有利于碳纳米管的生成。

电化学还原的主要原理是利用 Li、Na、K 的混合碳酸盐形成的高温熔融盐为电解质吸收并电解 CO_2 来生成碳纳米管材料。在这个过程中，生成碳纳米管之后的氧化物可以继续吸收 CO_2 生成碳酸盐，从而形成循环，将 CO_2 不断地转化为碳纳米管。

催化还原-气相沉积制备碳纳米管是一种常用的制备碳纳米管的方法。该方法主要涉及两个步骤：催化还原和气相沉积。在催化还原步骤中，通常使用金属催化剂（如铁、钴、镍等）将含碳气体（如甲烷、乙烯等）中的碳原子还原出来。在催化剂的作用下，含碳气体被加热到高温，碳原子被还原成游离态，然后在催化剂表面形成碳纳米颗粒。接下来是气相沉积步骤。在这个步骤中，碳纳米颗粒在催化剂的作用下逐渐长大，形成碳纳米管。这个过程通常在高温下进行，碳纳米颗粒在催化剂表面不断生长，最终形成碳纳米管。

四、二氧化碳矿化利用

二氧化碳矿化技术是将 CO_2 与 Ca^{2+}、Mg^{2+} 等矿物质进行碳酸化反应，转化为相应的稳定的碳酸盐矿物，从而可以稳定保存，实现 CO_2 的永久封存。利用方式包括二氧化碳矿化发电、二氧化碳制备肥料和碳酸盐矿化等。

二氧化碳矿化发电是将其在矿化过程中产生的化学能转化为电能的过程。以二氧化碳矿化发电燃料电池（CMFC）系统为例，该系统由一个负载 Pt/C 催化剂的氢扩散阳极与一个常规的 Pt 阴极组成，系统内腔被一个阴离子交换膜（AEM）和一个阳离子交换膜（CEM）分隔为三个极室，反应物分别从三个缓冲罐流向三个极室，阴极与阳极通过外部电路联通并产生电流。

二氧化碳矿化技术可以有效利用湿法磷酸工业生产过程中产生的磷石膏废弃物，在固碳的同时生产硫酸铵肥料，主要反应如下。

$$CaSO_4 \cdot 2H_2O + CO_2 + 2NH_3 \longrightarrow CaCO_3(s) + (NH_4)_2SO_4 + H_2O \qquad (3\text{-}3)$$

还可以采用高炉渣或咸卤水等为原料，将 CO_2 矿化为碳酸镁和碳酸钙等矿物。利用天然矿物和工业废料矿化实现 CO_2 资源化，具有能耗低、转化量大、产品价值较高等特点，但其成本还是较高，进一步开发流程简单、成本更低的 CO_2 矿化技术对于 CO_2 的固定化和资源化具有重要意义。

第五节　生物质能源技术

生物质（biomass），根据国际能源署（IEA）的定义，是指通过光合作用而形成的各种有机体，包括所有的动植物和微生物。生物质是碳中性的资源，将生物质作为传统化石燃料和原料的替代品，是重要的碳中和技术之一。生物质能源技术主要包括生物质发电、生物质制备液体燃料、生物质制备燃气、生物质制备化学品以及大宗材料等。

一、生物质制备液体燃料

在所有可再生能源中，生物质资源是唯一既可以提供能源又可以提供化学品的资源。生物质可以制备生物柴油、燃油和航空煤油等液体燃料，可以替代传统的化石能源。

（一）生物柴油

生物柴油是一种由动植物油或废弃油脂通过酯交换反应生成的脂肪酸甲酯，可作为柴油发动机的替代燃料。生物柴油具有环保性能好、发动机启动性能好、燃料性能好、原料来源广泛、可再生等特性。

生物柴油的生产方法主要包括酯交换反应和氢化裂解等。其中，酯交换反应的应用最广泛，其利用植物油和脂肪中的主要成分甘油三酯在催化剂作用下与醇（一般是甲醇）发生反应，生成脂肪酸酯，也就是生物柴油。酯交换反应中，催化剂可以是酸，也可以是碱。碱催化的转化率更高（>98%）。酸催化条件下，一级反应转化率通常在 98% 以下，要实现 98% 以上的转化率，往往需要二级及以上的反应。相比之下，碱催化的酯交换反应在常压下即可进行，没有中间步骤，对设备的要求也较低，因此一般采用碱催化反应。

生物柴油的原料来源非常广泛，包括植物油（含微藻油脂）、动物油、废弃油脂等。这些原料通常通过收集、加工和处理等环节转化为生物柴油。此外，生物柴油的生产过程相对环保，排放的二氧化碳量也较少，因为生物质在生长过程中会吸收大气中的二氧化碳。

（二）生物质燃油

生物质燃油也叫热解油，是指将生物质在无氧或缺氧条件下高温加热，在获得高温气体的同时将生物质中的有机物转化为液体燃料的工艺过程。热解油是该工艺过程中的产物之一，其主要成分包括烃类、醇类、醚类、酯类和氢气等。

热解油的特点是具有较高的热值，可以作为燃料直接使用，也可以进一步加工精制成高品质的燃料油或化学原料。同时，热解油中的一些组分还可以提取出来作为化工原料或添加剂，提高其附加值。

热解油的生产方法包括快速热解、流化床热解和碳化热解等。其中，快速热解和流化床热解是连续式生产工艺，具有处理量大、效率高和环保性好的优点。快速热解油的性质极不稳定，具有氧含量高、热值低、腐蚀性强、黏度高、与石油类产品难互溶等问题。因此，通常需要采用加氢脱氧、提质精炼等技术将其转化为高品质汽柴油和芳烃等。

（三）生物航空煤油

飞机使用的燃油主要包括航空汽油、航空煤油和航空柴油三种，其中航空煤油是民用客机使用最多的燃油类型。生物航空煤油通常以动植物油脂、废弃油脂、微藻油等为原料，通过加氢裂化、酯交换等工艺技术生产。与传统的石油基航空煤油相比，生物航空煤油在全生命周期中碳排放可减少50%以上。利用生物质来制取航空煤油具有原料适应性广、产品纯度和洁净度高、清洁无污染等特点。

目前，利用生物质制备航空煤油的工艺方法主要有油脂经酯交换后加氢、费-托合成、快速热解-加氢脱氧和微生物转化等。油脂加氢技术包括酯类的分解、脂肪酸加氢、烃类加氢裂化和加氢异构等过程。生物质费-托合成是先将生物质通过气化得到粗合成气，粗合成气经过水煤气变换后再进行费-托合成，之后再经过加氢裂化、加氢异构和分馏等过程得到生物航空煤油。生物质快速热解-加氢脱氧技术则是先将生物质快速热解后得到有机酸、乙醇、乙醛、酮和酚类化合物，再采用加氢脱氧和加氢催化裂化等加氢技术来生产航空煤油。

二、生物质制备燃气

生物质制备燃气是将生物质资源转换为可燃性气体能源，用于供气、供热、发电等，以替代燃油、天然气，减少传统化石能源的消耗。

（一）生物质气化

生物质气化是在一定的热力学条件下，借助于空气（或者氧气）、水蒸气的作用，使生物质的高聚物发生热解、氧化、还原重整反应，最终转化为一氧化碳、氢气和低分子烃类等可燃气体的过程。

（二）生物质沼气

沼气的主要成分是甲烷。沼气由 $50\%\sim80\%$ 的甲烷（CH_4）、$20\%\sim40\%$ 的二氧化碳（CO_2）、$0\%\sim5\%$ 的氮气（N_2）、小于 1% 的氢气（H_2）、小于 0.4% 的氧气（O_2）与 $0.1\%\sim3\%$ 的硫化氢（H_2S）等气体组成。沼气由于含有少量硫化氢，所以略带臭味。其特

性与天然气相似。空气中如含有 8.6%～20.8%（按体积计）的沼气，就会形成爆炸性的混合气体。

沼气的主要成分甲烷是一种理想的气体燃料，它无色无味，与适量空气混合后即会燃烧。标准状况下，每立方米纯甲烷的发热量为 34000kJ，每立方米沼气的发热量约为 20800～23600 kJ。即 $1m^3$ 沼气完全燃烧后，能产生相当于 0.7kg 无烟煤提供的热量。与其他燃气相比，沼气抗爆性能较好，是一种很好的清洁燃料。

沼气制备原理主要是通过厌氧发酵过程将各种有机物质转化为沼气。在厌氧条件下，多种微生物共同作用，将复杂的有机物质经过发酵转化为沼气。具体来说，厌氧发酵是一个复杂的生物化学过程，包括水解、酸化、还原和甲烷化等阶段。

水解阶段是将复杂有机物转化为可溶性单糖、氨基酸和脂肪酸等小分子物质的过程。在酸化阶段，由产酸菌将水解产物进一步转化为挥发性脂肪酸、醇类和醛类等物质。还原阶段则是由产氢菌和产甲烷菌将脂肪酸、醇类和醛类等物质转化为甲烷。甲烷化阶段是由产甲烷菌将二氧化碳和氢气转化为甲烷。

在沼气发酵过程中，微生物的种类和数量会随着发酵条件和底物性质的不同而存在差异。温度、pH 值、氧气、有机碳源和氮源等都是影响沼气发酵的重要因素。通过调整这些因素，可以优化沼气发酵过程，提高沼气产量和品质。

三、生物质制备化学品

生物质制备化学品替代传统化石能源，具有很好的碳中性甚至碳负性。生物质基化学品包括芳烃、烯烃等大宗化学品，也包括生物乙醇、丁醇、糠醛、乳酸、丁二酸等糖基化学品，而这些化学品是合成其他化学品、液体燃料以及高分子材料的基础原料及重要平台化合物。

（一）芳烃、烯烃化学品

芳烃和烯烃是重要的基础化工原料，传统工业中它们的生产主要依赖于化石资源。以生物质为原料，通过热解和气化等热化学过程或水解、发酵等工艺转化为醇、醛、醚等化学工业中间化合物，再进一步通过裂解、重整、脱氧、氢化等过程转化为芳烃和烯烃，可以减少对化石资源的消耗。

（二）醇类化学品

木质纤维素类生物质主要由纤维素、半纤维素和木质素组成，其中纤维素是由葡萄糖单体通过 β-1,4-糖苷键组成的大分子多糖。生物质经过物理、化学或物理化学等方式预处理后，纤维素可以通过酸催化或酶催化水解为葡萄糖，葡萄糖进一步通过酵母菌等微生物发酵生成乙醇或丁醇等醇类化学品。

（三）有机酸化学品

有机酸被广泛应用于食品、化妆品、制药、洗涤剂、纺织品等行业。琥珀酸、富马酸、苹果酸、2,5-呋喃二甲酸、乳酸、葡萄糖二酸、乙酰丙酸等有机酸也被美国能源部列入可大规模生产的 12 种生物质基平台化合物中。目前利用生物质生产有机酸的方法包括化学催化合成法、酶转化法和微生物发酵法等。

四、生物质制备大宗材料

生物质基大宗材料是指利用可再生生物质（包括农作物、树木和其他动植物的内含物及其残体）经由生物、化学及物理的手段制造得到的材料，包括生物质基高分子材料、生物质基有机复合材料、生物质基无机复合材料以及生物炭材料等。这些材料具有绿色、环境友好、原料可再生以及可生物降解的特性。

（一）高分子材料

生物质基高分子材料种类多样，主要包括生物质基塑料、生物质基纤维和生物质基橡胶等。

生物质基塑料根据生产原料全部或部分来源于生物质，可以分为全生物质基塑料和部分生物质基塑料。全生物质基塑料是指全部使用可再生生物质资源作为原料制备得到的塑料，如利用淀粉、纤维素等得到的聚乳酸（PLA）、聚羟基脂肪酸酯（PHA）等。部分生物质基塑料则是指部分使用生物质原料，由生物质原料与石油原料共混制备得到的塑料，如聚烯烃类塑料中添加生物质纤维或生物质单体等。

生物质基塑料的制备方法主要包括化学合成法和生物合成法。化学合成法是将生物质原料经过化学改性后进行聚合反应得到高分子材料，如木质素基塑料、淀粉基塑料等。生物合成法则利用微生物或酶催化将生物质原料转化为高分子材料，如聚乳酸的制备。

生物质基纤维是指以生物质为原料制成的纤维，包括生物质原生纤维、生物质再生纤维和生物质合成纤维。生物质原生纤维是指直接利用天然生物质资源（如棉花、羊毛、麻等）经过加工得到的纤维，如棉纤维、毛纤维、麻纤维等。这些纤维具有可再生、环保、可持续的优点。生物质再生纤维是指利用废弃的生物质资源（如农作物废弃物、木材废弃物等）经过化学或物理处理得到的纤维，如竹纤维、玉米纤维、木质素纤维等。这些纤维具有资源丰富、可再生、环保的优点。生物质合成纤维是指利用生物质原料经过聚合反应得到的纤维，如聚乳酸、聚羟基脂肪酸酯、聚酯类等。这些纤维具有可降解、环保的优点。

生物质基橡胶是指利用生物质资源经过化学和物理加工得到的橡胶材料。与传统的石油基橡胶相比，生物质基橡胶具有环保、可再生、可生物降解的优点，是一种可持续发展的橡胶材料。生物质基橡胶的原料可以来自多种生物质资源，如天然橡胶。生物质基橡胶材料的原料可以使用多种生物基材料，例如生物质淀粉、纤维素、植物油酸等。其中生物质淀粉是目前最常用的原料之一。生物质淀粉是一种由淀粉颗粒组成的生物大分子，具有较好的弹性和黏性，可以用于制备生物质基橡胶。生物质基橡胶的制备方法主要包括化学改性法和生物合成法。化学改性法是将生物质原料经过化学反应进行改性，然后进行聚合反应得到高分子材料。生物合成法则利用微生物或酶催化将生物质原料转化为高分子材料。

（二）有机复合材料

生物质基有机复合材料是由生物质原料与其他有机或无机材料复合而成的一种新型材料。生物质基有机复合材料的制备方法主要包括物理混合法、化学改性法、原位聚合等。物理混合法是将生物质原料与其他材料混合，得到具有一定性能的复合材料。化学改性法是对生物质原料进行化学改性，提高其与其他材料的相容性和结合力。原位聚合则是将生物质原料与其他单体在一定条件下进行聚合反应，得到高分子量和高性能的复合材料。

生物质基有机复合材料可分为生物质基天然有机复合材料和生物质基人造有机复合材料。生物质基天然有机复合材料是指利用天然生物质资源与其他材料复合而成的材料，如木材、竹材、麻等与树脂复合而成的生物质复合板材。生物质基人造有机复合材料是指利用生物质单体或聚合物与其他材料复合而成的材料，如聚乳酸与淀粉或纤维素复合而成的可降解塑料。

（三）无机复合材料

生物质基无机复合材料是由生物质原料与无机材料复合而成的一种新型材料。这种材料不仅具有可再生、环保的优点，而且具有优良的物理、化学和力学性能，可广泛应用于建筑、陶瓷、玻璃、涂料等领域。

生物质基无机复合材料的制备方法主要包括混合法、溶胶-凝胶法、原位合成法等。混合法是最简单的方法，将生物质原料与其他无机材料进行混合，然后进行成型加工即可得到复合材料。溶胶-凝胶法是将生物质原料与其他无机材料制成溶胶，然后通过凝胶化得到复合材料。原位合成法则是将生物质原料与其他无机材料在一定条件下进行原位合成，得到高分子量和高性能的复合材料。

生物质基无机复合材料可分为生物质基天然无机复合材料和生物质基人造无机复合材料。生物质基天然无机复合材料是指利用天然生物质资源与其他无机材料复合而成的材料，如木材、竹材、稻草等与水泥、石灰等无机材料复合而成的生物质复合材料。生物质基人造无机复合材料是指利用生物质原料与其他无机材料复合而成的材料，如聚合物与无机纳米材料复合而成的功能性复合材料。

（四）生物炭

生物炭是一种由生物质（如木材、农作物废弃物等）在缺氧或低氧条件下热解得到的固态产物。它具有高度芳香化、多孔的特点，孔隙结构发达，比表面积大，吸附能力强。生物炭的 pH 值通常较高，一般在 $8 \sim 11$，同时含有大量的有机碳、矿物质和生物活性物质。

生物炭的生产通常采用热解法，在无氧或低氧条件下加热生物质，随着温度的升高，生物质中的挥发性物质会先被释放出来，剩下的碳则被热解为生物炭。生产出的生物炭根据不同的应用需求，可以采用物理活化、化学活化、杂原子掺杂等方式进行改性，对其孔隙结构、表面化学性质等进行调控，以扩大生物炭的应用范围，提高其性能。

生物炭的应用非常广泛，可以用作土壤改良剂、肥料缓释剂、燃料、重金属吸附剂、污水处理剂等。在农业生产方面，生物炭可以改良土壤结构，提高土壤肥力，促进作物生长；在能源领域，生物炭可以作为燃料，替代部分化石燃料；在环境治理领域，生物炭可以用于重金属吸附、污水处理等方面。

▌思考题 ▶

1. 作为二氧化碳封存的三种主要技术，地质封存、海洋封存和矿物封存的工作原理分别是什么？它们各有什么优缺点？
2. 生物质气化和生物质沼气的生产过程和产物有何不同？
3. 概述制氢的主要技术有哪些，它们各有哪些特点。

第四章

城市碳中和规划思路

编制城市碳中和规划要在城市发展现状调查和城市发展规划分析的基础上，进行基础资料收集与分析、重点碳源与碳汇识别、碳排放与碳汇预测和碳中和实施方案制定，如图4-1所示。

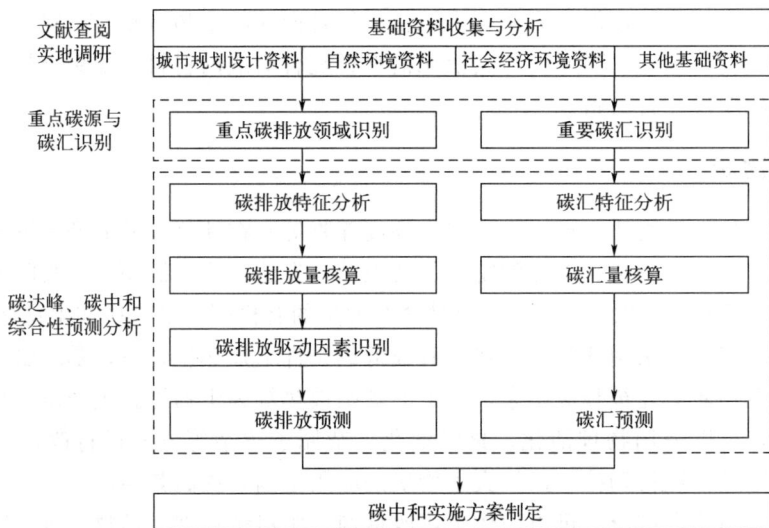

图 4-1　城市碳中和规划思路

第一节　基础资料的收集与分析

收集拟制定碳中和技术路径的城市的相关基础资料，包括城市规划设计资料、自然环境资料、社会经济环境资料、其他基础资料等，并对上述资料进行分析。该阶段调查分析详细基础资料清单详见表4-1。

基础资料主要分为两部分：城市发展现状调查资料以及城市发展规划分析资料。其中，城市发展现状调查资料主要包括自然生态现状调查、社会发展现状调查、环境质量现状调查以及能源资源现状调查。城市发展规划分析资料包括能源规划分析、工业发展规划分析、城市交通规划分析以及土地利用规划分析。

调查手段可采用实地踏勘、问卷调查、现场座谈等形式，并结合文献调查。调查过程要严谨，调查结果要客观。

表 4-1　城市碳中和方案制定所需基础资料清单

调查分析类型	调查分析内容	调查分析资料清单
城市发展现状调查	自然生态现状调查	地理地质概况、地形地貌、气候与气象、水文、土壤、水土流失、生态、水环境、大气环境、声环境
	社会发展现状调查	社会发展概况调查
		产业结构调查
		经济发展指标计算
		社会发展指标计算
	环境质量现状调查	环境发展指标分析和环境污染现状调查
	能源资源现状调查	煤品燃料、油品、天然气、水电、火电、核电、太阳能、风能、生物质、地热和潮汐等能源的处理和消耗量
		资源状况调查，包括水资源、土地资源、矿产资源、海洋资源等资源的储量和利用现状
城市发展规划分析	能源规划分析	分析城市能源消费总量和能源结构的历史变化趋势
		预测城市在规划时段内的能源消费总量变化趋势和能源结构构成
		预测各部门能源消费总体变化趋势和能源消费结构构成
		预测城市能源损耗总量变化趋势和各类能源损耗构成
	工业发展规划分析	重点关注所有工业活动和生产过程的能源消耗造成的碳排放，以及由于工业生产过程使用材料造成的排放
		预测能源消耗总量和结构变化趋势，以及使用材料造成的排放变化趋势
	城市交通规划分析	分析公路、铁路、水运和空运等城市交通运输历史变化特征，以及未来变化趋势
		分析城市间交通运输系统能源结构调整、能源效率提升以及碳减排技术的发展及其预期效果
	土地利用规划分析	分析耕地、林地、草原、居住用地、建设用地、仓储物流用地等不同用地类型历史变化特征以及未来变化趋势
		分析预测不同土地利用类型变化对碳源、碳汇的影响

第二节　重点碳源与碳汇的识别

依据收集的城市基础资料，对其经济发展数据、社会发展数据以及产业发展数据进行分析，识别该城市主要的碳源和碳汇，并进行碳源、碳汇变化趋势分析及碳源、碳汇平衡分析。

一、重点碳源识别

能源、石油化工、钢铁、建材、有色金属、交通、建筑以及农业行业是城市的主要碳排放源，应根据城市的产业发展数据、污染物排放数据确定该城市的重点碳源，并编制该城市重点碳排放清单。《2006 年 IPCC 国家温室气体清单指南》碳排放源分类见附图 1。该部分不同行业碳排放量核算涉及很多国家标准规范或者行业标准规范，详见附表2。

重点碳源识别及排放清单编制流程如图4-2所示。

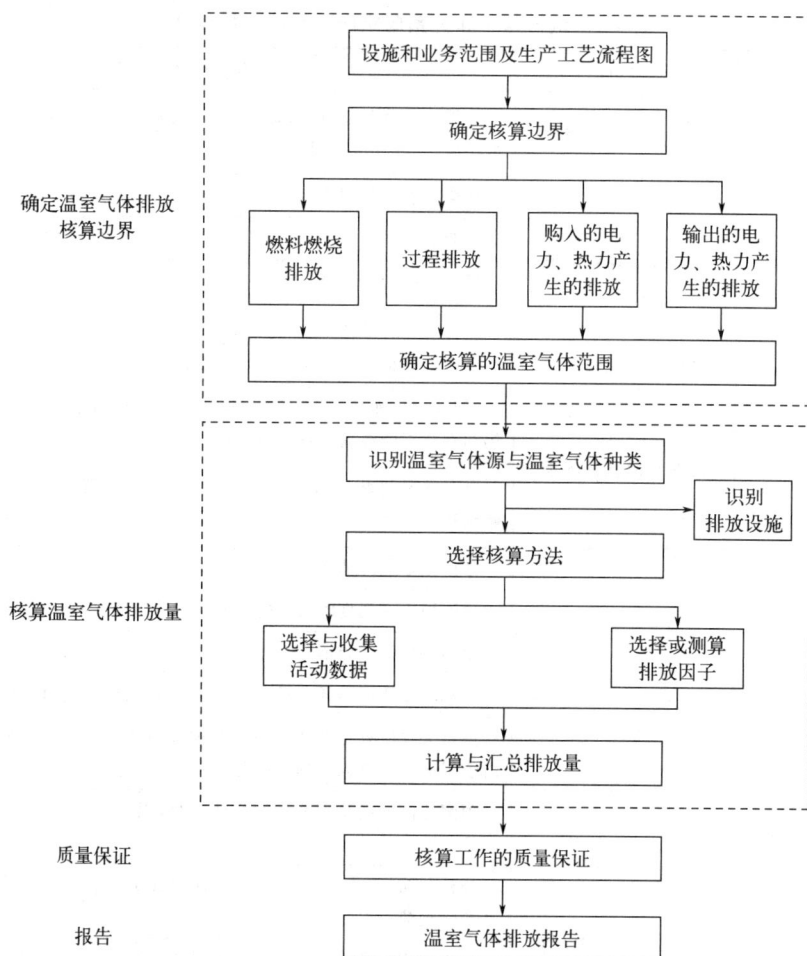

图4-2　重点碳源识别及排放清单编制流程

[资料来源：国家质量监督检验检疫总局，国家标准化管理委员会.《工业企业温室气体排放核算和报告通则》
(GB/T 32150—2015)]

（一）确定温室气体排放核算边界

依据报告主体的生产工艺、生产类型及生产设备，确定企业存在温室气体排放的环节。一般包含四个部分：燃料燃烧排放，过程排放，购入的电力、热力产生的排放，输出的电力、热力产生的排放。

（二）核算温室气体排放量

在核算边界范围内，确定排放温室气体的设施设备及工艺环节，以及排放的温室气体的具体种类，依据行业特点及国家标准规范、地方标准规范和行业标准规范，结合数据获得的难易程度，优先选择行业确定的方法。

核算方法选择如图4-3所示。

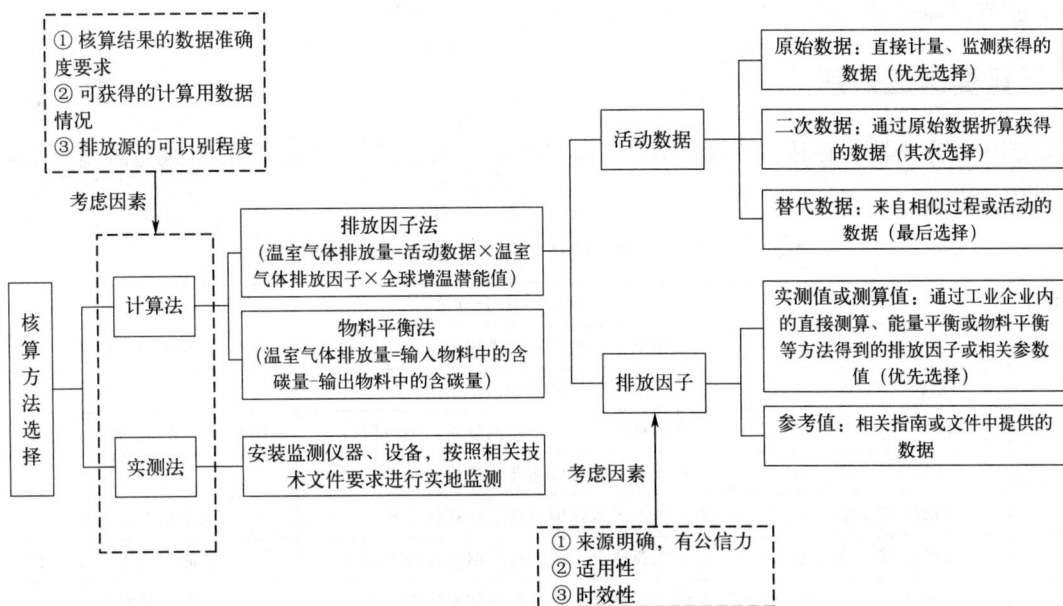

图 4-3　碳排放量核算方法选择示意图

其中报告主体温室气体排放活动数据来源如图 4-4 所示。

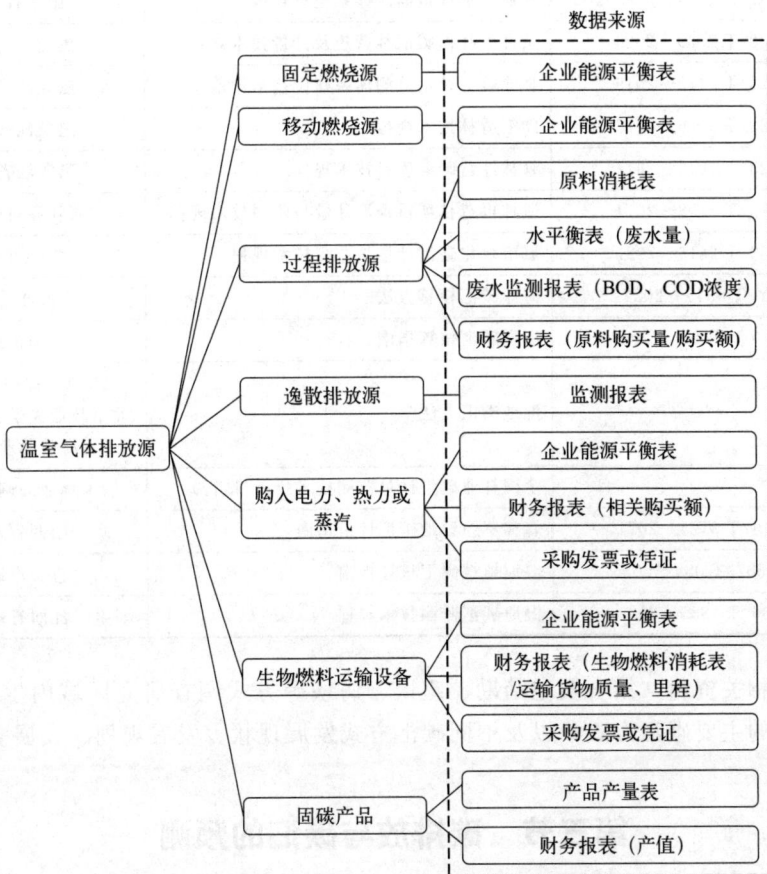

图 4-4　报告主体温室气体排放活动数据来源

报告主体温室气体排放量计算公式详见附表3。

二、重要碳汇识别

碳汇分为土壤、森林、草原、海洋、湿地等，不同类型碳汇的核算标准规范或指导文件详见表4-2。

表 4-2　不同类型碳汇的核算标准规范或指导文件汇总

类别	标准号	标准规范/指导文件	备注
土壤	DB11/T 1562—2018	农田土壤固碳核算技术规范	北京市地方标准
森林	GB/T 41198—2021	林业碳汇项目审定和核证指南	
	—	全国林业碳汇计量监测技术指南（试行）	国家林业局调查规划设计院
	DB11/T 953—2013	林业碳汇计量监测技术规程	北京市地方标准
	DB11/T 1214—2015	平原地区造林项目碳汇核算技术规程	北京市地方标准
	DB31/T 1232—2020	城市森林碳汇调查及数据采集技术规范	上海市地方标准
	DB31/T 1234—2020	城市森林碳汇计量监测技术规程	上海市地方标准
	DB44/T 1917—2016	林业碳汇计量与监测技术规程	广东省地方标准
	DB44/T 2116—2018	碳汇造林技术规程	广东省地方标准
	DB37/T 4203.1～4203.3—2020	林业碳汇计量监测体系建设规范	山东省地方标准
	DB23/T 2669—2020	杂种落叶松碳汇林营建及计量技术规程	黑龙江省地方标准
	DB23/T 2475—2019	林业碳汇计量监测体系建设技术规范	黑龙江省地方标准
	DB23/T 2016—2017	碳汇造林技术规程	黑龙江省地方标准
	DB23/T 1919—2017	森林经营碳汇项目技术规程	黑龙江省地方标准
	DB45/T 1108—2014	造林再造林项目碳汇计量与监测技术规程	广西壮族自治区地方标准
	DB33/T 2416—2021	城市绿化碳汇计量与监测技术规程	浙江省地方标准
海洋	HY/T 0349—2022	海洋碳汇核算方法	海洋行业标准
	DB4403/T 401—2023	海洋碳汇核算指南	深圳市地方标准
湿地	—	湿地碳汇方法学	大自然保护协会（TNC）、北京林业大学、青海省林业厅、青海省林业调查规划院
	—	全国林业碳汇计量监测技术指南（试行）	国家林业局调查规划设计院
	DB14/T 3125—2024	森林草原湿地碳汇计量指南	山西省地方标准
	DB1502/T 034—2025	湿地植被碳汇核算指南	包头市地方标准
	DB36/T 1865—2023	湿地碳汇监测技术规程	江西省地方标准

通过查阅相关资料，结合实地踏勘、座谈、访谈等方式调查研究区域内生态环境类型，明确当地存在的主要碳汇方式，以及不同碳汇方式发展现状、发展规划、发展空间。

第三节　碳排放与碳汇的预测

碳中和预测的主要思路为分别进行碳排放预测与碳汇预测。其中碳排放预测思路为：搜集研究区域碳排放量清单，识别当地重点碳排放源，核算其碳排放量；利用 STIRPAT 模型识别主要的碳排放驱动因素；利用 STIRPAT 模型结合不同情景进行碳排放量预测。碳汇预测思路为：识别研究区域碳汇类型，核算不同类型碳汇量，利用灰色模型对碳汇进行预测分析。

一、碳排放预测

（一）碳排放量核算

碳排放量核算的主要方法有排放因子法、物料平衡法等。针对地方能源利用情况、行业分布和布局、产业结构，识别当地重点碳排放源，搜集研究区域内碳排放量清单，并对不同排放源的碳排放量进行核算。本书第五章至第十二章针对能源、石油化工、钢铁、建材、有色金属、交通、建筑行业和农业分别进行了碳排放量核算方法的介绍，可参考进行计算。

（二）碳排放驱动因素识别

碳排放驱动因素的识别方法可分为单因素分析和多因素分析。单因素分析方法主要为 EKC 假说，多因素分析方法主要有 IPAT 模型、STIRPAT 模型、LMDI 分解法、Kaya 恒等式、主成分分析法等。其中，LMDI 分解法是对 Kaya 恒等式的改进，与其他分析方法相比，具有分解结果一致且不会产生残差、能够同时处理零值与负值问题以及能够计算出不同碳排放驱动因素的贡献值和贡献率等优点。

LMDI 分解法的计算公式如式（4-1）所示。

$$C = \sum_{i=1}^{n} C_i = \sum_{i=1}^{n} \frac{C_i}{E_i} \times \frac{E_i}{E} \times \frac{E}{GDP} \times \frac{GDP}{P} \times P = ES \times EI \times IS \times EG \times P \qquad (4\text{-}1)$$

式中　C——研究区域内碳排放量；

　　　i——第 i 种能源；

　　　C_i——第 i 种能源碳排放量；

　　　E——能源消费量；

　　　E_i——第 i 种能源消费量；

　　GDP——国内生产总值；

　　　P——常住人口数量；

　　　ES——碳排放强度，消耗单位能源的碳排放量；

　　　EI——能源消费结构；

　　　IS——能源强度，单位 GDP 的能耗；

　　　EG——经济增长，人均 GDP。

（三）碳排放预测

目前，碳排放预测的主要方法有 IPAT 模型、Kaya 模型、STIRPAT 模型、LMDI 模型、LEAP 模型、Logistic 模型、EKC 模型、灰色预测法、系统动力学（SD）模型、CGE 模型、MARKAL 模型等。我国省域碳达峰预测多采用 STIRPAT 模型、情景分析结合的方法。

STIRPAT 模型是用来分析环境问题、碳排放问题的一种经典模型，由环境压力模型 IPAT 模型改进而来。由于改进后的模型引入了指数变量，该模型可以用来分析一些非线性比例的其他因素对环境的影响。计算公式如式（4-2）所示。

$$I = aP^{\alpha}A^{\beta}T^{\gamma}e \tag{4-2}$$

式中　I——环境影响程度；

　　　a——模型系数；

　　　P——人口规模；

　　　A——人均富裕程度；

　　　T——技术水平；

α，β，γ——P、A、T 三个自变量对应的指数；

　　　e——模型误差项。

实际进行碳达峰预测时，可依据识别的碳排放驱动因素及其贡献率对上述公式进行拓展，同时需结合具体城市的发展规划及减排政策设置碳排放影响因素。现有关于全国、省级、城市群的碳达峰预测研究，一般设置自变量为六个碳排放驱动因素（人口、人均 GDP、城镇化率、产业结构、能源结构、能源强度），拓展的 STIRPAT 模型计算公式如式（4-3）所示。

$$Q = aC_1^{b_1}C_2^{b_2}C_3^{b_3}C_4^{b_4}C_5^{b_5}C_6^{b_6}e \tag{4-3}$$

式中　Q——研究区域内碳排放量，10^4 t；

　　　C_1——常住人口数量，万人；

　　　C_2——人均 GDP，国内生产总值与常住人口数量的比值；

　　　C_3——城镇化率，即城镇人口在总人口中的比重，%；

　　　C_4——产业结构，即第二产业在国民生产总值中的比重；

　　　C_5——能源结构，煤炭在能源消费总量中的占比；

　　　C_6——能源强度，单位 GDP 的能源消耗量，以标准煤计，t/万元；

　　　a——模型系数；

$b_1 \sim b_6$——六个自变量对应的指数；

　　　e——模型误差项。

对上述方程取对数，可得

$$\ln Q = \ln(aC_1^{b_1}C_2^{b_2}C_3^{b_3}C_4^{b_4}C_5^{b_5}C_6^{b_6}e) \tag{4-4}$$
$$= \ln a + b_1\ln C_1 + b_2\ln C_2 + b_3\ln C_3 + b_4\ln C_4 + b_5\ln C_5 + b_6\ln C_6 + \ln e$$

多重共线性是 STIRPAT 模型的主要缺点，目前研究者通过岭回归方法或者偏最小二乘回归（PLS）解决这一问题。核心思想为在利用拓展的 STIRPAT 模型进行回归的基础上结合情景分析法对比不同情景下的碳排放变化情况。

情景分析法是指在假定各种自变量发展趋势的条件下，预测因变量可能出现的结果，分析各种结果及其产生的影响，从而提醒决策制定者可能发生的风险，提高决策的科学性和可行性。现有关于碳达峰预测的情景分析通常设置 6～8 个情景，情景分析通常在碳排放主要驱动因素基础上，结合当地政策发展要求等，设置不同碳减排情景，至少包含基础情景、低碳情景、强化低碳情景三种，应用 STIRPAT 模型回归结果进行预测计算。研究结果显示，我国省域碳达峰预测结果多为 2030 年左右。

二、碳汇预测

（一）识别主要碳汇

碳汇主要包括森林碳汇、草原碳汇、耕地碳汇、土壤碳汇、海洋碳汇、湿地碳汇等。搜集研究区域的自然状况资料，识别研究区域内存在的主要碳汇类型。

（二）碳汇量核算

生态碳汇规模的大小由土地利用面积和不同土地利用类型的静态碳汇系数决定。利用 Landsat 卫星的 TM 影像生成研究区域内 1km 土地利用网格数据，数据可选择近几年，保证数据连续性，方便后续灰色预测模型计算。若数据不连续，可选择曲线拟合方式，对数据进行平滑处理。通过人工目视解释对研究区域内的土地利用类型进行分类编码，利用 Arc-GIS Pro，对分类编码后的网格数据进行读取并处理成相应的像素数，计算出相应的土地利用类型面积，计算公式如式（4-5）所示。

$$S_i = A_i B_i \tag{4-5}$$

式中　S_i——第 i 种土地利用类型的面积，km^2；

　　　A_i——第 i 种土地利用类型的像素数；

　　　B_i——第 i 种土地利用类型的单像素面积，km^2。

参考现有高影响力期刊对不同土地利用类型碳汇容量的研究，确定不同土地利用类型的静态碳汇系数。生态系统碳汇模型的估算公式如式（4-6）所示。

$$C = \sum_{i=1}^{n} S_i \alpha_i \tag{4-6}$$

式中　S_i——第 i 个土地利用类型的面积；

　　　α_i——第 i（$i=1, 2, \cdots, n$）个土地利用类型的碳汇系数。

（三）碳汇预测分析

运用灰色预测模型进行碳汇量测算分析。建立灰色预测模型 GM（1，1），首先对原始数据进行累加，再对生成后的数据进行模型参变量的估计，得到模型响应值，即 GM（1，1）的模型输出值，然后通过模型 GM（1，1）的响应值累减生成后还原为主因素变量 X_0 的计算值，最后比较计算值与原始值，进行误差分析。

第四节　碳中和实施方案制定

依据各城市自然环境和社会发展实际情况，建立实施方案目标指标体系，即碳源约束目标指标、碳汇约束目标指标、社会经济目标指标。上述三个指标的设置要充分结合城市特点，分析清楚城市主要的碳排放源和碳排放清单、主要的碳汇和碳吸收潜力，要平衡好经济发展与碳减排之间的关系，设定社会经济发展领域指标，促进经济绿色高质量发展。在上述目标指标体系下，因地制宜制定碳中和技术路线图，如附图 2 所示。

主要思路分为两个：减少碳排放和增加碳吸收。其中，减少碳排放可以从能源结构调整和重点行业减排两个角度出发，具体减排措施详见第六章到第十二章。增加碳吸收可以从技术固碳、生态固碳两个方面考虑。技术固碳主要分为碳捕集、碳利用和碳封存，即经常提到的 CCUS 技术；生态固碳即利用该城市原有的生态资源或者人工创造一些适宜该城市的生态资源进行吸收固碳，如森林、草原、绿地、湖泊、海洋资源等。生态固碳详见第二章，技术固碳详见第三章，在此不再赘述。

思考题

1. 简述城市碳中和规划思路。
2. 简述碳排放量预测方法。

第五章

能源行业的碳排放及碳中和

在供给侧结构性改革和需求侧管理的背景下，我国能源消费结构持续优化，清洁能源比重持续提高；通过调整产业布局和实施能耗双控政策，能源利用效率逐步提升；我国出台了一系列与能源相关的法律法规，各地方也配套出台了一系列地方性法规以及具体的管理技术标准。

第一节　我国能源行业发展现状

一、我国能源生产现状

根据国家统计局的定义，能源生产总量指一定时期内，全国一次能源生产量的总和。该指标是反映全国能源生产水平、规模、构成和发展速度的总量指标。一次能源生产量包括原煤、原油、天然气、水电、核能及其他动力能（如风能、地热能等）发电量，不包括低热值燃料生产量、太阳热能等的利用和由一次能源加工转换而成的二次能源产量。

近些年来，我国在能源领域政策上统筹推进能源安全保障和绿色低碳转型，充分发挥煤炭主体能源作用，多措并举增加油气供给，强化电力安全保障，能源生产供应总体稳定，原煤、原油、天然气、电力生产增速均实现不同程度增长。具体能源产量可参见表5-1及表5-2。

表 5-1　2018—2024 年全国能源生产总量及增速

年份	2018	2019	2020	2021	2022	2023	2024
一次能源生产总量（以标准煤计）/10^8 t	37.88	39.73	40.73	42.71	46.38	48.30	49.80
增速/%	5.57	4.88	2.52	4.86	8.59	4.14	4.60[①]

① 2024 年对煤炭统计核算口径进行了调整，年增速按可比口径计算。

表 5-2　2018—2024 年全国主要能源品种生产总量

年份	原煤产量/10^8 t	原油产量/10^8 t	天然气产量/10^8 m^3	发电量/(10^8 kW·h)
2018	36.98	1.89	1601	71661
2019	38.46	1.92	1753	75034
2020	39.02	1.95	1924	77790

年份	原煤产量/10^8 t	原油产量/10^8 t	天然气产量/10^8 m³	发电量/(10^8 kW·h)
2021	41.26	1.99	2075	85342
2022	45.58	2.05	2201	88487
2023	47.23	2.09	2324	94564
2024	47.81	2.13	2464	100868

数据来源：国家统计局网站。

根据国家统计局初步核算数据，2024年全年一次能源生产总量 49.8×10^8 t 标准煤，比上年增长 4.6%，其中，原煤产量 47.81×10^8 t，同比增长 1.2%；原油产量 2.13×10^8 t，同比增长 1.9%；天然气产量 2464×10^8 m³，同比增长 6.0%；发电量 100868×10^8 kW·h，同比增长 6.7%。截至2024年底，全国发电装机容量 334862×10^4 kW，比上年末增长 14.6%。其中，火电装机容量 144445×10^4 kW，增长 3.8%；水电装机容量 43595×10^4 kW，增长 3.2%；核电装机容量 6083×10^4 kW，增长 6.9%；并网风电装机容量 52068×10^4 kW，增长 18.0%；并网太阳能发电装机容量 88666×10^4 kW，增长 45.2%。以上非化石能源发电装机容量占比提升至 56.8%。

从市场的角度来看，2024年一次能源生产的增长势头表明，国内对能源的需求依然强劲。随着经济的稳步增长和人民生活水平的不断提高，能源需求将持续保持上升势头。然而，市场的变化并非均衡发展，火电在发电总量中的比重可能会随可再生能源占比的提升而逐渐减小。这一转变也在鼓励相关企业加大对清洁能源的投资，降低碳排放，以符合未来的市场需求与政府政策目标。

在政策层面上，国家正在大力倡导绿色低碳发展，提出要加快构建清洁低碳、安全高效的能源体系。这条政策主线的背后是我国对全球气候变暖的高度关注，以及对可持续发展的承诺。随着"碳达峰"与"碳中和"目标的逐步推进，能源生产企业需调整发展战略，以顺应政策要求并抓住新机遇。与此同时，也意味着传统能源行业面临着巨大的转型压力。

二、我国能源消费现状

能源消费总量指一定地域内，国民经济各行业和居民家庭在一定时期内消费的各种能源的总和。包括：原煤、原油、天然气、水能、核能、风能、太阳能、地热能、生物质能等一次能源；一次能源通过加工转换产生的洗煤、焦炭、煤气、电力、热力、成品油等二次能源和同时产生的其他产品；其他化石能源、可再生能源和新能源。其中水能、风能、太阳能、地热能、生物质能等可再生能源，是指人们通过一定技术手段获得的，并作为商品能源使用的部分。

近些年来，我国能源消费仍呈现刚性增长态势（如表5-3所示），能源消费低碳化趋势不变，低碳能源消费占比稳步提升。分能源品种看，近些年来煤炭在我国能源消费中的比重不断下降，由2018年的59.0%降至2024年的53.2%。清洁能源消费的比重则不断上升，由2018年的22.1%增加至2024年的28.6%。具体数据如表5-4所示。

表 5-3 2018—2024 年全国能源消费总量及增速

年份	2018	2019	2020	2021	2022	2023	2024
能源消费总量(以标准煤计)/10^8 t	47.19	48.75	49.83	52.59	54.10	57.20	59.60
增速/%	3.53	3.30	2.21	5.54	2.87	5.73	4.30①

① 2024 年对煤炭消费量统计核算口径进行了调整,年增速按可比口径计算。

表 5-4 2018—2024 年全国煤炭和清洁能源在能源总消费中的占比

年份	2018	2019	2020	2021	2022	2023	2024
煤炭消费占比/%	59.0	57.7	56.8	56.0	56.2	55.3	53.2
清洁能源消费占比/%	22.1	23.4	24.4	25.5	26.0	26.4	28.6

数据来源:国家统计局网站。

根据国家统计局初步核算数据,2024 年全年能源消费总量 59.6 亿吨标准煤,比上年增长 4.3%。煤炭消费量增长 1.7%,原油消费量下降 1.2%,天然气消费量增长 7.3%,电力消费量增长 6.8%。煤炭消费量占能源消费总量比重为 53.2%,比上年下降 1.6 个百分点;天然气、水电、核电、风电、太阳能发电等清洁能源消费量占能源消费总量比重为 28.6%,上升 2.2 个百分点。

三、我国能源利用效率现状

能源利用效率是指一个体系(国家、地区、企业或单项耗能设备等)有效利用的能量与实际消耗能量的比率。为了衡量不同经济体能源综合利用效率,通常用能源强度来表示,最常用的计算方式为单位 GDP 能耗。单位 GDP 能耗是一次能源消费总量与国内生产总值的比率,主要受能源消费构成、经济增长方式、产业结构、技术水平等影响。该指标直接反映了一个国家经济活动中对能源的利用程度,间接反映产业结构状况、设备技术装备水平、能源消费构成和利用效率等多方面内容,也能起到反映各项节能政策措施所取得的效果、检验节能降耗成效的作用。

随着我国经济社会的快速发展,我国的能源消费量呈现出较快的增长态势。因此,降低能源消费强度、提升能源利用效率已成为保障国家能源安全、推动生态环境质量改善、促进温室气体减排的重要举措。近些年来我国的万元国内生产总值(单位 GDP)能耗降低率虽然有所波动,但万元国内生产总值能耗一直呈现逐年降低趋势(见表 5-5),特别是在 2024 年同比降幅依旧可以达到 3.8%,因此"十四五"期间,我国将继续加大力度提升能源利用效率,将单位 GDP 能源消耗降低目标值设定为 13.5%,我国将以年均 2% 左右的能源消费增长支撑 5% 左右的 GDP 增速。一般认为我国能源强度不断下降,主要是技术进步、城市化、产业结构调整等因素导致的。

表 5-5 2018—2024 年全国单位 GDP 能耗降低率以及能源消费弹性系数

年份	2018	2019	2020	2021	2022	2023	2024
单位 GDP 能耗降低率/%	3.0	2.6	0.1	2.7	0.1	0.5	3.8
能源消费弹性系数	0.52	0.55	0.96	0.64	0.97	1.1	—

数据来源:国家统计局网站。

能源消费弹性系数是指能源消费的增长率与国内生产总值增长率之比，是反映能源消费增长速度与国民经济增长速度之间比例关系的指标，能够反映经济增长对能源的依赖程度。随着能效水平不断提升，我国能源消费弹性系数总体较低，较好实现了以较低的能源发展速度支撑经济的高速发展，近几年来总体保持在 0.5 上下。2020 年经济发展面临严重冲击，国内生产总值增速从 2019 年的 6％下降到 2.3％，造成能源消费弹性系数明显提升，2021 年开始有所回调。2023 年，我国经济增长对能源消耗的依赖程度升高，能源消费弹性系数再度超过 1。

根据国家统计局初步核算数据，2024 年全国重点耗能工业企业单位电石综合能耗下降 0.8％，单位合成氨综合能耗下降 1.2％，吨钢综合能耗下降 0.1％，单位电解铝综合能耗下降 0.2％，每千瓦时火力发电标准煤耗下降 0.2％。初步测算，扣除原料用能和非化石能源消费量后，全国万元国内生产总值能耗比上年下降 3.8％。

四、我国能源碳排放现状

根据国际能源署（IEA）发布的《2023 年全球碳排放报告》，2023 年，全球能源相关的二氧化碳排放延续了 2022 年的攀升势头，增加了 4.1 亿吨（其中燃煤排放占 65％），较 2022 年增长 1.1％，达到 374 亿吨的历史新高。从国家来看，在 2023 年全球碳排放中，中国的二氧化碳排放量占全球比例较高。

从碳排放的结构与来源看，能源消费是碳排放的主要来源。国家统计局公布的数据显示，2023 年我国的能源消费总量为 57.2 亿吨标准煤，较 2022 年增加 5.7％。其中，煤炭、石油、天然气等化石能源的燃烧是碳排放的主要贡献者。在发电领域，火电仍然是我国电力生产的主要方式，但风电、太阳能发电等清洁能源的发电量增长迅速。2023 年我国总发电量中，火电占比仍然较高，但风电和太阳能发电的装机容量和发电量均呈现显著增长。

为应对碳排放问题，我国积极出台了一系列政策措施。如 2024 年 5 月 23 日国务院印发《2024—2025 年节能降碳行动方案》，该方案明确了节能降碳的具体目标和行动路径，包括严格控制化石能源消费、提升非化石能源消费占比、分领域分行业实施节能降碳专项行动等。通过该方案的实施，我国将努力完成"十四五"节能降碳约束性指标，为实现碳达峰、碳中和目标奠定坚实基础。

随着经济社会的快速发展和人口的不断增长，我国的碳排放压力将持续增大，全球气候变化和环境保护的紧迫性也要求我国加快碳减排步伐。但同时，碳排放问题也孕育着新的发展机遇，通过推动绿色低碳技术创新和发展清洁能源产业，可以培育新的经济增长点，促进经济转型升级和高质量发展。

碳市场通过市场机制控制温室气体排放，助力经济社会绿色低碳转型。加快全国碳市场建设，充分发挥市场在资源配置中的决定性作用，对落实主体减排责任、实现碳排放控制目标、降低行业减排成本具有重要意义。数据显示，截至 2024 年 2 月，全国碳排放权交易市场已纳入重点排放单位 2257 家，年覆盖二氧化碳排放量约 51 亿吨，占全国二氧化碳排放量的 40％以上。我国碳市场成为全球覆盖温室气体排放量最大的市场。据统计，截至 2023 年底，全国碳排放权交易市场碳排放配额累计成交量达 4.42 亿吨，累计成交额达 249.19 亿元。其中，第二个履约周期碳排放配额累计成交量 2.63 亿吨，累计成交额 172.58 亿元，较第一个履约周期分别上涨 47.01％和 125.26％。国内碳市场交易规模逐步扩大，交易价格稳中有升，交易主体更加积极。

第二节　碳排放法律、法规及标准

一、国家层面

依据国家能源局网站有关内容，我国与能源相关的法律法规共分为九篇，分别为综合、电力、煤炭、石油天然气、新能源、能源节约、核电、市场监管和电力安全监管等部分。各部分的法律法规具体名称详见表 5-6。

与能源相关的法律法规中，具有重要地位且与碳排放相关性高的主要有《中华人民共和国煤炭法》《中华人民共和国电力法》《中华人民共和国可再生能源法》《中华人民共和国节约能源法》等。

党的十九届四中全会明确要求"推进能源革命，构建清洁低碳、安全高效的能源体系"。《能源生产和消费革命战略（2016—2030）》《能源发展"十三五"规划》及 14 个能源专项规划已出台，我国能源发展改革的方向目标、顶层设计亟须在法律中得以明确，以保障能源发展方向和基本制度的稳定性。2024 年 11 月 8 日，十四届全国人大常委会第十二次会议表决通过《中华人民共和国能源法》（简称《能源法》），并自 2025 年 1 月 1 日起施行。该法在能源法律体系中的基础性、统领性作用，主要体现在三个方面。一是建立了能源高质量发展的长效保障机制。《能源法》宣示了国家的能源发展战略，确立了国家的能源管理体制，建立了能源领域的基本法律制度，明确了从事能源活动的各类主体的权利义务关系，为深入实施"四个革命、一个合作"能源安全新战略、推进能源高质量发展提供了长效保障机制。二是集中体现能源领域的共性法律制度。《电力法》《煤炭法》《可再生能源法》等单行法聚焦能源某一领域，调整的能源法律关系有一定局限性。而《能源法》规范的是能源领域综合性、全局性的法律关系，是各类能源上中下游、产供储销等产业链、供应链各环节关键共性的法律关系。三是全面引领能源单行法的制修订。能源领域的单行法律法规多数制定于十几二十几年前，对标中国式现代化对新时代能源高质量发展的新要求，能源领域各单行法律亟须加快制修订。《能源法》在立法原则和法律制度设计等方面为能源领域各单行法律提供了基本依据，将加快能源领域单行法的制修订进程，推动形成统一规范、功能衔接、协调一致的能源法律体系。

表 5-6　能源法律法规汇总表

篇名	具体法律法规
综合	中华人民共和国安全生产法
	中华人民共和国环境影响评价法
	中华人民共和国特种设备安全法
	中华人民共和国可再生能源法
	中华人民共和国矿产资源法
	中华人民共和国环境保护法

篇名	具体法律法规
电力	中华人民共和国电力法
	电力安全事故应急处置和调查处理条例
	电力监管条例
	电力供应与使用条例
	电力设施保护条例
	电网调度管理条例
煤炭	煤矿安全监察条例
	乡镇煤矿管理条例
	中华人民共和国煤炭法
石油天然气	石油地震勘探损害补偿规定
	城镇燃气管理条例
	中华人民共和国石油天然气管道保护法
	中华人民共和国对外合作开采陆上石油资源条例
	中华人民共和国对外合作开采海洋石油资源条例
新能源	暂无
能源节约	中华人民共和国节约能源法
	公共机构节能条例
	民用建筑节能条例
核电	核电厂核事故应急管理条例
	民用核安全设备监督管理条例
	中华人民共和国核材料管制条例
	中华人民共和国民用核设施安全监督管理条例
市场监管	暂无
电力安全监管	暂无

数据来源：国家能源局网站。

《中华人民共和国煤炭法》由第八届全国人民代表大会常务委员会第二十一次会议于1996年8月29日通过，自1996年12月1日起施行，并于2009年、2011年、2013年和2016年进行了四次修订。《中华人民共和国煤炭法》的立法目的是合理开发利用和保护煤炭资源，规范煤炭生产、经营活动，促进和保障煤炭行业的发展。

2020年7月，国家发展改革委在前期广泛调研和专家论证基础上，研究起草形成了《中华人民共和国煤炭法（修订草案）》（征求意见稿）。征求意见稿特别强调要加强煤炭综合利用和生态保护。我国能源的特点是"富煤、贫油、少气"，煤炭仍是支撑我国经济持续稳定增长的基础能源，必须走清洁高效利用的绿色发展之路，做到资源综合利用和生态环境保护。在综合利用上，鼓励煤层气（煤矿瓦斯）勘查开发利用，推动煤层气产业发展；综合开发利用煤系共伴生资源，科学利用关闭煤矿残存资源和地下空间，鼓励采用保水开采、充填开采等绿色开采技术，加强水资源利用。在生态保护上，提出煤炭资源开发的环保要求，建立矿区生态修复制度，国家统筹推进采煤沉陷区综合治理，加强煤炭集中使用管理，严控污染物排放等。

《中华人民共和国电力法》由中华人民共和国第八届全国人民代表大会常务委员会第十七次会议于 1995 年 12 月 28 日通过，自 1996 年 4 月 1 日起施行。《中华人民共和国电力法》的立法目的是保障和促进电力事业的发展，维护电力投资者、经营者和使用者的合法权益，保障电力安全运行。2018 年 12 月 29 日第十三届全国人民代表大会常务委员会第七次会议对《中华人民共和国电力法》作了第三次修正。

其中第五条提出了电力建设、生产、供应和使用应当依法保护环境，采用新技术，减少有害物质排放，防治污染和其他公害。国家鼓励和支持利用可再生能源和清洁能源发电。第四十八条明确了国家鼓励和支持农村利用太阳能、风能、地热能、生物质能和其他能源进行农村电源建设，第九条也明确指出国家鼓励在电力建设、生产、供应和使用过程中，采用先进的科学技术和管理方法，对在研究、开发、采用先进的科学技术和管理方法等方面作出显著成绩的单位和个人给予奖励。以上条文明晰了国家鼓励减碳技术在电力行业的应用和发展。

《中华人民共和国可再生能源法》由中华人民共和国第十届全国人民代表大会常务委员会第十四次会议于 2005 年 2 月 28 日通过，自 2006 年 1 月 1 日起施行，并在 2009 年 12 月 26 日第十一届全国人民代表大会常务委员会第十二次会议上进行了一次修正。该法的立法目的是促进可再生能源的开发利用，增加能源供应，改善能源结构，保障能源安全，保护环境，实现经济社会的可持续发展。

该法条文中更是明确规定，国家鼓励各种所有制经济主体参与可再生能源的开发利用，依法保护可再生能源开发利用者的合法权益。其中，可再生能源是指风能、太阳能、水能、生物质能、地热能、海洋能等非化石能源。国家鼓励和支持可再生能源并网发电，电网企业应当与按照可再生能源开发利用规划建设，依法取得行政许可或者报送备案的可再生能源发电企业签订并网协议，全额收购其电网覆盖范围内符合并网技术标准的可再生能源并网发电项目的上网电量，并为可再生能源发电提供上网服务。国家鼓励清洁、高效地开发利用生物质燃料，鼓励发展能源作物，符合国家标准的生物液体燃料可纳入石油销售企业的燃料销售体系。利用生物质资源生产的燃气和热力，符合城市燃气管网、热力管网的入网技术标准的，经营燃气管网、热力管网的企业应当接收其入网。国家鼓励单位和个人安装和使用太阳能热水系统、太阳能供热采暖和制冷系统、太阳能光伏发电系统等太阳能利用系统，并且支持农村地区小规模的可再生能源开发利用。

《中华人民共和国节约能源法》于 1997 年 11 月 1 日第八届全国人民代表大会常务委员会第二十八次会议通过，自 1998 年 1 月 1 日起施行，并于 2007 年、2016 年和 2018 年进行了修订。该法的立法目的是推动全社会节约能源，提高能源利用效率，保护和改善环境，促进经济社会全面协调可持续发展。

为贯彻落实《节约能源法》，国家发展和改革委员会陆续编制和发布了六批次的《国家重点节能技术推广目录》，2017 年 3 月在 2014 年 8 月和 2015 年 12 月相继发布的两批《国家重点推广的低碳技术目录》的基础上，继续组织编制了《国家重点节能低碳技术推广目录》（2017 年本低碳部分），涵盖非化石能源、燃料及原材料替代、工艺过程等非二氧化碳减排、碳捕集利用与封存、碳汇等领域，共 27 项国家重点推广的低碳技术。工业和信息化部 2016 年第 58 号公告也发布了《节能机电设备（产品）推荐目录（第七批）》，共涉及 12 大类 432 个型号产品，其中工业锅炉 12 个型号产品，变压器 42 个型号产品，电动机 54 个型号产品，电焊机 12 个型号产品，压缩机 51 个型号产品，制冷设备 219 个型号产品，塑料机械 8 个型号产品，风机 10 个型号产品，热处理 3 个型号产品，泵 18 个型号产品，干燥设备 2 个型号产品，交流接触器 1 个型号产品。同时也公布了《高耗能落后机电设备（产品）淘汰目录（第四批）》，包括三相配电变压器、电动机、电弧焊机 3 大类 127 个规格产品。这些目录的发布都是为了引导节能机电设备的生产和推广应用，加快淘汰高耗能落后机电设备（产品），持续提升重点用能设备能效水平。

此外，为提高用能产品以及其他产品的能源利用效率，改进材料利用，控制温室气体排放，应对气候变化，规范和管理节能低碳产品认证活动，国家质量监督检验检疫总局、国家发展和改革委员会于 2015 年 9 月 17 日发布了《节能低碳产品认证管理办法》。2016 年 4 月 20 日，《工业节能管理办法》由工业和信息化部第 21 次部务会议审议通过，自 2016 年 6 月 30 日起实施。为规范和加强节能减排补助资金管理，提高财政资金使用效益，财政部于 2015 年 5 月 12 日印发了《节能减排补助资金管理暂行办法》，并分别于 2020 年 1 月 22 日和 2023 年 4 月 7 日对部分条款进行了修订。国家发展和改革委员会主任办公会也审议通过了《节能监察办法》，自 2016 年 3 月 1 日起施行。

为了落实《中华人民共和国国民经济和社会发展第十二个五年规划纲要》要求，通过体制机制创新，充分发挥市场在温室气体排放资源配置中的决定性作用，规范全国碳排放权交易的建设和运行，国家发改委组织起草了《碳排放权交易管理暂行办法》，并于 2014 年 12 月 10 日发布，2014 年 12 月 30 日起实施。

2020 年 10 月开始，生态环境部等各部委开始陆续出台应对气候变化相关的高级别政策文件。生态环境部在 2020 年 10 月 28 日发布《全国碳排放权交易管理办法（试行）》（征求意见稿）后迅速吸收反馈意见并进行了修改完善，于 2020 年 12 月 31 日正式出台《碳排放权交易管理办法（试行）》，并于 2021 年 2 月 1 日起施行。该法案完成了对国家发改委于 2014 年 12 月 10 日出台的《碳排放权交易管理暂行办法》的替代，同时配套印发了《2019—2020 年全国碳排放权交易配额总量设定与分配实施方案（发电行业）》和《纳入 2019—2020 年全国碳排放权交易配额管理的重点排放单位名单》，这也意味着以发电行业为突破口的全国统一的碳交易市场第一个履约周期正式启动。

为进一步规范全国碳排放权登记、交易、结算活动，保护全国碳排放权交易市场各参与方合法权益，2024 年 1 月 5 日国务院第 23 次常务会议通过《碳排放权交易管理暂行条例》，并自 2024 年 5 月 1 日起施行。这是中国应对气候变化领域的第一部专门法规，首次以行政法规的形式明确了碳排放权市场交易制度，具有里程碑意义。该条例明确了全国碳排放权注册登记机构和交易机构的法律地位和职责，碳排放权交易覆盖范围以及交易产品、交易主体和交易方式，重点排放单位确定，碳排放配额分配，年度温室气体排放报告编制与核查以及碳排放配额清缴和市场交易等事项。该条例将规范我国碳市场发展，对实现"双碳"目标和推动全社会绿色低碳转型具有重要意义。

2024 年 10 月 15 日，生态环境部发布《关于做好 2023、2024 年度发电行业全国碳排放权交易配额分配及清缴相关工作的通知》，并印发实施《2023、2024 年度全国碳排放权交易发电行业配额总量和分配方案》（以下简称《方案》），对 2023、2024 年度发电行业碳排放配额预分配、调整、核定、清缴等各项工作进行部署，标志着碳市场第三个履约期清缴启动，同时也提前明确第四个履约期配额分配和清缴安排。此次印发的《方案》，既确保了制度的延续性和稳定性，又更精准突出鼓励导向，做出了将基于"供电量"核定配额调整为基于"发电量"、进一步简化和优化各类修正系数、引入配额结转政策、优化履约时间安排等优化调整。同时，《方案》以 2023 年度各类别机组平衡值为基础，在充分结合行业减排目标、企业履约压力、政策鼓励导向等因素的基础上，继续按照全行业配额基本盈亏平衡、略有缺口的原则设计，在推动企业减排的同时，不给企业造成较高的履约压力。

二、地方层面

除了全国人大及其常委会制定的与能源有关的法律、国务院及各部门制定的行政法规和规章外，各省级人大及其常委会也制定了多部与之相对应的地方性法规，各地方人民政府还制定了相应的规章制度。

深圳作为七个碳交易试点省市之一，早在 2012 年 10 月 30 日深圳市第五届人民代表大会常务委员会第十八次会议就通过了《深圳经济特区碳排放管理若干规定》。该规定明确了实行碳排放管控制度、建立碳排放配额管理制度、建立碳排放抵消制度、建立碳排放权交易制度、建立第三方核查以及相应处罚制度。该规定已于 2019 年进行修正。2014 年 3 月 19 日则颁布实施了《深圳市碳排放权交易管理暂行办法》。

为加强碳排放的管理，上海市人民政府于 2013 年 11 月 18 日颁布了《上海市碳排放管理试行办法》。随后，《广东省碳排放管理试行办法》于 2013 年 12 月 17 日广东省人民政府第十二届十七次常务会议通过，自 2014 年 3 月 1 日起施行。2014 年 4 月 26 日，重庆市人民政府也发布了《关于印发重庆市碳排放权交易管理暂行办法的通知》。《湖北省碳排放权管理和交易暂行办法》经湖北省人民政府常务会议审议通过，于 2014 年 4 月 4 日由湖北省人民政府令第 371 号公布。该《暂行办法》分总则，碳排放配额分配和管理，碳排放权交易，碳排放监测、报告与核查，激励和约束机制，法律责任，附则，共 7 章 56 条，自 2014 年 6 月 1 日起施行。《南昌市低碳发展促进条例》于 2016 年 4 月 27 日南昌市第十四届人大常务委员会第三十六次会议通过，共 9 章 63 条，自 2016 年 9 月 1 日起施行。《石家庄市低碳发展促进条例》经石家庄市第十三届人民代表大会第五次会议审议通过，2016 年 5 月 25 日河北省第十二届人民代表大会常务委员会第二十一次会议审议批准，自 2016 年 7 月 1 日起施行。《天津市碳排放权交易管理暂行办法》由天津市人民政府办公厅于 2018 年 5 月 20 日印发，自 2018 年 7 月 1 日起施行。

2020 年 1 月 9 日江苏省第十三届人民代表大会常务委员会第十三次会议通过《江苏省电力条例》，该条例共 7 章 66 条，是全国首部对电力发展全过程进行规范的地方性法规，2020 年 5 月 1 日施行。该条例除总则和附则外，主要内容包含电力规划、电力建设、电力生产运行、电力供应与使用等，并将可再生能源、储能及电力物联网、综合能源服务、电力需求响应等当下电力能源发展的内容写入法规，进一步强化了对电力生产和使用的安全管理。条例明确"鼓励和支持利用可再生能源和清洁能源发电，推动电能替代，促进电力可持续发展"。

2021 年 3 月 29 日，四川省生态环境厅、省文化和旅游厅、省体育局、省机关事务管理局、省林业和草原局联合印发了《四川省积极有序推广和规范碳中和方案》。浙江省生态环境厅则于 2021 年 7 月印发了《浙江省建设项目碳排放评价编制指南（试行）》，本指南为首次发布，自 2021 年 8 月 8 日起正式实施，并根据应对气候变化最新政策要求适时修订。浙江省是全国首个在全省范围内开展碳排放评价工作的省份。

2021 年 9 月 27 日，天津市十七届人大常委会第二十九次会议审议通过了《天津市碳达峰碳中和促进条例》，自 2021 年 11 月 1 日起施行。这是全国首部以促进实现碳达峰、碳中和目标为立法主旨的省级地方性法规。该条例以法规形式明确管理体制、基本制度和绿色转型、降碳增汇的政策措施，将为实现天津市"双碳"目标提供坚强法治保障。

2025 年 2 月 10 日，上海市政府第 80 次常务会议审议通过《上海市碳排放管理办法》（简称《办法》），于 2025 年 4 月 1 日起施行。《办法》要求地方碳排放权交易市场参照有关要求，健全完善管理制度，加强监督管理，进一步完善地方碳排放权交易管理机制，总结固化碳普惠工作经验，为统筹推进碳排放权交易与温室气体自愿减排协同增效，积极稳妥推进碳达峰碳中和，促进经济社会绿色低碳发展提供有力保障。

三、管理技术标准

在能源领域标准化管理工作方面，国家能源局根据《中华人民共和国标准化法》及相关法规，结合能源领域实际情况，修订形成了《能源标准化管理办法》《能源行业标准管理实施细则》《能源行业标准化技术委员会管理实施细则》，2019 年 4 月 18 日国家能源局发布了《关于印发〈能源标准化管理办法〉及实施细则的通知》。

《能源标准化管理办法》提到，能源标准化工作的任务是依据法定职责，负责强制性国家标准的项目提出、组织起草、征求意见和技术审查；负责强制性行业标准的项目提出、组织起草、征求意见、技术审查和编号发布；负责推荐性能源行业标准的制定；对标准的制定进行指导和监督，对标准的实施进行监督检查，协助和配合国务院标准化行政主管部门规范、引导和监督能源领域团体标准的制定。《能源行业标准化技术委员会管理实施细则》强调，能源行业标准化技术委员会（以下简称行业标委会）是指在一定能源专业领域内，从事行业标准化工作的非法人技术组织，负责本专业技术领域内的标准化技术归口工作。国家能源局统一负责行业标委会的规划、协调、组建、撤销等管理工作。

《能源行业标准管理实施细则》指出，能源行业标准是指没有国家标准，又需要在能源行业内统一技术和管理要求而制定的标准。制定能源行业标准，要以构建清洁低碳、安全高效的能源体系，推进能源生产和消费革命的需求为导向，重点突出、科学合理；要与产业政策、行业规划相互协调，促进产业升级、结构优化；要有利于科学技术成果的推广应用，有利于能源节约与资源综合利用，有利于保护人体健康和人身安全、保护环境，有利于能源互联互通和高质量发展；要积极参与制定国际标准，结合国情采用国际标准，推进能源领域中国标准与国外标准之间的转化运用，增强中国能源标准国际影响力。

《能源管理体系　要求》（GB/T 23331）首次发布于 2009 年，是重要的节能基础性标准，于 2012 年进行了第一次修订，2020 年进行了第二次修订并更名为《能源管理体系　要求及使用指南》。GB/T 23331 对于各类用能单位开展能源管理体系建设起到了重要的技术支持作用，有力支撑了国家节能工作的开展。2020 年最新修订版是在充分吸收《能源管理体系　要求》（GB/T 23331—2012/ISO 50001：2011）标准实施的实践经验，采用 ISO 管理体系标准高阶结构的基础上完成的，旨在确保我国国家标准与国际标准的一致性、能源管理体系建设工作与国际接轨。

该标准内容适用于各类组织，属于组织建立能源管理体系的通用要求，能源管理体系认证试点的依据应以国家标准为基础，根据我国不同行业能源使用和管理的实际情况，制定行业认证实施规则。能源管理体系就是从体系的全过程出发，遵循系统管理原理，通过实施一套完整的标准、规范，在组织内建立起一个完整有效的、形成文件的能源管理体系，注重建立和实施过程的控制，使组织的活动、过程及其要素不断优化，通过例行节能监测、能源审计、能效对标、内部审核、组织能耗计量与测试、组织能量平衡统计、管理评审、自我评价、节能技改、节能考核等措施，不断提高能源管理体系持续改进的有效性，实现能源管理方针和承诺并达到预期的能源消耗或使用目标。

《综合能耗计算通则》（GB/T 2589）由国家市场监督管理总局和国家标准化管理委员会新修订后颁布，并于 2021 年 4 月 1 日正式开始实施。《综合能耗计算通则》作为一项最为基础的节能国家标准，在国家、地区、行业、企业等不同层面的能源核算、能源统计、能源管理、能耗限额制定、能源模型应用等领域得到广泛应用。除此以外，还有一大批能源管理的相关技术标准，详见表 5-7。

在碳排放技术标准方面，2014 年 4 月，国家标准化管理委员会正式批复国家发改委成立全国碳排放管理标准化技术委员会（SAC/TC548），主要负责碳排放管理术语、统计、监测、区域碳排放清单编制方法，企业、项目层面的碳排放核算与报告，低碳产品、碳捕获与碳储存等低碳技术与装备，碳中和与碳汇等领域的国家标准制修订工作，对口国际标准化组织二氧化碳捕集、运输与地质封存技术委员会（ISO/TC265）和环境管理技术委员会温室气体管理及相关活动分技术委员会（ISO/TC207/SC7）。该标准化技术委员会由国家发改委负责日常管理及标准立项、报批等业务指导，由中国标准化研究院和中国质量认证中心联合承担秘书处，负责具体工作的运行管理。目前，全国碳排放管理标准化技术委员会已经发布的现行标准详见表 5-8。

表 5-7　部分能源管理相关技术标准汇总表

标准编号	标准名称	标准编号	标准名称
GB/T 2587	用能设备能量平衡通则	GB/T 15316	节能监测技术通则
GB/T 2588	设备热效率计算通则	GB/T 15320	节能产品评价导则
GB/T 3484	企业能量平衡通则	GB/T 15587	能源管理体系　分阶段实施指南
GB/T 3485	评价企业合理用电技术导则	GB/T 17166	能源审计技术通则
GB/T 3486	评价企业合理用热技术导则	GB/T 17358	热处理生产电耗计算和测定方法
GB/T 6422	用能设备能量测试导则	GB/T 1028	工业余能资源评价方法
GB/T 13234	企业节能量计算方法		

资料来源：国家能源局网站。

表 5-8　碳排放管理技术标准

序号	标准号	标准名称	发布日期	实施日期
1	GB/T 32151.12—2018	温室气体排放核算与报告要求　第 12 部分：纺织服装企业	2018 年 09 月 17 日	2019 年 04 月 01 日
2	GB/T 32151.11—2018	温室气体排放核算与报告要求　第 11 部分：煤炭生产企业	2018 年 09 月 17 日	2019 年 04 月 01 日
3	GB/T 33756—2017	基于项目的温室气体减排量评估技术规范　生产水泥熟料的原料替代项目	2017 年 05 月 12 日	2017 年 12 月 01 日
4	GB/T 33755—2017	基于项目的温室气体减排量评估技术规范　钢铁行业余能利用	2017 年 05 月 12 日	2017 年 12 月 01 日
5	GB/T 33760—2017	基于项目的温室气体减排量评估技术规范　通用要求	2017 年 05 月 12 日	2017 年 12 月 01 日

续表

序号	标准号	标准名称	发布日期	实施日期
6	GB/T 32150—2015	工业企业温室气体排放核算和报告通则	2015 年 11 月 19 日	2016 年 06 月 01 日
7	GB/T 32151.3—2015	温室气体排放核算与报告要求 第 3 部分：镁冶炼企业	2015 年 11 月 19 日	2016 年 06 月 01 日
8	GB/T 32151.8—2023	碳排放核算与报告要求 第 8 部分：水泥生产企业	2023 年 12 月 28 日	2024 年 07 月 01 日
9	GB/T 32151.9—2023	碳排放核算与报告要求 第 9 部分：陶瓷生产企业	2023 年 12 月 28 日	2024 年 07 月 01 日
10	GB/T 32151.6—2015	温室气体排放核算与报告要求 第 6 部分：民用航空企业	2015 年 11 月 19 日	2016 年 06 月 01 日
11	GB/T 32151.5—2015	温室气体排放核算与报告要求 第 5 部分：钢铁生产企业	2015 年 11 月 19 日	2016 年 06 月 01 日
12	GB/T 32151.7—2023	碳排放核算与报告要求 第 7 部分：平板玻璃生产企业	2023 年 12 月 28 日	2024 年 07 月 01 日
13	GB/T 32151.1—2015	温室气体排放核算与报告要求 第 1 部分：发电企业	2015 年 11 月 19 日	2016 年 06 月 01 日
14	GB/T 32151.4—2015	温室气体排放核算与报告要求 第 4 部分：铝冶炼企业	2015 年 11 月 19 日	2016 年 06 月 01 日
15	GB/T 32151.10—2023	碳排放核算与报告要求 第 10 部分：化工生产企业	2023 年 12 月 28 日	2024 年 07 月 01 日
16	GB/T 32151.2—2015	温室气体排放核算与报告要求 第 2 部分：电网企业	2015 年 11 月 19 日	2016 年 06 月 01 日

数据来源：全国碳排放管理标准化技术委员会（SAC/TC548）。

该批标准针对企业温室气体排放"算什么，怎么算"提出了统一规范的要求，将为建立全国统一的碳排放交易市场、推动资源的优化配置、降低企业碳减排成本、引导企业低碳转型提供技术支撑。该批标准制定过程中充分吸纳了我国碳排放权交易试点经验，同时参考了有关国际标准，有效解决了温室气体排放标准缺失、核算方法不统一等问题，符合我国的实际需要。积极应对气候变化、控制温室气体排放，是我国政府的坚定立场。首批碳排放管理国家标准的发布，是我国落实低碳战略、推动实现我国碳排放总量控制、达成减排目标的又一重要步骤，彰显了我国政府应对气候变化、践行绿色低碳发展的行动力度。

为进一步提升碳排放数据质量，完善全国碳排放权交易市场制度机制，增强技术规范的科学性、合理性和可操作性，2022 年 12 月 19 日生态环境部发布了《企业温室气体排放核算与报告指南 发电设施》《企业温室气体排放核查技术指南 发电设施》，用于指导全国碳排放权交易市场发电行业 2023 年度及以后的碳排放核算与报告工作。本次修订以问题为导向，重点解决以下几方面问题：一是企业普遍反映的核算方法复杂、部分参数的数据来源多样等问题；二是技术指南超范围提出管理要求的问题；三是地方生态环境部门反映的核算技术链条过长、部分企业数据质量控制计划的作用未能有效发挥、核算口径和数据获取方式有待规范等问题；四是部分企业碳排放关键参数管理不到位、信息化存证不及时、存证材料不齐全不完整，难以支撑数据溯源和自证的问题；五是地方生态环境部门反馈非常规燃煤机组数量多、排放量小、管理水平不高，造成监管难度大等问题。

2024 年 9 月 13 日，生态环境部发布了《企业温室气体排放核算与报告指南 水泥行业

(CETS—AG—02.01—V01—2024)》《企业温室气体排放核查技术指南　水泥行业（CETS—VG—02.01—V01—2024)》和《企业温室气体排放核算与报告指南　铝冶炼行业（CETS—AG—04.01—V01—2024)》《企业温室气体排放核查技术指南　铝冶炼行业（CETS—VG—04.01—V01—2024)》等四项全国碳排放权交易市场技术规范。其中，铝冶炼行业指南将电解工序发生阳极效应所导致的 CF_4 和 C_2F_6 排放纳入关键源核算范围，传递了一个非常明确的信号：未来全国碳市场将不仅管控二氧化碳排放，也要管控非二氧化碳温室气体排放。

2025 年 1 月 21 日，生态环境部发布了《企业温室气体排放核算与报告指南　钢铁行业（CETS—AG—03.01—V01—2024)》《企业温室气体排放核查技术指南　钢铁行业（CETS—VG—03.01—V01—2024)》两项全国碳排放权交易市场技术规范。这两项指南以问题为导向，落实落细碳市场数据质量管理要求，兼顾行业现行做法，优化核算方法，强化数据质量，明确存证要求，增强了核算与报告的可操作性，可有效指导与规范钢铁行业的温室气体排放核算与报告。

第三节　能源行业的碳减排潜力

一、化石能源分质利用的碳减排潜力

煤炭分质转化利用具体指的是根据低阶煤的物质构成及物理化学性质，首先采用中低温热解技术对煤炭进行分质，将煤热解成气、液、固三相物质，然后根据各类热解产物的物理化学性质有区别地进行利用，梯级延伸加工，生产大宗化工原料和各类精细化学品。这种分质利用方式可对热解产物"吃干榨尽"，资源利用率高，热能效率高，具有较好的节能减排优势。煤炭分质利用技术路线图如图 5-1 所示。

一级利用：在 500～1100℃、隔绝空气的条件下，煤受热依次经历脱水、热解、缩合和碳化等反应，生成煤气、煤焦油和半焦。从煤的分子结构看，可认为热解过程是基本结构单元周围的侧链和官能团中对热不稳定成分不断裂解，形成低分子化合物并挥发出去，基本结构单元的缩合芳香核部分则对热稳定，互相缩聚形成固体产物（半焦和焦炭）。

二级利用：对一级产物进行加工利用。煤气中甲烷用于生产天然气，一氧化碳和氢气作为合成气生产甲醇、合成氨，或变换为氢气用于煤焦油的加氢反应。煤焦油先提取酚类和轻质芳烃，剩余馏分经悬浮床加氢技术可制备汽油、柴油等油品。半焦用于发电、气化原料以及电石化工、民用燃料等。

三级利用：对二级产物进行深度处理。对石脑油、清洁油品、酚类等煤焦油加氢产物进行分级利用；利用过程产生的余热进行发电，捕集利用二氧化碳，循环利用三废产物。

煤炭分质利用技术因其在资源利用率、污染物控制、产业技术耦合等方面的优势，受到国家相关部门的认可和支持。国家能源局《煤炭清洁高效利用行动计划（2015—2020 年)》，国家发改委、国家能源局《能源技术革命创新行动计划（2016—2030 年)》文件中，指出鼓励加强低阶煤的提质技术创新，研究开展百万吨每年低阶煤热解、油化电联产等示范工程。因此，发展煤炭的清洁、高效利用是低碳发展、绿色经济背景下的必然选择，是国家未来能源战略的重点，是未来必须着力解决的重要课题。

关于碳排放测算的研究，大多是根据《2006 年 IPCC 国家温室气体清单指南》或 2011

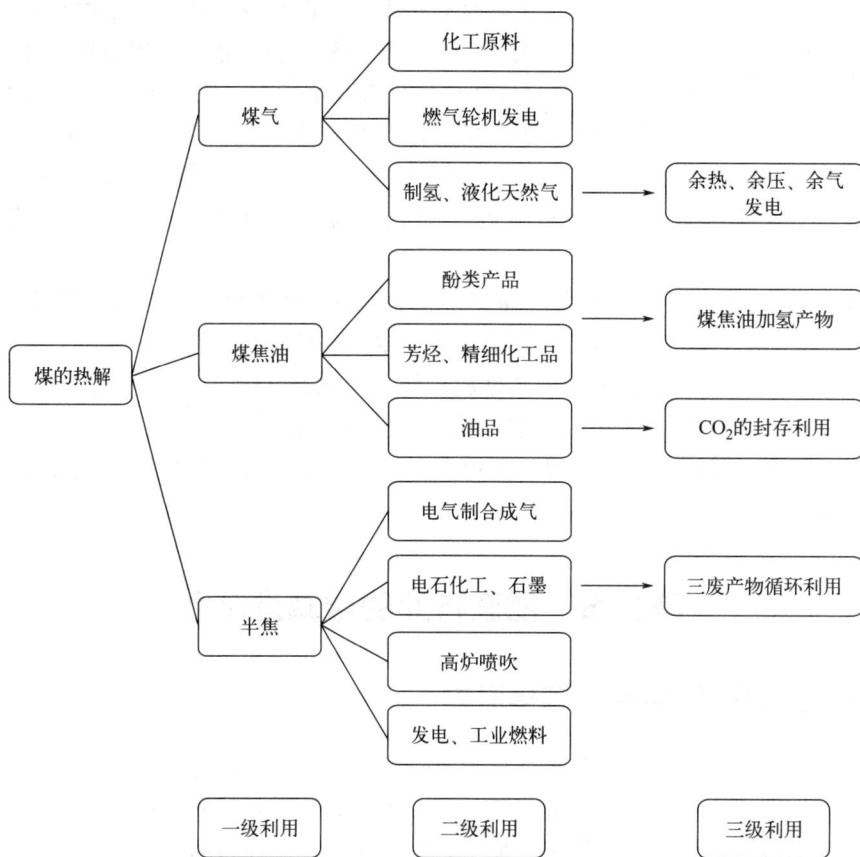

图 5-1　煤炭分质利用技术路线图

[数据来源：国家能源局，煤炭清洁高效利用行动计划（2015—2020 年）]

年发布的《省级温室气体清单编制指南（试行）》给出的能源系数法进行计算。两者的差别主要体现在各种能源默认排放因子的区别以及时空差异。赵敏等运用 IPCC 提供的方法对上海 1994—2007 年能源消费碳排放量进行了测算。其次是碳排放影响因素研究。碳排放影响因素模型主要有 Kaya 模型、LMDI 模型、STIRPAT 模型等。其中 Kaya 模型主要用于分析一国的碳排放总量，而 LMDI 模型在 Kaya 模型的基础上发展而来，同时具有消除残差项、可以进行加法与乘法分解等优点。

　　基于中国 2060 年前实现碳中和目标的背景，邹绍辉等采用 2010—2019 年中国新型煤化工产业相关数据测算其碳排放量，并建立 LMDI 模型分析碳排放影响因素，在此基础上通过情景分析探讨新型煤化工产业碳减排路径，测算其减排潜力。从分解结果可知，排放结构效应是抑制碳排放的最主要因素，并且抑制作用越来越强烈。这主要是不同新型煤化工产品的产量与碳排放因子不同导致的，这同时说明改善新型煤化工产业排放结构可以有效抑制新型煤化工产业碳排放的增长。

　　有研究提出并分析了基于含碳废弃物与煤共气化的碳循环概念，利用气化炉协同处理各类含碳废弃物，实现跨系统的碳循环利用的方案。以百万吨级的煤直接液化项目为例，在实施碳循环后，液化油渣中 50% 的碳被固定在沥青产品中，CO_2 减排量约 58 万吨，以油渣萃余物替代约 10% 的煤制氢的气化原料煤，CO_2 减排量约 30 万吨，避免油渣萃余物直接燃烧

产生的 CO_2 排放量约 35 万吨，即每年可以实现 CO_2 减排量达 123 万吨。国家能源集团煤直接液化示范工程项目碳循环方案如图 5-2 所示。

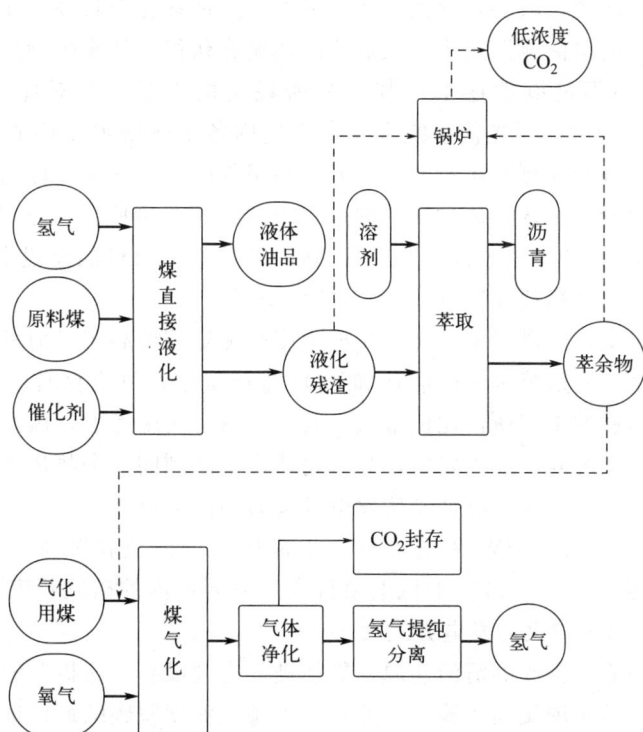

图 5-2　国家能源集团煤直接液化示范工程项目碳循环方案

（数据来源：国家能源集团网站）

二、清洁能源替代的碳减排潜力

太阳能、风能、水能、核能、氢能等是新能源的主力军，助力电力部门实现低碳排放。2019 年以来，新能源平均发电成本已实现低于燃气发电成本，但总体水平较煤发电仍高出 16%。预计到 2030 年左右，大部分新建光伏发电、风电项目平均投资水平将低于新建煤电厂，几乎所有亚太市场可实现光伏、风能发电成本低于煤发电。预计到 2050 年，新能源发电可满足全球电力需求的 80%，其中光伏发电和风力发电量累计占总发电量的一半以上。

生物质能作为可再生清洁能源，也是仅次于煤炭、石油、天然气的第四大能源，约占世界能源消费的 10%。我国生物质资源总量丰富，据测算，我国每年产生农业、林业废弃物分别约 9.9×10^8 t 和 4.1×10^8 t，可利用生物质资源总量约 4.6×10^8 t 标准煤；其中，农业废弃物可利用资源量 4×10^8 t，折算成标准煤约 2×10^8 t；林业废弃物可利用资源量 3.5×10^8 t，折算成标准煤约 2×10^8 t；其余相关有机废弃物资源量折算成标准煤约 0.6×10^8 t。但目前生物质能利用规模还非常有限，2020 年我国生物质资源年利用量约为 0.58×10^8 t 标准煤，生物质能利用仍有很大的发展空间。在碳中和目标导向下，我国生物质发电项目的规模未来将会进一步增大；预测到 2060 年，生物质发电量突破 1×10^{12} kW·h，总装机接近 2×10^8 kW；生物质发电替代煤炭消耗量将达到 1.2×10^8 t 标准煤，减少 CO_2 排放量 3×10^8 t 左右。

中国科学院电工研究所报告指出，太阳能热利用在碳减排中战略地位非常重要，在中低温太阳能热利用方面，每安装 $2m^2$ 太阳能热水器，在其生命周期内可以减排 3903.2kg CO_2。同样是利用太阳能，通常认为光伏产业链上游多晶硅原料的生产设备相对落后、工艺技术掌握不完全、生产规模较小，导致光伏产品的生产能耗相对较高，光伏行业很多时候被误以为是"高耗能"的清洁能源代表，人们纷纷质疑光伏组件从全生命周期看并不环保，光伏产品所发的电量还不足以偿还生产其产品所耗费的电量。针对此质疑，以上海临港 25MW 光伏发电项目为例，对光伏系统全生命周期内各个阶段主要环节直接和间接的碳排放来源进行了分析。分别计算硅矿石开采，光伏板组件生产、安装、使用维护以及废弃回收等每一阶段的碳排放量，确认了原材料获取过程中的碳排放量所占比重最大为 74.33%，同时得出了该项目系统的 CO_2 回收期大概为 2.5a，以及整个项目的总投资回收期为 8a 的结论，扭转了对光伏产业"高耗能""高污染"的认识误区。

生物质发电由于生物质燃料的燃烧，排放强度毫无疑问地高于风力发电和光伏发电。而对于风电，在风场生命周期范围内的能耗和 CO_2 排放量中，风机材料生产和运输阶段所占比例最大，尤其以钢铁的生产所占比例最大，若仅从减排角度考虑，风力发电是最优先的选择。光伏发电的排放强度高于风力发电，与生物质发电达到同一个数量级，这主要是由于多晶硅生产过程能耗巨大，这也是降低光伏发电环境影响的关键。

新疆十三间房地区 49.4MW 风电项目全生命周期内的碳排放强度理论值为 5.329g/ (kW·h)，该装机容量为 49.4MW 的风电项目全生命周期内的碳减排潜力理论上可以达到 $205.16×10^4$ t，减排潜力较火力发电方式大。

作为有潜力实现零碳排放的清洁能源，氢能被誉为"没有天花板"的产业，是我国能源转型的重要方式，也是实现交通运输、工业建筑等领域深度脱碳的最佳选择，在我国能源结构转型和实现"碳达峰、碳中和"战略目标过程中无疑将承担重任。一般来说，在制氢方面，根据二氧化碳的排放量，氢可以分为灰氢、蓝氢、绿氢。其中，可再生能源制氢被称作"绿氢"。我国具备发展"绿氢"的良好资源禀赋，随着近年来技术的进步，可再生能源的发电成本越来越具有竞争力，与此同时，我国拥有强大的基础设施建设能力，为发展绿氢提供了得天独厚的条件。"绿氢"是新能源的后备军，助力工业与交通等领域进一步降低碳排放。电价占电解水制氢成本的 60%~70%，随着电价大幅度下降，"绿氢"成本将快速下降。到 2030 年左右，"绿氢"有望比化石燃料制氢更具成本优势。到 2050 年，全球氢能占终端能源消费比重有望达到 18%，"绿氢"技术完全成熟，大规模用于难以通过电气化实现零排放的领域，主要包括钢铁、炼油、合成氨等工业用氢，以及重卡、船舶等长距离交通运输领域。

此外，人工碳转化技术也被认为是连接新能源与化石能源的桥梁，将过剩电量转化为化工产品或燃料进行储存，在有效降低化石能源碳排放的同时，也对新能源电网起到削峰填谷作用。电转气是人工碳转化的主要形式，可以利用二氧化碳重整制甲烷，被视为欧洲实现能源转型的关键。预计到 2050 年，欧盟工业部门 10%~65% 的能源消耗来自电转气，供热行业和交通运输行业 30%~65% 的能源来自电转气。

三、能源消费电力化的碳减排潜力

电力作为清洁、高效、便利的终端能源载体将逐步成为未来终端用能的主要方式。当前电力行业 CO_2 排放约占中国能源活动 CO_2 排放的 40%，加速终端能源的电气化和同时推进电力部门的脱碳化是深度减排情景的共同特征，也是推动能源系统低碳转型和长期温室气体减排的主要手段。对比发达国家的电力消费水平，2015 年中国人均电力消费量约为 4000 kW·h，远低于欧盟国家人均 6000～8000 kW·h 和美国人均 12000kW·h 的水平，中国电力消费需求仍有巨大的提升空间。从加快推动电力行业绿色低碳转型的角度，电力消费需求的巨大潜在增长空间既是机遇也是挑战，因而强化对既有政策下电力行业低碳转型实施效果的评估，并在此基础上识别更强政策驱动下电力行业 CO_2 减排的潜力空间，对于科学决策具有重要的参考意义。例如，国家应对气候变化战略研究和国际合作中心的陈怡及其合作者分别利用学习曲线工具和自下而上技术核算方式，综合评估了既有政策和强化政策条件下 2035 年前中国电力行业能源活动碳排放变化趋势，并得出如下结论：既有政策条件下中国电力行业在 2030 年左右达到 CO_2 排放峰值，约为 $47×10^8 t$，而强化的政策行动将推动电力行业在 2025 年前实现碳排放达峰，较既有政策条件下的碳排放峰值降低约 $6×10^8 t$。因此认为制订以降低电力行业 CO_2 排放为导向的强化政策是加速电力行业低碳发展进程的重要手段，并提出了若干政策建议。

国网能源研究院发布的《中国能源电力发展展望 2020》显示，随着 2030 年后清洁能源快速发展并成为主力电源，煤电加装 CCUS（碳捕集、利用与封存），电力系统碳排放量快速下降，2060 年电力行业有望实现近零排放。届时，电能占终端能源消费比重、非化石能源占一次能源消费比重分别有望达到约 70% 和 80%。

第四节 能源行业的碳中和路径

一、推动能源双控制度的转变

"能耗双控"是指能源消费总量控制和单位地区生产总值能耗控制，简称总量控制和强度控制，旨在对各级地方政府进行监督考核，引导转变发展理念。能耗双控的发展进程是循序渐进的。最初"十一五"规划把单位 GDP 能耗降低作为约束性指标；"十二五"规划在把单位 GDP 能耗降低作为约束性指标的同时，提出合理控制能源消费总量的要求；"十三五"时期实施能耗总量和强度"双控"行动，明确要求到 2020 年单位 GDP 能耗比 2015 年降低 15%，能源消费总量控制在 50 亿吨标准煤以内，国务院将全国"双控"目标分解到了各地区，对"双控"工作进行了全面部署；"十四五"规划进一步提出完善能源消费总量和强度双控制度，重点控制化石能源消费，要求到 2025 年单位 GDP 能耗和碳排放比 2020 年分别降低 13.5%、18%。

随着我国"双碳"战略稳步推进和"1+N"的顶层设计建立基本完成，能耗双控的不足也逐步显露出来。一方面，能耗总量控制不仅包含化石能源消费，也包括核能和可再生能源等非化石能源，总量的管控直接影响了可再生能源的开发利用和可再生能源丰沛地区的经济发展；另一方面，能源消费总量中也包含用于原料的能源消费，从合理性和石化、化工等产业的刚性需求来看有一定的不合理性。在 2030 年前实现碳排放达峰，就需要我国逐步把碳排放总量纳入考虑，实施碳排放双控可以有效避免能源总量控制的局限性，在控制化石能源消费的同时鼓励可再生能源发展，并且给予地方政府更多的绿色空间。

2023 年 7 月 11 日下午，中央全面深化改革委员会第二次会议在北京召开，会上审议通过了《关于推动能耗双控逐步转向碳排放双控的意见》。会议强调要立足我国生态文明建设已进入以降碳为重点战略方向的关键时期，完善能源消耗总量和强度调控，逐步转向碳排放总量和强度双控制度。从能耗双控逐步转向碳排放双控，要坚持先立后破，完善能耗双控制度，优化完善调控方式，加强碳排放双控基础能力建设，健全碳排放双控各项配套制度，为建立和实施碳排放双控制度积极创造条件。2024 年 1 月公布的《中共中央 国务院关于全面推进美丽中国建设的意见》再次对此作出强调并进行部署。"能耗双控"逐步转向"碳排放双控"，是我国"双碳"战略实施的一项基础性、前置性的制度变革，不仅彻底打破了"能耗双控"对可再生能源发展和能源化工产业的约束，而且能够更好地服务于我国"双碳"战略，加快新质生产力发展，在全球范围内形成零碳经济竞争新优势。

"碳排放双控"倒逼地方政府通过招商引资和产业扶持等政策，用知识、技术、管理、数据等新型生产要素替代能源、矿产等传统生产要素，形成新质生产力，培育地方零碳经济竞争新优势。同时，"碳排放双控"促使微观主体调整经济行为，激发企业绿色发展内生动力，让绿色低碳供应链管理成为企业价值链提升的新渠道，促使企业将绿色低碳纳入企业的使命、愿景与价值观中，树立负责任的社会形象，进而获得资本市场和消费者的青睐；还可以倒逼企业加大零碳技术创新力度，提供零碳产品和服务，投资利用可再生能源和节能减排新技术，进而降低合规成本，培育差异化竞争新优势。

二、推动能源消费电能替代

如今的终端消费电气化有别于 20 世纪的再电气化过程，它是指在传统电气化的基础上，充分利用现代能源、材料和信息技术，进一步拓展电能的利用范围和规模，深度替代煤炭、石油等终端化石能源消费，推动全社会电气化水平再度跃升，并促进清洁能源大规模开发利用，最终实现以清洁能源为主导、以电为中心的高度电气化社会的过程。

这一轮再电气化根植于全球能源加速清洁低碳转型、积极应对气候变化的进程之中，与以往传统工业化时期的电气化进程存在本质区别，主要体现在以下几个方面。首先是清洁低碳电气化。从能源生产环节来看，传统电气化主要依靠煤炭、天然气等化石能源发电来保障电力供应，再电气化则伴随着风能、太阳能等新能源的大规模开发和利用，体现为清洁能源对化石能源的替代和发电能源占一次能源消费比重的提升。其次是深度广泛电气化。从终端能源消费环节来看，传统的用电领域和用电方式主要包括照明、加工、制造、运输、制冷、通信等方面。再电气化过程中，电能的利用规模和范围将得到前所未有的拓展和深化，对其他终端能源消费品种呈现出深度广泛替代的趋势，最大的特点是智能互动电气化。从整个能源系统来看，新能源的大规模接入和用能需求多样化，对提高电力系统运行的稳定性、灵活性和抗扰动能力提出了更高要求。大数据、云计算、物联网、人工智能、5G（第五代移动通信技术）、区块链等信息技术的发展及其与能源电力行业的深度融合，为建设更智能、更安全的电力系统提供了支撑。未来电力系统发输配用等各环节的智能化水平将不断提升，源网荷之间友好互动能力将显著增强。在电源侧，通过先进传感测量、可视化、智能控制、大容量储能等技术，实现大规模新能源智能发电与友好并网。在传输侧，利用智能电网、特高压输电、柔性输电等技术，实现新能源大规模远距离配置和消纳。在负荷侧，应用物联网、智能电表、智慧用电系统等技术，实现用户与电网智能互动及主动负荷需求响应。未来随着再电气化进程的加快推进，电力技术与信息技术的深度融合，电力系统全环节将具备智能感知能力、实时监测能力、智能决策能力，源网荷之间将实现高度智能化的协同互动。

实施终端消费电气化，前提是能源生产侧坚持"以电为中心"，特别是要加速推进清洁能源电气化，逐步实现对化石能源的增量替代和存量替代。例如，加快金沙江、大渡河、雅沓江等流域的水电基地，三北地区和东南沿海地区的风电基地，西北地区大型太阳能发电基地的建设，以及加快建设第三代核电项目。此外也需要加强输电通道建设，提高跨区输电能力，同时完善清洁能源发展相关政策体系，严格执行可再生能源电力消纳保障机制，建立健全可再生能源市场化交易机制等。

终端消费侧坚持"以电为优先"，广泛深入实施电能替代，努力实现能源消费高度电气化。通过加大电能替代技术研发力度，促进电能替代技术快速迭代和成本降低。加大电能替代实施力度，按照差异化原则科学制定电能替代规划，优化电能替代时序，实施电能替代项目和配电网建设。电能替代较有前景的技术领域有：工业电锅炉、电窑炉应用于工业产品加工工艺过程；电动汽车应用于公路客运和部分短途货运领域；电（蓄）热锅炉应用于建筑密集小区的集中供暖；热泵应用于大型公共建筑供热。此外，可再生能源电解水制氢替代化石能源重整制氢也具有发展潜力。

以数字化赋能电力系统，加快构建适应大规模高比例新能源并网和多样化交互式用电需求的新一代电力系统。推动互联网、大数据、云计算、人工智能等现代信息技术与电力系统深度融合，增强源网荷储之间的智能互动，实现更大规模的清洁能源消纳，同时满足更加多样化、交互式的用能需求。电源方面，加快推进智慧电厂建设，各类电源能够自动采集、智能分析与灵活控制，实现大规模新能源的智能发电与友好并网。电网方面，突破高电压等级柔性输电、直流电网、大容量海底电缆、超导输电等先进输电和智能电网技术，大幅提升电网资源配置能力、灵活调节能力和安全稳定控制能力。负荷方面，大力推广智能电表、智慧用电系统、合同能源管理、需求侧响应等技术和模式，提高终端电能利用效率。

三、优化能源生产清洁替代

大规模清洁能源作为一次能源转换为电能接入电网将成为未来电网发展不可阻挡的趋势，但由于清洁能源自身的波动性与不确定性，其大规模接入电网将对电网的安全稳定运行带来不小的压力。与此同时，主动配电网可以对不同形式的清洁能源发电进行集成管理，可以提升清洁能源发电消纳水平与系统的可靠性、经济性。因此这就需要充分发挥电网的"桥梁"和"纽带"作用，带动产业链、供应链上下游，加快能源生产清洁化、着力打造清洁能源优化配置平台。为此，首先要加快智能电网的建设，协调各级电网的发展，支持新能源优先就地就近并网消纳，同时开辟风电、太阳能发电等新能源配套电网工程建设"绿色通道"，确保电网电源同步投产。在输送端，完善西北、东北主网架结构，加快构建川渝特高压交流主网架，支撑跨区直流安全高效运行。在接收端，扩展和完善华北、华东特高压交流主网架，加快建设华中特高压骨干网架，构建水火风光资源优化配置平台，提高清洁能源接纳能力。其次，加大跨地区输送清洁能源的力度，除了持续提升已建输电通道利用效率、逐步实现满送外，更要优化送端配套电源结构，提高输送清洁能源比重。新增跨区输电通道以输送清洁能源为主，加快水电、核电并网和送出工程建设，支持四川等地区水电开发，超前研究西藏水电开发外送方案。"十四五"期间，国家电网规划建成 7 回特高压直流，新增输电能力 5600 万千瓦，到 2025 年经营区跨省跨区输电能力达到 3.0 亿千瓦，输送清洁能源占比达到 50%。此外还要大力支持分布式电源和微电网的发展，加强配电网互联互通和智能控制，满足分布式清洁能源并网和多元负荷用电需要。做好并网型微电网接入服务，发挥微电网就地消纳分布式电源、集成优化供需资源作用。最后还需要加强"大云物移智链"等技术在能源电力领域的融合创新和应用，促进各类能源互通互济，源网荷储协调互动，支撑新能源发电、多元化储能、新型负荷大规模友好接入。加快信息采集、感知、处理、应用等环节建设，推进各能源品种的数据共享和价值挖掘。到 2025 年，初步建成国际领先的能源互联网。

在深入推进电力体制改革方面，电力交易中心的组建为各类市场主体参与市场打开了一扇方便之门，也为促进电力交易的有序、高效运作提供了良好条件。我国能源资源与生产力逆向分布，能源资源与负荷分布不均衡，以及清洁能源跨区跨省消纳、大气污染治理等要求，客观上决定了电力资源大规模、远距离输送和消纳的合理性，要求建立促进资源大范围优化配置的国家电力市场。国家电力市场平台具有区域市场平台无法比拟的优势：一方面，通过组织引导清洁能源与电网企业、售电企业或客户开展中长期交易，能够为清洁能源发展获得稳定收入提供保障，未来，随着市场的成熟，可再生能源配额、绿色证书、容量市场等交易品种可能会进一步引入，引导和激励清洁能源的可持续发展；另一方面，水电、风电等清洁能源都具有不确定性的特点，交易中心的成立，可以通过交易平台组织开展跨区跨省电力交易，能够在更大范围内发挥市场配置作用，利用不同地区之间的电源、负荷结构差异所产生的水火互济、水电补偿、调峰等效益，促进清洁能源的充分消纳。

在具体研究层面，目前对清洁能源集群的研究主要侧重在以下方面：一方面基于集群划分的定义对清洁能源集群进行合理的划分，对主动配电网内并网的所有风电场进行聚类分析，构成地区电网的风电型微电网集群，同时对光伏发电场进行聚类分析形成地区电网的光伏型微电网集群，利用风光、风储和风光储等形成混合能源微电网集群，其中微电网集群准备引入多代理系统，代理可以与其所在环境进行互动；另一方面研究风、光、储能集群规划方法，即对分布式电源的出力特性进行分析，针对分布式发电出力的不确定性在不同的时间尺度上建立模型，更加精确客观地对分布式发电出力的特性进行描述，作为清洁能源集群规划的基础。因此随着清洁能源集群技术的发展和示范工程的开展，目前在清洁能源集群划分以及清洁能源集群的规划配置模型方面已有研究。大部分研究主要集中在两个方面：一方面是针对清洁能源集群在规划和运行中需要顾及的因素设计更加符合实际的模型，使得优化运行结果得到的经济性更加客观；另一方面是针对所建立的规划优化运行模型，研究更加高效的模型求解方法。前者是寻求更加高效的算法，研究其是否更加适用于清洁能源集群规划运行模型求解；后者是对已有的算法进行改进。

四、推动能源互联网建设

美国学者杰里米·里夫金于 2011 年在其著作《第三次工业革命》中预言，以新能源技术和信息技术的深入结合为特征，一种新的能源利用体系即将出现，他将他所设想的这一新的能源体系命名为能源互联网（Energy Internet）。杰里米·里夫金认为，基于可再生能源的、分布式、开放共享的网络，即能源互联网。事实上，美国和欧洲早就有能源互联网的研究计划，2008 年美国就在北卡罗来纳州立大学建立了研究中心，希望将电力电子技术和信息技术引入电力系统，在未来配电网层面实现能源互联网理念。效仿网络技术的核心路由器，他们提出了能源路由器的概念，并且进行了原型试验，利用电力电子技术实现对变压器的控制，路由器之间利用通信技术实现对等交互。德国在 2008 年也提出了 E-Energy 理念和能源互联网计划。随后，随着中国政府的重视，杰里米·里夫金及其能源互联网概念在中国得到了广泛传播。杰里米·里夫金认为，在即将到来的时代，我们将需要创建一个能源互联网，让亿万人能够在自己的家中、办公室里和工厂里生产绿色可再生能源，多余的能源则可以与他人分享，就像我们现在在网络上分享信息一样。

能源互联网其实是以互联网理念构建的新型信息能源融合"广域网"，它以大电网为"主干网"，以微网为"局域网"，以开放对等的信息能源一体化架构，真正实现能源的双向按需传输和动态平衡使用，因此可以最大限度地适应新能源的接入。微网是能源互联网中的基本组成元素，通过新能源发电，微能源的采集、汇聚与分享以及微网内的储能或用电消纳形成"局域网"。大电网在传输效率等方面仍然具有无法比拟的优势，将来仍然是能源互联网中的"主干网"。虽然电能仅仅是能源的一种，但电能在能源传输效率等方面具有无法比拟的优势，未来能源基础设施在传输方面的主体必然还是电网，因此未来能源互联网基本上是互联网式的电网。能源互联网把一个集中式的、单向的电网，转变成和更多的消费者互动的电网。

能源互联网与其他形式的电力系统相比，具有以下四个关键技术特征：

① 可再生能源高渗透率：能源互联网中将接入大量各类分布式可再生能源发电系统，在可再生能源高渗透率的环境下，能源互联网的控制管理与传统电网之间存在很大不同，需要研究由此带来的一系列新的科学与技术问题。

② 非线性随机特性：分布式可再生能源是未来能源互联网的主体，但可再生能源具有很大的不确定性和不可控性，同时考虑实时电价、运行模式变化、用户侧响应、负载变化等因素的随机特性，能源互联网将呈现复杂的随机特性，其控制、优化和调度将面临更大挑战。

③ 多源大数据特性：能源互联网工作在高度信息化的环境中，随着分布式电源并网，储能及需求侧响应的实施，将面临气象信息、用户用电特征、储能状态等多种来源的海量信息。而且，随着高级量测技术的普及和应用，能源互联网中具有量测功能的智能终端的数量将会大大增加，所产生的数据量也将急剧增大。

④ 多尺度动态特性：能源互联网是一个物质、能量与信息深度耦合的系统，是物理空间、能量空间、信息空间乃至社会空间耦合的多域、多层次关联，包含连续动态行为、离散动态行为和混沌有意识行为的复杂系统。作为社会、信息、物理多维度相互依存的超大规模复合网络，与传统电网相比，能源互联网具有更广阔的开放性和更高的系统复杂性，呈现出复杂的、不同尺度的动态特性。

2014 年，中国提出了能源生产与消费革命的长期战略，并以电力系统为核心试图主导全球能源互联网的布局。2016 年 3 月由国家电网独家发起的全球能源互联网发展合作组织成立，这是中国在能源领域发起成立的首个国际组织，也是全球能源互联网的首个合作、协调组织。

2015 年 9 月 26 日，国家主席习近平在纽约联合国总部出席联合国发展峰会，发表题为《谋共同永续发展　做合作共赢伙伴》的重要讲话。在讲话上，习近平主席指出：中国倡议探讨构建全球能源互联网，推动以清洁和绿色方式满足全球电力需求。

2016 年 2 月，国家发展改革委、国家能源局、工业和信息化部联合发布《关于推进"互联网＋"智慧能源发展的指导意见》（简称《意见》）。《意见》提出，能源互联网建设近中期将分为两个阶段推进，先期开展试点示范，后续进行推广应用，并明确了 10 大重点任务。《意见》明确了能源互联网建设目标：2016—2018 年，着力推进能源互联网试点示范工作，建成一批不同类型及规模的试点示范项目；2019—2025 年，着力推进能源互联网多元化、规模化发展，初步建成能源互联网产业体系，形成较为完备的技术及标准体系并推动实现国际化。

2016 年 8 月，为落实《关于推进"互联网＋"智慧能源发展的指导意见》（发改能源〔2016〕392 号）和国务院第 138 次常务会议的部署，有效促进能源和信息深度融合，推动能源领域结构性改革，国家能源局以《国家能源局关于组织实施"互联网＋"智慧能源（能源互联网）示范项目的通知》（国能科技〔2016〕200 号）公开组织申报"互联网＋"智慧能源（能源互联网）示范项目。2017 年 8 月，全国 55 个首批能源互联网示范项目已陆续开工，中国能源互联网进入实操阶段。能源互联网具备如下五大特征。①可再生。可再生能源是能源互联网的主要能量供应来源。可再生能源发电具有间歇性、波动性，其大规模接入对电网的稳定性产生冲击，从而促使传统的能源网络转型为能源互联网。②分布式。由于可再生能源的分散特性，为了最大效率地收集和使用可再生能源，需要建立就地收集、存储和使用能源的网络，这些能源网络单个规模小，分布范围广，每个微型能源网络构成能源互联网的一个节点。③互联性。大范围分布式的微型能源网络并不能全部保证自给自足，需要联合起来进行能量交换才能平衡能量的供给与需求。能源互联网关注将分布式发电装置、储能装置和负载组成的微型能源网络互联起来，而传统电网更关注如何将这些要素"接进来"。④开放性。能源互联网应该是一个对等、扁平和能量双向流动的能源共享网络，发电装置、储能装置和负载能够"即插即用"，只要符合互操作标准，这种接入是自主的，从能量交换的角度看没有一个网络节点比其他节点更重要。⑤智能化。能源互联网中能源的产生、传输、转换和使用都应该具备一定的智能。

2024 年 6 月 20 日，"2024 国家能源互联网大会"在北京召开，大会以"AI 赋能能源互联网，创新发展新质生产力"为主题，旨在搭建能源互联网相关企业、科研高校、创投机构等创新资源跨界交流平台，推动行业共建能源互联网开放共享、合作创新的产业生态，塑造未来能源互联网产业低碳智能发展新格局。会上发布了《2024 国家能源互联网发展年度报告》（简称《报告》）。《报告》指出，在"3060"目标背景下，发电行业"十四五"规划加大新能源装机和新能源发电比例，积极开发氢能业务，成立综合能源公司，陆续开展能源数字化转型实践。电网行业巩固电力输配领域实力，拓展综合能源服务与电子商务，向储能、新能源等领域扩展服务范围。汽车行业电动化潮流已经形成，围绕出行与能源互联网互动，培育移动能源新业态。这一系列的积极变化，无疑为能源产业的转型升级提供了强大的支撑和动力。在此背景下，未来，我国的新型能源体系将以能源互联网为依托，以新型电力系统为核心，实现横向"多源互补"、纵向"源-网-荷-储-碳"协调，能源与信息高度融合的新体系。该体系将实现能源与信息的深度融合，推动能源产业向更高效、更低碳的方向发展，为实现可持续发展目标注入新的活力。

思考题

1. 我国能源行业的碳排放情况如何？
2. 试述"能耗双控"制度转变的原因。
3. 试述能源互联网"两个替代"的具体内容。

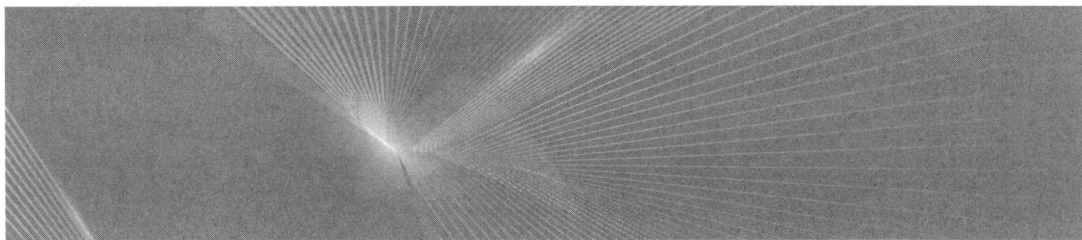

第六章

石油化工行业的碳排放及碳中和

《"十四五"期间石化行业 VOCs 排放与碳排放协同控制策略研究》报告指出，在全球二氧化碳排放固定源中，石化行业的排放量占 9%，仅次于电力行业。我国高度重视石油化工行业绿色低碳高质量发展，2022 年 3 月 28 日，工业和信息化部、国家发改委等六部门联合印发《关于"十四五"推动石化化工行业高质量发展的指导意见》。"十四五"是中国石油消费总量控制的关键时期。根据中国石油集团经济技术研究院预测，我国的石油需求将在2025 年左右提前达峰，这对保障国家能源安全、尽早实现碳达峰具有重要作用。

第一节　我国石化行业的发展现状

石化产业是石油化学工业的简称，一般是指以石油和天然气为原料的化学工业。石化产业横跨能源采掘加工和原材料制造两大工业门类，石化产品众多，包括汽油、液化气（LPG）、乙烯、沥青、石油焦、化肥等，对国家的社会经济发展和国防建设等影响广泛，是保障民生的基础性产业与国民经济的支柱产业。石化行业生产线长、涉及面广。石化企业的油田、采油厂、炼油厂、化工厂、油库、加油站、输油（气）管线遍及全国城市、乡镇、车站、码头及千家万户。

一、石油化工的行业地位

石油化工行业是国民经济支柱产业，经济总量大、产业链条长、产品种类多、关联覆盖广，关乎产业链和供应链的安全稳定、绿色低碳发展、民生福祉改善。2022 年我国各领域石油消费量占比如图 6-1 所示。

石油化工行业与我们的生活息息相关。石油化工行业涉及产品众多，且横跨各个领域：农、林、牧、渔业，工业，建筑业，交通运输、仓储和邮政业，批发和零售业、住宿和餐饮业，居民生活以及其他。石油化工行业在各领域的应用分析如下。

（一）工业

石油被称为"工业的血液"，是重要的工业能源，离开了石油，现代化工业的发展就无从谈起。工业是石油消费量最大的部门，其占比达到 46.1%，石油在工业领域主要提供燃料和化工原料。

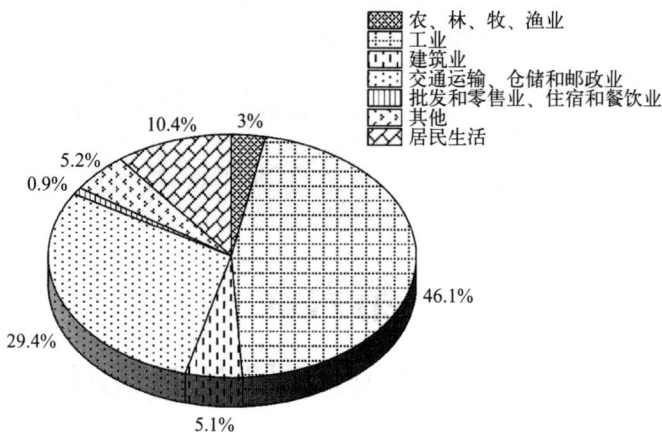

图 6-1　2022 年各领域石油消费量占比
（数据来源：中国统计年鉴 2024）

（二）交通运输业

交通运输、仓储和邮政业所消耗的石油在总石油消费量中的占比为 29.4%，位居第二，石油主要提供交通运输工具所需的燃料，如汽油、煤油、柴油等，以及用于生产各种润滑油、轮胎、塑料制品等。

（三）居民生活

居民生活与石油化工产品密不可分。日常生活中常见的涤纶、腈纶、锦纶等都属于石油合成的化学纤维。上述材料广泛应用于衣物、床品、地毯、沙发垫、桌布等家居软装用品。日常生活中使用的清洁剂、洗涤剂、洗发水、沐浴露、肥皂等都是石油化工产品。在护肤化妆行业，石油也扮演着重要角色：石油提炼出来的石蜡、香精、染料等是化妆品的原料之一。生活中常见的塑料瓶、牙刷、洗脸盆、玩具等塑料制品都是石油的衍生物。鞋子、体育用品等涉及橡胶的，大都与石油产品合成橡胶有关。医药行业更是与石油息息相关。药品中很多成分来自石油，药品包装、假肢、人造器官、医用 X 光片等等都与石油有关。柏油马路便利了人们的生活，其原材料沥青就是石油制品。

（四）建筑业

建筑业中门窗、管材、涂料等都与石油化工相关。塑料被称为四大建筑材料之一，在建筑业中应用广泛，统计数据显示，建筑业每年消耗的塑料约占塑料总量的 1/4。塑料质地轻、可塑性好，应用于建筑中可减轻结构自重，提高装配效率，合理使用可以提高建筑物的质量和耐久性，起到节能环保的作用。建筑塑料主要分为塑料管材、塑料门窗、塑料地面装饰、塑料墙体、塑料吊顶装饰、塑料墙面装饰等。塑料管材价格便宜、施工方便、耐腐蚀性好，主要应用于水、电管道及电缆套管，新型塑料管材因水流阻力小、节能节材、卫生、安装便捷等特点，广泛应用于建筑给排水中。建筑塑料门窗具有保温性能好、能耗低、回收附加值高、回收程序简易、密封性好、外形美观、装饰效果佳、防火性好、耐腐蚀性好等优点，已成为我国建材市场上的主流型材。塑料地面装饰主要分为塑料地板、塑料地毯以及塑料涂布地面。塑料应用于地面装饰中，与其可回收利用、防潮、耐磨、吸音效果好、高弹性、抗冲击、防滑性好、装饰性强、安装便捷、施工简单的特点密不可分，塑料地板广泛应用于图书馆、病房、幼儿园、老年活动中心等场所。与其他材质相比，塑料墙体具有良好的隔热保温性能和防水性能，而且阻燃性强、质地较轻、吸振隔声、环保、耐腐蚀、可塑性和柔韧性较好、透明度可控、环保节能，在建筑物内外墙设计中得到广泛应用。塑料吊顶装饰可分为塑料采光板、聚氯乙烯扣板、塑料吊顶等。塑料采光板主要应用于防雨天棚、候车亭、通道顶棚等室内采光顶棚的装饰中，聚氯乙烯扣板主要应用于厨房、阳台等的天花吊顶，塑料吊顶主要用于电影院、报告厅、办公空间、娱乐场所等。塑料墙面装饰主要为塑料壁纸，其具有装饰效果好、粘贴方便、耐磨、寿命长、易于维护和保养的性能，可用于影剧院天花板装饰，客厅、走廊墙裙的装饰等。

涂料是建筑装饰中的主要材料之一，在建筑中的主要作用有装饰、保护、改善建筑物使用功能。装饰作用体现在室内装修与建筑外墙粉刷两方面，涂料可按照用户的需要调制成不同颜色且可绘制不同图案，满足个性化需求，提升建筑物整体美观度。涂料附着于建筑物表面，会形成一层薄膜，起到耐磨、耐候、抗化学腐蚀和抗污染的作用，延长建筑物的使用寿命。有些涂料可使建筑物具有防火、防水、防霉、防静电、吸音隔热、提高室内亮度、净化空气的功能。

（五）农、林、牧、渔业

农业是我国国民经济的基础产业，是最基本的物质生产部门。相关研究表明，石化行业提供的氮肥占化肥总量的 80%，农用地膜与农用棚膜、农药等的成分也与石油息息相关。农、林、牧、渔业中所用机械设备消耗的主要燃料为柴油，2022 年农、林、牧、渔业消耗的柴油在总柴油消费量中的占比为 10.9%，2022 年农、林、牧、渔业消耗的石油在总石油消费量中的占比为 3%。

二、石油化工行业的布局现状

经过国家层面的总体部署，石化行业目前已初步形成了大型化、基地化布局。早在2014 年国家发改委就发布了《石化产业规划布局方案》，提出在上海漕泾、浙江宁波、广东惠州、福建古雷、大连长兴岛、河北曹妃甸、江苏连云港建设七大世界级石化产业基地，预计到 2025 年全部产能将占全国的 40%。经过多年来的不断完善，在石油化工相关政策的鼓励和指导下，当前我国石油化工产业的布局呈现出高度集中化的状态，这种生产基地的集中化极大地减少了石油原材料加工上的资源损耗，也避免了长途运输上的困扰，给石油化工企业的发展带来了极大的优势。

2023 年中国石油和化学工业联合会发布的数据显示，中国千万吨及以上炼油厂已经增加至 32 家，炼油总产能达到 9.2 亿吨每年，中国已成为世界第一炼油大国。中国石化产业高质量发展，石化产业的规模集中度、石化基地的集群化程度、行业整体技术水平和核心竞争力都实现了新的跨越。

国内炼油产能呈现较强的集团分布，同时也具有较为明显的区域性分布特征。华东、东北、华南和华北地区为我国炼油产能的集中分布地，四大地区的炼油能力分别占全国的43.2%、16.1%、14.2% 和 9.7%，合计占比超 80%，呈现出以东部为主、中西部为辅的梯次分布，如图 6-2 所示。

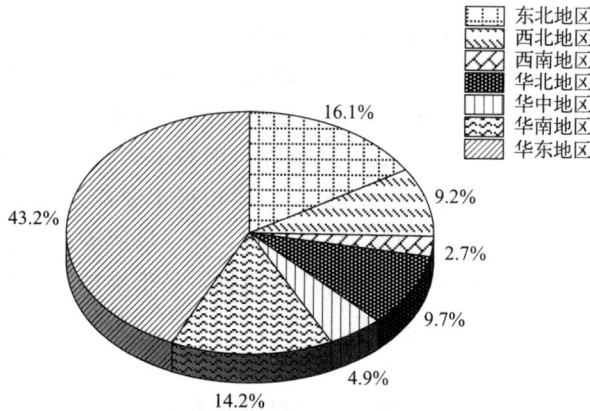

图 6-2 中国石油化工行业区域分布情况

（数据来源：智研咨询．研判 2024！中国炼油行业产业链、产能、产能区域分布结构以及未来发展趋势分析：
中国炼油能力在未来几年内将保持小幅增长态势）

近年来我国石油化工产业区域结构在不断改善，落后产能不断淘汰，创新能力不断提升。2024 年，从企业数量上来看，排在前三位的分别是山东省、浙江省和江苏省。

"十四五"期间，低碳发展成为石油化工产业发展的主旋律。面对新情况、新形势，石油化工作为高耗能行业发展空间受限。碳中和将加速石油化工产业的转型升级，促使行业开启新一轮供给侧改革，落后产能企业可能逐步被淘汰。实现"双碳"目标，有助于提高石化产业集中度，优质化工龙头企业将占据更有利地位并长期受益。

三、石油化工行业的经营现状

（一）营业收入现状

从产业结构来看，石油化工产业可分为石油和天然气开采业、炼油业及化学工业三大块。其中石油和天然气开采业包括勘探、钻井、井下作业和采油、采气及油气集输等各工艺单元。油气炼制加工业是指原油经过石油炼制加工过程，生成各类油品、润滑油及固体石油产品（如沥青、石油蜡），并进一步裂解抽提或精制成初级石化原材料（如"三苯""三烯"）。而化学原料与化学制品业利用油气炼制加工过程中产生的石化基础原料（烃类、乙炔、萘），进一步生成添加剂、配合剂及有机化工原料单体，同时也可利用有机化工原料单体生产各类合成橡胶、化学纤维及塑料等成型制品。

2020—2022 年，我国石油化工行业规模以上企业营业收入呈现增加趋势，2023 年略有下降，营业收入为 15.95 万亿元，同比下降 1.1％，利润总额 8733.6 亿元，同比下降 20.7％。其中，石油和天然气开采业实现营业收入 1.44 万亿元，同比下降 3.9％；实现利润 3010.3 亿元，同比下降 15.5％。炼油业实现营业收入 4.96 万亿元，同比增长 2.1％；实现利润 656 亿元，同比增长 192.3％。化学工业实现营业收入 9.27 万亿元，同比下降 2.7％；实现利润 4862.6 亿元，同比下降 31.2％。2023 年中国石油化工产业收入结构见图 6-3。

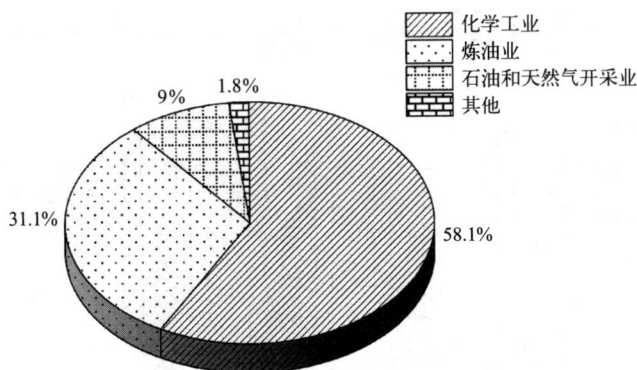

图 6-3　2023 年中国石油化工产业收入结构（按营业收入）

目前，中国石油化工产业企业呈现四级梯队分布特点。其中，中国石油、中国石化是中国石油化工产业的两大龙头企业，2022 年，两大龙头企业的总市场份额占到了整个石油和化工行业的 32.34%；恒力石化、荣盛石化、万华化学等进入全球 500 强的企业位于行业第一梯队；其他上市公司位于行业第二梯队；其他非上市石化企业位于行业第三梯队。

（二）产品产量现状

根据国家统计局数据，2019—2023 年我国原油产量呈现逐渐上升趋势，年均增长率 2.20%；汽油产量呈现波动趋势，但产量始终保持在 13000 万吨以上；除 2019 年外，柴油产量呈现逐渐上升趋势，2020—2023 年的年均增长率达 11.28%，特别是 2022 年、2023 年，增长趋势明显，同比增长率分别为 18.08%、13.62%。2019—2023 年我国石油化工行业主要油气产品产量如图 6-4 所示。

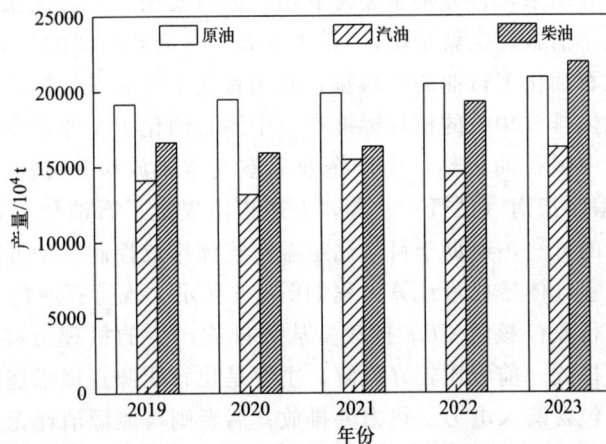

图 6-4　2019—2023 年我国石油化工行业主要油气产品产量

根据国家统计局数据，2019—2023 年我国石油化工行业主要化工产品产量如图 6-5 所示。其中，乙烯、合成氨、烧碱、合成纤维产量呈现逐年增加趋势，年均增长率分别为 13.57%、5.23%、4.79% 和 6.36%。根据统计，乙烯类产品的产量占石化总产品的 75% 以上，我国是世界上最大的乙烯生产国和消费国。除 2019 年外，纯碱产量呈现逐年增长趋势，年均增长率为 5.29%。除 2022 年略有下降外，合成纤维产量呈现整体上升趋势。

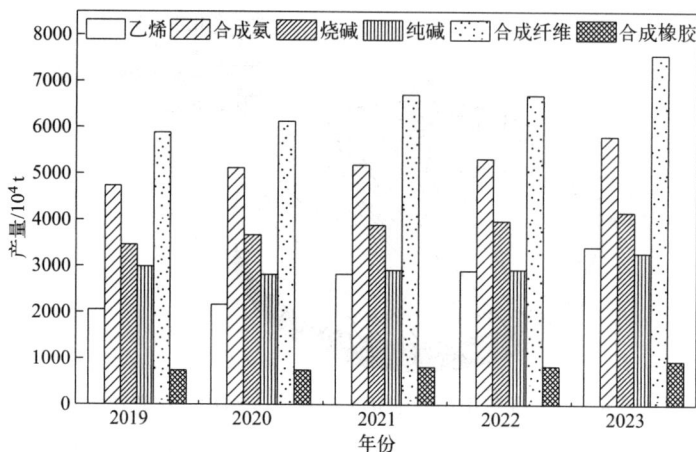

图 6-5　2019—2023 年我国石油化工行业主要化工产品产量

第二节　我国石化行业碳排放特点

《中国石化行业碳达峰碳减排路径研究报告》数据显示，2021 年，我国石化行业碳排放总量约 4.45 亿吨，占全国碳排放总量的 4% 左右。生态环境部于 2021 年 7 月印发《关于开展重点行业建设项目碳排放环境影响评价试点的通知》（简称《通知》）。《通知》明确了"测算碳排放水平"的任务，要求开展建设项目全过程分析，识别碳排放节点，重点预测碳排放主要工序或节点排放水平；内容包括核算建设项目生产运行阶段能源活动与工艺过程以及因使用外购的电力和热力导致的二氧化碳产生量、排放量，碳排放绩效情况，以及碳减排潜力分析等；根据测算结果，再分别从能源利用、原料使用、工艺优化、节能降碳技术、运输方式等方面提出减排措施。也就是说，"排多少碳"是需要厘清的基本问题。

为了更好地实施石油化工行业的碳减排，必须首先了解温室气体统计核算的方法。目前石油化工行业温室气体排放相关的核算标准有《中国石油化工企业温室气体排放核算方法与报告指南（试行）》《中国石油天然气生产企业温室气体排放核算方法与报告指南（试行）》《省级温室气体清单编制指南（试行）》等，上述指南规定了石油化工企业准确核算和规范报告温室气体排放量的方法，有助于科学制定温室气体排放控制行动方案及对策。

石油化工行业温室气体排放量计算过程如图 6-6 所示。现行石油化工行业温室气体核算指南规定，石油化工行业仅核算 CO_2 排放。从碳排放产生的机理可将排放大致分为两类：用能碳排放和工艺碳排放。前者比较好理解，主要是化石能源直接燃烧造成的碳排放，根据核算边界的不同也会包含购入电力、热力的排放；后者则与能源消耗无关，而是特定的化学反应产生的排放，比如水泥、玻璃生产过程中石灰石分解散逸、金属冶炼、合成气变换制氢等。除了上述两种外，石油化工行业还包括火炬燃烧碳排放和产品碳排放。其中火炬燃烧碳排放是指出于安全等目的，石化企业通常将各生产活动中产生的可燃废气集中到一至数只火炬系统中进行排放前的燃烧处理过程而产生的 CO_2。产品碳排放是指由产品的使用造成的碳排放，由于产品使用场景的多样性和复杂性，这部分碳排放核算起来不是很容易。现行石油化工行业温室气体核算指南中通常不考虑产品碳排放，该部分碳排放可根据使用场景进行归属计算，如汽油、柴油燃烧产生的温室气体排放可划分到交通行业碳排放中。

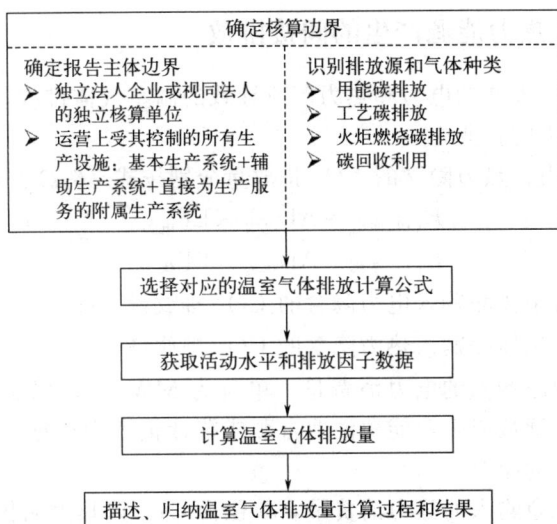

图 6-6 石油化工行业温室气体排放量计算过程

一、石油化工行业的用能碳排放

《中国石化行业碳达峰碳减排路径研究报告》显示，2021 年我国石化行业二氧化碳排放主要集中在燃料及动力排放，约占 66.1%，其中化石燃料燃烧占比 33.0%，净购入电力碳排放占比 15.7%，净购入热力碳排放占比 17.4%；工业生产过程产生的碳排放占比 33.9%。

（一）化石燃料燃烧产生的直接排放

直接碳排放是指炼油与石油化工生产中化石燃料用于动力或热力供应的燃烧过程产生的 CO_2 排放，如化石燃料在各种类型的固定或移动燃烧设备（如锅炉、燃烧器、涡轮机、加热器、焚烧炉、煅烧炉、窑炉、熔炉、烤炉、内燃机等）中与氧气充分燃烧产生的 CO_2 排放。

燃料燃烧 CO_2 排放量主要基于企业边界内各个燃烧设施分品种的化石燃料燃烧量，乘以相应的燃料含碳量和碳氧化率，再逐层累加汇总得到，公式如式（6-1）所示。

$$E_{CO_2燃烧} = \sum_j \sum_i \left(AD_{i,j} \times CC_{i,j} \times OF_{i,j} \times \frac{44}{12} \right) \tag{6-1}$$

式中 $E_{CO_2燃烧}$ ——企业的化石燃料燃烧 CO_2 排放量，t；

i ——化石燃料的种类；

j ——燃烧设施序号；

$AD_{i,j}$ ——燃烧设施 j 内化石燃料品种 i 的消费量，对固体或液体燃料以及炼厂干气以 t 为单位，对其他气体燃料以气体燃料标准状况下的体积（$10^4 m^3$）为单位，非标准状况下的体积需转化成标况下体积进行计算；

$CC_{i,j}$ ——设施 j 内化石燃料 i 的含碳量，对固体和液体燃料以 t/t 为单位，对气体燃料以 $t/10^4 m^3$ 为单位；

$OF_{i,j}$ ——设施 j 内燃烧的化石燃料 i 的碳氧化率，取值范围为 0～1。

（二）外购电力、热力能源产生的间接排放

间接排放是指因使用外购的电力和热力等所导致的温室气体排放，该部分排放实际上发生在生产这些电力或热力的企业中。

报告主体净购入电力、热力隐含的 CO_2 排放量分别按式（6-2）、式（6-3）计算：

$$E_{CO_2 净电} = AD_{电力} \times EF_{电力} \tag{6-2}$$

$$E_{CO_2 净热} = AD_{热力} \times EF_{热力} \tag{6-3}$$

式中 $E_{CO_2 净电}$ ——报告主体净购入电力隐含的 CO_2 排放量，t；

       $E_{CO_2 净热}$ ——报告主体净购入热力隐含的 CO_2 排放量，t；

       $AD_{电力}$ ——企业净购入的电力消费量，单位为 MW·h，以企业和电网公司结算的电表读数或企业能源消费台账或统计报表为依据，等于购入电量与外供电量的净差；

       $AD_{热力}$ ——企业净购入的热力消费量，单位为 GJ，以热力购售结算凭证或企业能源消费台账或统计报表为依据，等于购入蒸汽、热水的总热量与外供蒸汽、热水的总热量之差；

       $EF_{电力}$ ——电力的 CO_2 排放因子，t/（MW·h）；

       $EF_{热力}$ ——热力的 CO_2 排放因子，t/GJ。

以质量单位计量的热水或以质量单位计量的蒸汽转换为热量单位的情况详见附表 4。

二、石油化工行业的工艺碳排放

生产流程中产生的碳排放是指原材料在工业生产过程中除燃料燃烧之外的物理或化学变化造成的温室气体排放。报告主体在石油炼制与石油化工环节的工业生产过程 CO_2 排放按照装置分别核算，石油化工企业生产运营边界内涉及的工业生产过程排放装置主要包括催化裂化装置、催化重整装置、制氢装置、焦化装置、石油焦煅烧装置、氧化沥青装置、乙烯裂解装置、乙二醇/环氧乙烷生产装置等，报告主体的工业生产过程 CO_2 排放量应等于各个装置的工业生产过程 CO_2 排放量之和，计算公式详见附表 5。

三、石油化工行业的火炬燃烧碳排放

依据生产工况的不同，石油化工企业火炬燃烧可分为两种，即正常工况下的火炬气燃烧和事故导致的火炬气燃烧，计算公式如式（6-4）所示。

$$E_{CO_2 火炬} = E_{CO_2 正常火炬} + E_{CO_2 事故火炬} \tag{6-4}$$

式中 $E_{CO_2 火炬}$ ——火炬燃烧产生的 CO_2 排放，t；

     $E_{CO_2 正常火炬}$ ——正常工况下火炬气燃烧产生的 CO_2 排放，t；

     $E_{CO_2 事故火炬}$ ——事故导致的火炬气燃烧产生的 CO_2 排放，t。

正常工况下的火炬气和事故导致的火炬气的数据监测基础不同，需要分别核算，详见附表 6。

四、石油化工行业的产品碳排放

石油化工行业涉及的产品可分为两大类，即石油产品、石油化工产品，每种产品的分类如图 6-7 所示。按照用途，石油化工行业的产品也可分为燃料产品和非燃料产品。

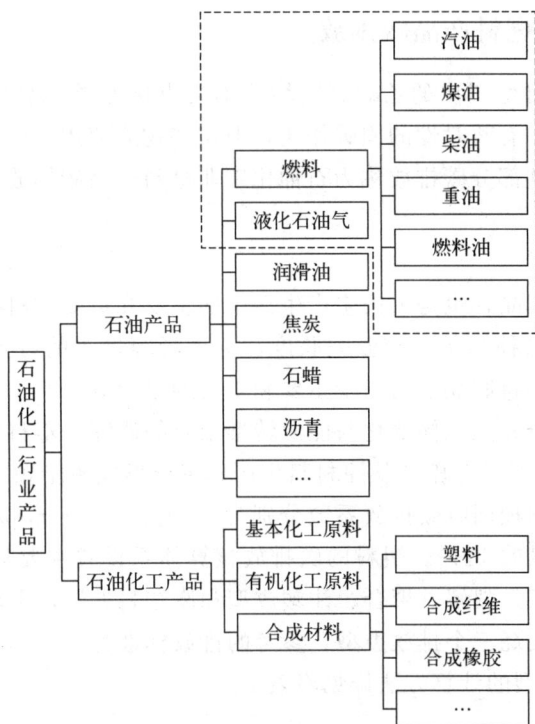

图 6-7　石油化工行业产品分类
（虚线框内为石油化工燃料产品）

（一）石油化工燃料产品碳排放

如图 6-7 所示，石油化工燃料产品主要有汽油、煤油、柴油、重油、燃料油、液化石油气等，上述六种燃料可用于不同行业和领域。用于交通领域时，汽油主要用作汽车发动机燃料，煤油主要用作航空燃料，柴油主要用作大型车辆、铁路机车、船舰燃料，重油主要用作船舶燃料，核算其燃烧产生的温室气体排放可供参考的相关标准主要有《2006 年 IPCC 国家温室气体清单指南》《省级温室气体清单编制指南（试行）》《陆上交通运输企业温室气体排放核算方法与报告指南（试行）》《中国民用航空企业温室气体排放核算方法与报告指南（试行）》等。本书第十章将交通运输业分为公路、水路、铁路和航空四个类别，并针对不同类别使用石油化工燃料产生温室气体排放的核算进行了详细讲解，可供参考。此外，液化石油气热值高、无烟尘、无炭渣，操作使用方便，可用作餐饮烹饪燃料，由于餐饮业排放温室气体的量相对较少，目前尚未出台核算其燃烧排放的温室气体的相关规定和指南。液化石油气、柴油、重油等可用于有色金属冶炼、窑炉焙烧等，核算其产生的温室气体排放可参考《其他有色金属冶炼和压延加工业企业温室气体排放核算方法与报告指南（试行）》《中国镁冶炼企业温室气体排放核算方法与报告指南（试行）》《中国电解铝生产企业温室气体排放核算方法与报告指南（试行）》《中国陶瓷生产企业温室气体排放核算方法与报告指南（试行）》《中国水泥生产企业温室气体排放核算方法与报告指南（试行）》《中国平板玻璃生产企业温室气体排放核算方法与报告指南（试行）》等，相关燃烧产生的温室气体可纳入对应行业温室气体排放核算中。本书第七章、第八章、第九章中钢铁行业、建材行业、有色金属行业对燃料燃烧碳排放核算进行了详细说明，可供参考。

（二）石油化工非燃料产品碳排放

石油作为化工原料时生产出的乙烯、丙烯等不会直接变成二氧化碳，而是最终形成塑料、服装、轮胎等产品，有暂时性的固碳作用，但这些物质使用价值完成后被废弃或处理过程中又会产生碳排放，这部分碳排放称为石油化工非燃料产品碳排放。

1. 塑料

塑料是重要的石化产品，也是人民生产生活中的主要和重要材料之一，应用广泛、影响深远。塑料行业呈现产品种类多、产业关联度强、市场容量大的特点，包装塑料、建筑塑料、日用塑料消费品是塑料制品业的三个主要和重要的子行业。

根据北京大学能源研究院气候变化与能源转型项目的研究，塑料全生命周期的碳排放约占全球总排放的3.8%。每千克塑料从原材料生产到聚合形成树脂颗粒共释放3.3kg二氧化碳。废塑料化学回收、物理回收碳排放系数分别为7.1t/t、1.5t/t，废塑料焚烧处置方式产生的碳排放约占总排放量的11%。塑料的碳排放核算体系设置主要从塑料的全生命周期出发，分为原料开采、加工、裂解、聚合、注塑成型和废塑料处置六个环节。工业排放、化石燃料燃烧和塑料废弃物焚烧三个排放类型，参考的排放标准为《2006年IPCC国家温室气体清单指南》，不同排放类型的计算方法详见附表7。

2. 服装

服装原料中的合成纤维是重要的石化产品。联合国统计数据显示，纺织服装行业的碳排放量占全球碳排放总量的10%。近20年来，我国纺织服装业碳排放呈现先增长后下降的趋势，空间分布上呈现东部沿海地区高、中西部内陆地区低的分布格局。

碳排放系数法是常用的核算纺织服装行业碳排放量的方法，即基于纺织服装行业终端消费数据，根据各种能源的消费量及对应的碳排放系数，综合计算行业碳排放量。具体计算公式见式（6-5）：

$$C = \sum_{i=1}^{n} E_i f_{C_i} \quad (i = 1, 2, 3, \cdots, n) \tag{6-5}$$

式中　C——碳排放量；

　　　E_i——第i种能源的消费量，以标准煤计；

　　　f_{C_i}——第i种能源的碳排放系数，碳排放系数实际值等于理论值与碳氧化率的乘积，可直接参考表6-1。

表6-1　各种能源的碳排放系数

能源种类	碳排放系数	能源种类	碳排放系数
原煤	2.690t CO_2/t	柴油	2.730t CO_2/t
焦炭	3.140t CO_2/t	燃料油	2.219t CO_2/t
汽油	1.988t CO_2/t	液化石油气	1.750t CO_2/t
煤油	2.560t CO_2/t	天然气	2.330kg CO_2/m³

数据来源：师佳，宁俊. 我国纺织服装行业碳排放影响因素及达峰预测 [J]. 北京服装学院学报（自然科学版），2022，42（3）：66-74。

3. 轮胎

轮胎主要应用于各种交通工具、农用机械、建筑机械中。世界可持续发展工商理事会关于轮胎工业项目的一份报告显示，全球每年产生 10 亿条废旧轮胎，目前全世界已有 40 亿条废旧轮胎被丢弃在垃圾填埋场或闲置在库房中。我国每年约有 3 亿条废旧轮胎，重量已突破 1000 万吨。2023 年我国生产合成橡胶 952.03 万吨，橡胶轮胎外胎 116980.06 万条。研究表明，生产每千克轮胎所产生的温室气体（CO_2）排放量为 1.4125kg。基于轮胎全生命周期分析，发现轮胎温室气体排放主要来源于使用阶段，轮胎资源化利用可有效减少温室气体排放。

核算轮胎碳排放使用的方法为全生命周期评价法，即从原材料调配、生产、流通、使用、废弃及资源化利用全过程进行轮胎碳排放追踪。废弃轮胎资源化主要有四种不同的方式，即回收、材料再利用（即橡胶再生）、热能再利用和翻新再利用。不同环节温室气体排放量的计算方法详见附表 8。

五、石油化工行业的碳回收利用

报告主体回收 CO_2 通常有两种用途，一是外供给其他单位使用，二是自用作生产原料。按照上述两种方式，报告主体回收的 CO_2 的量可按照下列公式计算：

$$R_{CO_2回收} = (Q_{外供} \times PUR_{CO_2外供} + Q_{自用} \times PUR_{CO_2自用}) \times 19.7 \tag{6-6}$$

式中　$R_{CO_2回收}$——报告主体的 CO_2 回收利用量，t；

$\quad\quad Q_{外供}$——报告主体回收且外供的 CO_2 气体体积，$10^4 m^3$；

$\quad\quad Q_{自用}$——报告主体回收且自用作生产原料的 CO_2 气体体积，$10^4 m^3$；

$\quad PUR_{CO_2外供}$——CO_2 外供气体的纯度（CO_2 体积浓度），取值范围为 0～1；

$\quad PUR_{CO_2自用}$——CO_2 原料气的纯度，取值范围为 0～1；

$\quad\quad 19.7$——标况下 CO_2 气体的密度，$t/10^4 m^3$。

CO_2 气体回收外供量以及回收作原料量应根据企业台账或统计报表来确定，气体的 CO_2 纯度应根据企业台账确定。

第三节　石化行业高质量发展导向

一、优化石油化工行业产业布局

统筹项目布局，促进区域协调发展。依据国土空间规划、生态环境分区管控和国家重大战略安排，统筹重大项目布局，推进新建石化化工项目向原料及清洁能源匹配度好、环境容量富裕、节能环保低碳的化工园区集中。推动现代煤化工产业示范区转型升级，稳妥推进煤制油气战略基地建设，构建原料高效利用、资源要素集成、减污降碳协同、技术先进成熟、产品系列高端的产业示范基地。持续推进城镇人口密集区危险化学品生产企业搬迁改造。落实推动长江经济带发展、黄河流域生态保护和高质量发展要求，推进长江、黄河流域石化化工项目科学布局、有序转移。

引导化工项目进区入园，促进高水平集聚发展。推动化工园区规范化发展，依法依规利用综合标准倒逼园区防范化解安全环境风险，加快园区污染防治等基础设施建设，加强园区污水管网排查整治，提升本质安全和清洁生产水平。引导园区内企业循环生产、产业耦合发展，鼓励化工园区间错位、差异化发展，与冶金、建材、纺织、电子等行业协同布局。鼓励化工园区建设科技创新及科研成果孵化平台、智能化管理系统。严格执行危险化学品"禁限控"目录，新建危险化学品生产项目必须进入一般或较低安全风险的化工园区（与其他行业生产装置配套建设的项目除外），引导其他石化化工项目在化工园区发展。

二、推动石油化工行业结构调整

强化分类施策，科学调控产业规模。有序推进炼化项目"降油增化"，延长石油化工产业链。增强高端聚合物、专用化学品等产品供给能力。严控炼油、磷铵、电石、黄磷等行业新增产能，禁止新建用汞的（聚）氯乙烯产能，加快低效落后产能退出。促进煤化工产业高端化、多元化、低碳化发展，按照生态优先、以水定产、总量控制、集聚发展的要求，稳妥有序发展现代煤化工。

加快改造提升，提高行业竞争能力。动态更新石化化工行业鼓励推广应用的技术和产品目录，鼓励利用先进适用技术实施安全、节能、减排、低碳等改造，推进智能制造。引导烯烃原料轻质化，优化芳烃原料结构，提高碳五、碳九等副产资源利用水平。加快煤制化学品向化工新材料延伸，煤制油气向特种燃料、高端化学品等高附加值产品发展，煤制乙二醇着重提升质量控制水平。

三、提升石油化工行业创新水平

完善创新机制，形成"三位一体"协同创新体系。强化企业创新主体地位，加快构建重点实验室、重点领域创新中心、共性技术研发机构"三位一体"创新体系，推动产学研用深度融合。优化整合行业相关研发平台，创建高端聚烯烃、高性能工程塑料、高性能膜材料、生物医用材料、二氧化碳捕集利用等领域创新中心，强化国家新材料生产应用示范、测试评价、试验检测等平台作用，推进催化材料、过程强化、高分子材料结构表征及加工应用技术与装备等共性技术创新。支持企业牵头组建产业技术创新联盟、上下游合作机制等协同创新组织，支持地方合理布局建设区域创新中心、中试基地等。

攻克核心技术，增强创新发展动力。加快突破新型催化、绿色合成、功能-结构一体化高分子材料制造、"绿氢"规模化应用等关键技术，布局基础化学品短流程制备、智能仿生材料、新型储能材料等前沿技术，巩固提升微反应连续流、反应-分离耦合、高效提纯浓缩、等离子体、超重力场等过程强化技术。聚焦重大项目需求，突破特殊结构反应器、大功率电加热炉、大型专用机泵、阀门、控制系统等重要装备及零部件制造技术，着力开发推广工艺参数在线检测、物性结构在线快速识别判定等感知技术以及过程控制软件、全流程智能控制系统、故障诊断与预测性维护等控制技术。

实施"三品"行动，提升化工产品供给质量。围绕新一代信息技术、生物技术、新能源、高端装备等战略性新兴产业，增加有机氟硅、聚氨酯、聚酰胺等材料品种规格，加快发展高端聚烯烃、电子化学品、工业特种气体、高性能橡塑材料、高性能纤维、生物基材料、专用润滑油脂等产品。积极布局形状记忆高分子材料、金属-有机框架材料、金属元素高效分离介质、反应-分离一体化膜装置等新产品开发。提高化肥、轮胎、涂料、染料、胶黏剂等行业绿色产品占比。鼓励企业提升品质，培育创建品牌。

四、推动石油化工行业数字化转型

数字化转型提速为产业高质量发展赋能，应整合企业内外部资源，打造集交易、营销、数据、金融、物流五大核心能力为一体的数字化采销供应链平台，实现数据驱动业务增长，形成产业互联互通的开放生态。搭建产业互联平台，促进营销多元化、产业协同化、运营智能化，整合产业链资源，将新一代信息技术贯穿于全业务环节，以深度赋能关键业务为切入点，在营销获客、管道运输、炼油化工、产品销售、经营决策等方面全面实现数字协同、产业互联、资源优配和科学决策。

加快新技术新模式协同创新应用，打造特色平台。加快5G、大数据、人工智能等新一代信息技术与石化化工行业融合，不断增强化工过程数据获取能力，丰富企业生产管理、工艺控制、产品流向等方面数据，畅联生产运行信息数据"孤岛"，构建生产经营、市场和供应链等分析模型，强化全过程一体化管控，推进数字孪生创新应用，加快数字化转型。打造3~5家面向行业的特色专业型工业互联网平台，引导中小化工企业借助平台加快工艺设备、安全环保等数字化改造。围绕化肥、轮胎等关乎民生安全的大宗产品建设基于工业互联网的产业链监测、精益化服务系统。

推进示范引领，强化工业互联网赋能。发布石化化工行业智能制造标准体系建设指南，编制智能工厂、智慧园区等标准。针对行业特点，建设并遴选一批数字化车间、智能工厂、智慧园区标杆。组建石化、化工行业智能制造产业联盟，培育具有国际竞争力的智能制造系统解决方案供应商，提升化工工艺数字化模拟仿真、大型机组远程诊断运维等服务能力。基于智能制造，推广多品种、小批量的化工产品柔性生产模式，更好适应定制化差异化需求。实施石化行业工业互联网企业网络安全分类分级管理，推动商用密码应用，提升安全防护水平。

五、加快石油化工行业绿色低碳发展

发挥碳固定碳消纳优势，协同推进产业链碳减排。有序推动石化化工行业重点领域节能降碳，提高行业能效水平。拟制高碳产品目录，稳妥调控部分高碳产品出口。提升中低品位热能利用水平，推动用能设施电气化改造，合理引导燃料"以气代煤"，适度增加富氢原料比重。鼓励石化化工企业因地制宜、合理有序开发利用"绿氢"，推进炼化、煤化工与"绿电""绿氢"等产业耦合示范，利用炼化、煤化工装置所排二氧化碳纯度高、捕集成本低等特点，开展二氧化碳规模化捕集、封存、驱油和制化学品等示范。加快原油直接裂解制乙烯、合成气一步法制烯烃、智能连续化微反应制备化工产品等节能降碳技术开发应用。

着力发展清洁生产绿色制造，培育壮大生物化工。滚动开展绿色工艺、绿色产品、绿色工厂、绿色供应链和绿色园区认定，构建全生命周期绿色制造体系。鼓励企业采用清洁生产技术装备改造提升，从源头促进工业废物"减量化"。推进全过程挥发性有机物污染治理，加大含盐、高氨氮等废水治理力度，推进氨碱法生产纯碱废渣、废液的环保整治，提升废催化剂、废酸、废盐等危险废物利用处置能力，推进（聚）氯乙烯生产无汞化。积极发展生物化工，鼓励基于生物资源，发展生物质利用、生物炼制所需酶种，推广新型生物菌种；强化生物基大宗化学品与现有化工材料产业链衔接，开发生态环境友好的生物基材料，实现对传统石油基产品的部分替代。加强有毒有害化学物质绿色替代品研发应用，防控新污染物环境风险。

促进行业间耦合发展，提高资源循环利用效率。推动石化化工与建材、冶金、节能环保等行业耦合发展，提高磷石膏、钛石膏、氟石膏、脱硫石膏等工业副产石膏、电石渣、碱渣、粉煤灰等固废综合利用水平。鼓励企业加强磷钾伴生资源、工业废盐、矿山尾矿以及黄磷尾气、电石炉气、炼厂平衡尾气等资源化利用和无害化处置。有序发展和科学推广生物可降解塑料，推动废塑料、废弃橡胶等废旧化工材料再生和循环利用。

第四节　我国石化行业碳中和路径

碳中和不等同于碳的零排放，而是排放多少碳就通过植树造林、节能减排等形式抵消多少碳排放。石油化工企业需要努力加强科技创新，在制度政策的激励下，才能够取得相应的成果。石化行业碳中和路径包括以下四个方面。

一、石化能源结构低碳化

《2030 年前碳达峰行动方案》指出，非化石能源消费比重到 2025 年达到 20％左右，到 2030 年达到 25％左右。目前我国的能源结构依然以化石能源为主，2023 年煤炭占比 55.3％，石油占比 18.3％，天然气占比 8.5％，三者合计占比 82.1％。因此，作为社会发展中的重要行业，能源结构低碳化在减碳方面大有作为。

目前绿色低碳发展已成全球共识，多国明确提出减排目标。同时由于具有技术创新和工业进程方面的优势，发达国家针对发展中国家的绿色壁垒从未停止。2021 年 3 月 10 日，欧洲议会投票通过了设立"碳边境调节机制"（CBAM）议案，计划自 2023 年起，针对气候变化行动不力国家的某些产品征收进口碳关税，且明确该机制将覆盖电力行业以及水泥、钢铁、铝、炼油、化工、造纸等高能耗产业，并对所有纳入欧盟碳交易体系的产品都适用。2023 年 5 月 16 日，欧盟《碳边境调节机制法案》完成立法程序，成为欧盟正式法律。欧盟是我国重要的贸易伙伴之一，议案涉及的炼油、化工产品覆盖面广，是我国国际贸易的重要组成部分，其实施必将对我国石化行业产生深远影响。

综上所述，应该采取相应的措施来实现石化能源结构低碳化。

首先可以大力发展低碳天然气产业，加速布局氢能、风能、太阳能、地热、生物质能等新能源、可再生能源，实现从传统油气能源向洁净综合能源的融合发展。石化化工领域需要消耗大量电能和氢原料，可以在风、光资源丰富的地区进行适当的试点，比如西部炼厂的用电、用氢，可以用一部分可再生能源替代，这也是一种降碳路径。

其次虽然石化化工行业是加工转化化石能源，但在加工转化过程中有高碳和低碳的原料可选。比如生产甲醇的原料，现在更多是煤制甲醇，若能提高低碳原料天然气制甲醇的比例，将有利于源头降低碳排放。石化行业也可以多利用轻烃、液化气等低碳原料生产烯烃及下游产品，缩短整个流程，也能实现源头降碳。综上，应提升高端石化产品供给水平，积极开发优质耐用可循环的绿色石化产品，开展生态产品设计，提高低碳化原料比例，减少产品全生命周期碳足迹，带动上下游产业链实现碳减排。

在"双碳"目标的大背景下，石化行业应抓住机遇在窗口期快速转型。一旦放慢转型步伐，维持传统技术的继续扩张，不仅将错失转型抢占市场的先机，还将丧失同一起点的优势。

二、石化全过程节能管理

石化行业具有高耗能、高污染的特点，推动石油化工企业绿色安全低碳高质量发展是我国"十四五"期间的主要任务之一，也是我国可持续发展战略的重要举措。石化行业全过程节能管理，顾名思义，就是在每个生产环节都要注重提高能效，淘汰落后产能，大幅降低资源能源消耗强度，从而全面提高综合利用效率，有效控制化石能源消耗总量。

首先，目前部分石油化工企业在节能减排工作方面仍存在提升空间。具体而言，部分企业对节能减排的重要性认识尚不充分，对发展与减排关系的理解有待深化，导致生产管理中过于侧重经济效益而相对忽视了生态环境保护。这种思想层面的不足在一定程度上影响了工作推进的力度，使得节能减排在实际操作中落实不够到位，存在应付上级部门检查的现象。针对当前存在的节能减排计划不够科学、合理，以及难以兼顾生产与减排的问题，企业应通过加强内部管理、引进先进技术、制定更为周密的减排计划等措施，逐步提升减排效果，实现经济效益与环境保护的双赢。

其次，相较于发达国家，我国在节能减排技术开发领域起步较晚，技术积累尚待加强。但近年来，该领域已取得显著进步。随着国家对节能减排工作的持续重视与政策扶持，石油化工企业积极响应，纷纷加大人力、物力、财力投入，致力于新型节能减排技术的研发与应用，相关技术成果已逐步应用于生产实践，并取得了一定成效，展现了我国在该领域的快速发展势头。然而，当前石油化工行业在节能减排技术研发上仍面临挑战。部分企业研发投入相对不足，技术探索多停留在表面，缺乏深度与广度，存在技术引进多、自主创新少的现象，这在一定程度上制约了行业整体技术水平的提升和自主知识产权的积累。随着企业对技术创新重要性认识的加深，以及国家对科技创新支持力度的不断加大，石油化工行业将迎来节能减排技术研发的新高潮。企业将更加注重自主创新，加大研发投入，深化技术研究，探索适合自身发展的节能减排技术路径。同时，通过国际合作与交流，借鉴国际先进经验，加速技术升级与迭代，逐步缩小与发达国家的差距，实现节能减排技术的自主可控与高质量发展。

大数据、人工智能、5G、物联网等数字化技术在推动石油化工行业全过程节能管理方面具有广阔应用前景。加强数字化技术与油气行业深度融合，是石油化工行业实现可持续、高质量发展的有效途径。中国石油作为石油化工行业的领头军，面对新一轮科技革命和产业变革浪潮，全面深入推进数字化转型，引领油气全产业链创新发展，"数字中国石油"建设取得长足进展。中国石油已建成涵盖生产管理、经营管理、综合管理、基础设施和网络安全的集中统一信息系统，充分将数字化、自动化、信息化技术融入油气全产业链，做到了省时、省力、省人，以及产品生产质量和生产效率的双提升；同时作为一个统一的信息系统，油气生产信息、销售信息形成良性反馈，有助于运营决策。中国石油已明确数字化转型、智能化发展路线图：到 2025 年，数字化转型取得实质进展，基本建成"数字中国石油"；到2035 年，全面实现数字化转型，智能化发展取得显著成效，全面建成"数字中国石油"；到21 世纪中叶，全面实现智能化发展，建成"智慧中国石油"。中国石化也大力推进数字化转型、智能化提升工作，"数据＋平台＋应用"新模式成效显著，多项成果达到业内领先水平，获得一系列成果奖项。2022 年，北京石油、河北石油为冬奥车队提供了"不下车、不开窗、不接触"加油加氢服务，中国石化主持的"数字孪生智能乙烯工厂"项目入选科技部十大人工智能应用场景；业务驱动的数字化转型实践经验获全国企业管理现代化创新成果一等奖，一体化投资优化与管控共享平台获 2022 年度 IDC（互联网数据中心）中国未来企业大奖优秀奖，智能合同服务获评"2022 产业智能化先锋案例"，数据服务平台获评 DAMA（国际数据管理协会）中国最佳数据治理优秀产品奖。

最后，节能减排管理机制方面仍存在提升空间。当前部分石油化工企业的节能减排工作多以短期项目形式开展，尚未形成系统、完善的长效管理机制。长效管理机制的构建，离不开一支既拥有丰富实战经验又掌握先进技术的专业管理团队的支撑。然而，在实际操作中，管理与技术之间存在一定程度的脱节现象，部分管理人员在技术知识与实战经验上有所欠缺，这在一定程度上影响了节能减排工作的有效推进。未来，企业应从人、财、物三个维度出发，制定更为科学、合理的节能减排工作计划，特别是注重人才的挖掘与培养，通过定期培训、技术交流等方式，不断提升管理团队的专业能力和技术水平，努力打造一支既懂管理又懂技术的专业节能减排队伍。随着管理机制的逐步完善和管理团队专业能力的不断提升，石油化工企业将能够更好地平衡经济效益与环境保护的关系，实现节能减排工作的长期稳定推进，为企业的可持续发展奠定坚实基础。

三、加强低-零-负碳技术研发

低碳指更低的温室气体（二氧化碳为主）排放。零碳，不是没有二氧化碳排放，而是通过碳捕集、利用与封存技术将碳固定下来。负碳是指以吸收转化利用二氧化碳为主，使二氧化碳这一主要温室气体的排放量得到有效的控制。2021 年教育部印发《高等学校碳中和科技创新行动计划》，指出要加快碳减排关键技术攻关，加快碳零排关键技术攻关，加快碳负排关键技术攻关。

针对碳减排关键技术（低碳），要围绕化石能源绿色开发、低碳利用、减污降碳等开展技术创新，重点加强多能互补耦合、低碳建筑材料、低碳工业原料、低含氟原料等源头减排关键技术开发；加强全产业链/跨产业低碳技术集成耦合、低碳工业流程再造、重点领域效率提升等过程减排关键技术开发；加强减污降碳协同、协同治理与生态循环、二氧化碳捕集/运输/封存以及非二氧化碳温室气体减排等末端减排关键技术开发。

针对碳零排关键技术（零碳），要开发新型太阳能、风能、地热能、海洋能、生物质能、核能等零碳电力技术以及机械能、热化学、电化学等储能技术，加强高比例可再生能源并网、特高压输电、新型直流配电、分布式能源等先进能源互联网技术研究。开发可再生能源/资源制氢、储氢、运氢和用氢技术以及低品位余热利用等零碳非电能源技术。开发生物质利用、氨能利用、废弃物循环利用、非含氟气体利用、能量回收利用等零碳原料/燃料替代技术。开发钢铁、化工、建材、石化、有色等重点行业的零碳工业流程再造技术。

针对碳负排关键技术（负碳），加强二氧化碳地质利用、二氧化碳高效转化燃料化学品、直接空气二氧化碳捕集、生物炭土壤改良等碳负排技术创新；研究碳负排技术与减缓和适应气候变化之间的协同关系，引领构建生态安全的负排放技术体系；攻关固碳技术核心难点，加强森林、草原、湿地、海洋、土壤、冻土的固碳技术升级，提升生态系统碳汇。

我国石化行业产业链较长，产业链各环节都面临通过技术创新推动碳减排、实现低碳发展的目标任务，其中既包括本行业自身生产过程中所用到的技术，例如碳捕集、利用与封存（CCUS），制氢技术，生物质化学品技术，废弃化学品循环利用技术以及先进节能技术等，也包括外部相关行业的技术，例如绿电供应等。目前我国自主开发的多数低碳技术仍处于示范甚至概念阶段，与行业内国际领先水平仍有差距。2020年全球21个大规模CCUS商业化运营项目中，美国占43%，中国还比较少，储氢材料、风/光等可再生电力相关设备仍依赖进口。技术创新的重要性将在此过程中得到充分体现。

四、积极参加碳市场交易

碳交易是温室气体排放权交易的统称，在《京都协议书》要求减排的6种温室气体中，二氧化碳为最大宗，因此，温室气体排放权交易以每吨二氧化碳当量为计算单位。在排放总量控制的前提下，包括二氧化碳在内的温室气体排放权成为一种稀缺资源，从而具备了商品属性。联合国政府间气候变化专门委员会通过艰难谈判，于1992年5月9日通过《联合国气候变化框架公约》（简称《框架公约》）。1997年12月于日本京都通过了《框架公约》的第一个附加协议，即《京都议定书》。《京都议定书》把市场机制作为解决以二氧化碳为代表的温室气体减排问题的新路径，即把二氧化碳排放权作为一种商品，从而形成了二氧化碳排放权的交易，简称碳交易。

碳交易市场通过碳排放权的交易达到控制碳排放总量的目的。通俗来讲，就是把二氧化碳的排放权当作商品进行买卖，需要减排的企业会获得一定的碳排放配额，成功减排可以出售多余的配额，超额排放则要在碳市场上购买配额。举个简单的例子，某企业每年的碳排放配额为1万吨，如果企业通过技术改造，将碳排放量减少至8000吨，那么多余的2000吨就可以在碳市场上出售。而其他企业因为扩大生产需要，原定的碳排放配额不够用，就可以在市场上购买这些被出售的额度。这样既控制了碳排放总量，又能鼓励企业通过优化能源结构、提升能效等手段实现减排。

在碳市场建设方面，目前难以形成全球性的碳交易市场，当前阶段以区域性的碳市场建设为主，如欧盟的温室气体排放贸易机制（EU-ETS）、美国的区域温室气体减排行动（RGGI）、澳大利亚新南威尔士州的温室气体减排计划（NSW-GGAS）和我国的碳交易市场等等，墨西哥与韩国也都通过了综合性的气候法案，为未来的市场化机制打下了基础。

我国碳交易市场于2021年7月16日开市上线，其纳入的首批企业碳排放量超过40亿吨二氧化碳，意味着中国的碳排放权交易市场一经启动，就成了全球覆盖温室气体排放量规模最大的碳市场。全国碳交易市场首批仅纳入电厂企业，目前覆盖范围已从单一的电力行业扩展到高耗能、高排放的工业行业，包括钢铁、水泥和铝冶炼行业。从前期以及目前碳市场的动作来看，石化行业已经活跃在碳市场前线，而随着碳市场建设进度加快，石化行业纳入碳市场也将不再遥远。值得注意的是，在7月16日全国碳市场上线当天，首批成交企业中"两桶油"的身影格外引人关注。中石油、中石化之所以积极参与碳市场交易，一方面是因为企业自有电厂被纳入首个履约周期中，另一方面也是为石化行业纳入碳市场做准备。

近年来，随着全球能源转型速度加快，国际能源、石化"巨头"在低碳和转型方面也加大了力度，加快了速度；同时，国内大型石化企业也在不同领域以不同方式关注和助力我国"双碳"目标的推进。

从国际企业来看，BP（英国石油公司）在近年来的企业报告和能源展望中，分别表示了自己将"未来十年减少油气产量40%""告别石油，完成绿色转型""2050年实现净零排放"，由"IOC"（生产资源的国际石油公司）转为"IEC"（为客户提供解决方案的综合能源公司）。2021年7月21日，BP和沃尔沃汽车亚太共同宣布，双方将作为战略合作伙伴，在中国推进"净零";雪佛龙计划全面削减产品制造过程中的碳排放,到 2035 年将销售产品的碳足迹减少 30%,到 2050 年将减少 65%;壳牌则宣布将"全产业链参与综合电力服务和氢能布局";道达尔与合作伙伴将一起实施"未来能源联盟"以及"到达零联盟"计划等。

国内企业方面,中石油宣布未来十年减少油气产量 40%,持续加强碳排放管理,加大碳交易与低碳技术研发力度,积极发展碳捕集、利用与封存,联合中石化、中海油、国家管网、北京燃气、华润燃气和新奥能源成立甲烷控排联盟,积极向社会供应绿色能源;中石化则提出建设碳中和加油站,围绕"一基两翼三新"战略,布局氢能产业、光伏电站,力争比国家提前 10 年实现碳中和,并提出打造发展"油气氢电服"综合加能站等;中海油也提出成立碳中和研究所、布局氢能产业等。

可以看出,在气候问题和能源转型双重推动下,国内外能源、石化企业都在做不同的努力和转型,主要的转型方向可以归纳为绿色能源(氢能、风光电等)、CCUS、能源规划信息服务等。值得注意的是,这些转型和前期布局并不意味着企业主营业务的"急转弯",而是面对"双碳"目标和碳市场做的提前准备和"抢跑"。这样做一方面表明企业勇于承担社会责任;另一方面,在未来石化行业纳入碳市场后,绿色低碳业务可用于抵扣碳排放配额,以及作为自愿减排凭证(CCER)进行交易,也是企业降低成本、创造收益的一种重要方式。

碳市场对石油石化企业不仅是挑战,也能带来发展机遇。因此这是我国石油石化企业中长期业务规划必须考虑的重要因素之一,同时也应该努力做到以下几点。

一是深刻把握碳资产管理的意义。开展碳资产管理,不仅能提高企业的管理效率,而且还能减少企业运营成本并增加盈利。在低碳时代,企业必须实现低碳化,以较小的成本获得更大收益。通过各种各样的工具、产品以及手段将管理风险最小化,发现机会、提升碳资产价值,是碳资产管理的最终目的。随着碳资产概念的不断深入,在企业中必然会形成新一轮的优胜劣汰,具备低碳优势的企业将逐步胜出。

二是建立建设项目碳成本决策机制。石油石化企业应参照国内外相关经验和碳市场运行状况,研究设定适合企业投资管理的碳成本水平,将碳成本纳入新改扩建项目、股权投资、并购收购项目等投资决策过程,同时对现有资产开展碳价压力测试。

三是在全国碳交易市场暂时还未覆盖的业务领域,例如油气生产领域,大型企业集团可以考虑发展内部碳交易体系,涵盖甲烷等特征温室气体,鼓励内部企业自愿采取碳减排行为,并获得相应收益,从而形成低碳发展良好氛围,适应未来发展趋势。

思考题

1. 试述我国石油化工行业的碳排放现状。
2. 如何计算石油化工行业碳排放量?
3. 石油化工行业的碳中和路径有哪些?

第七章

钢铁行业的碳排放及碳中和

本章将在梳理钢铁行业发展现状、钢铁行业碳排放特点、钢铁行业碳排放核算方法的基础上，讨论钢铁行业的高质量发展方向，以及能源结构清洁低碳化、压缩粗钢产量和产能、优化工艺流程和原料、强化全系统能效管理、推动钢铁业技术创新等碳中和路径。

第一节　我国钢铁行业的发展现状

一、钢铁工业的行业地位

我国是钢铁生产和消费大国，粗钢产量连续多年居世界第一。进入 21 世纪以来，我国钢铁产业快速发展，2010—2013 年粗钢产量整体呈现上升趋势，年均增长率 3.75%。世界钢铁协会发布的《2024 年世界钢铁统计数据》显示，2023 年全球粗钢产量为 18.92 亿吨，同比增长 0.11%。2023 年中国粗钢产量达到 10.19 亿吨，产量占全球的比例从 2022 年的 53.92% 下降至 53.86%。从生产路径看，2023 年全球转炉钢产量占比为 71.10%，电炉钢占比为 28.60%，分别较 2022 年下降 0.56 个百分点和上升 1.42 个百分点。2023 年全球平均连铸比为 96.70%，同比下降 0.20 个百分点。2023 年全球钢材出口量为 4.35 亿吨，同比上升 7.94%；出口量占产量的比例为 24.70%，较 2022 年上升 1.80 个百分点。从表观消费量来看，2023 年全球成品钢材表观消费量为 17.63 亿吨，同比减少 1.12%，大多数列入统计的国家，成品钢材表观消费量均有不同程度下降，其中中国成品钢材表观消费量由 2022 年的 9.27 亿吨降至 8.96 亿吨，下降 3.34%。2023 年中国钢材表观消费量占全球的比重为 50.82%，较 2022 年下降 1.17 个百分点。钢铁产业有力支撑和带动了相关产业的发展，促进了社会就业，对保障国民经济又好又快发展做出了重要贡献。

二、钢铁行业的布局现状

我国钢铁工业的布局，早期遵循靠近原材料地的原则，随着交通运输条件和冶炼技术水平的不断提高，开始向钢铁消费市场靠近，最终在世界经济一体化的大背景下，向沿海地区布局成为趋势，政府的政策干预也起到了举足轻重的作用。

我国的钢铁工业布局遍布全国，相对集中于沿海地区。目前我国形成了鞍本钢铁基地，京、津、唐钢铁基地，上海钢铁基地，武汉钢铁基地，攀枝花钢铁基地，包头钢铁基地，太原钢铁基地，马鞍山钢铁基地，重庆钢铁基地等九大钢铁工业基地。我国的钢铁工业布局总体上形成了"沿海-内地-沿海"型的综合分布格局。

钢铁行业规模化以及布局合理是未来主要战略规划的重要因素。钢铁行业重组是大趋势。提高产业集中度，使产品升级和区域产能分布更加合理化，是淘汰低效产能的有效途径。产业集中重组，可增加有竞争力的钢铁企业产品供给，减少在合规产能范围内但市场竞争力小的产品产量，实现钢铁资源效率最大化。

三、钢铁行业的结构现状

近些年，钢铁行业产品结构不合理主要表现在低端产品产量过剩和高技术含量及高附加值钢材产品产量明显不足。我国钢材产量靠前的产品主要是钢材、钢筋、线材、中厚宽钢带等。钢材资源没有得到充分利用，普通钢材市场份额较大。钢铁产品优势不足，科技能力和创新能力并不突出，需进一步优化我国钢铁行业产品的结构。主要表现在：

钢铁产量大且仍在增长。从 1996 年起，我国钢铁行业产能、产量就一直位居世界第一。《2024 年世界钢铁统计数据》显示，2023 年中国粗钢产量达到 10.19 亿吨，占全球的一半以上。在需求的带动下，国内钢铁产量仍在增长，2023 年粗钢产量同比增幅为 1.07%。

钢材生产主要采用高碳排放工艺。《2024 年世界钢铁统计数据》显示，2022 年全球粗钢生产中电炉工艺产量占比约为 28.6%，转炉工艺产量占比约为 71.1%。中国的电炉钢比例不足 10%，远低于世界平均水平，过度依赖高碳排放的高炉-转炉工艺为中国钢铁行业碳减排任务带来巨大挑战。尽管产业政策鼓励采用电炉法炼钢，但是国内废钢原料的供应量有限，从 2017 年开始废钢进口也受到管制，电炉法生产在原材料供应上遇到很大瓶颈。以当前条件，想要提高电炉工艺的占比十分困难。

第二节　我国钢铁行业碳排放特点

一、钢铁行业碳排放总量

钢铁工业是能源密集型的高碳排放行业，从全球来看，钢铁行业 CO_2 排放总量占全球 CO_2 排放总量的 7%～9%，而中国作为世界上最大的钢铁生产国和消费国，钢铁行业 CO_2 排放量占中国全社会 CO_2 排放总量的 15%，仅次于电力行业。

钢铁行业的生产有两个流程，即高炉-转炉流程、电炉流程。高炉-转炉流程称为长流程，生产的钢称为转炉钢，它以铁矿石和焦炭为主要原料冶炼成铁水，再由转炉冶炼成钢，碳排放较高；电炉流程称为短流程，生产的钢称为电炉钢，它以废钢为主要原料冶炼成钢，以电力为能源介质，利用电弧热效应，将废钢熔化为钢水，实现了"以电代煤"，具有良好的降碳效应。我国的钢铁生产以碳排放较高的长流程为主，2023 年，我国粗钢产量为 10.19×10^8 t，其中短流程占比约为 9.7%，远远低于世界平均水平 28.6%，而美国则达到了 69%。据悉，长流程碳排放量（以粗钢质量计）约为 1.8～3.2t/t，短流程碳排放量约为 0.4～0.8t/t。而我国钢铁行业长流程占比约 90.3%，高炉炼铁的碳排放占钢铁工业碳排放总量的 70% 左右。以长流程的高炉生产为主造成了我国钢铁行业碳排放仍旧以焦炭、焦炉煤气和煤为主要排放源的现状。

二、钢铁行业碳排放强度

钢铁行业的碳排放强度通常表示为生产单位质量粗钢而产生的二氧化碳的排放量，计算公式如式（7-1）所示：

$$碳排放强度＝二氧化碳排放量÷粗钢产量 \tag{7-1}$$

钢铁行业碳排放强度越低，表明生产单位质量粗钢的碳排放量越小，企业的节能降碳效果越显著。世界钢铁协会发布的《可持续发展指标报告 2024 年版》指出，2023 年全球钢铁行业二氧化碳排放强度达到 1.92t/t，同比持平。我国钢铁行业吨钢碳排放量平均为 2.03t，虽然明显高于世界平均水平，但这主要是粗钢生产工艺的结构性差异造成的，我国转炉粗钢生产量占比约为 90%，远高于世界平均水平。

不同生产工艺的吨粗钢碳排放量有显著差异。转炉工艺以铁矿石为原料，二氧化碳排放主要来自烧结、高炉两道工序；电炉工艺中，以废钢合金为原料，整个冶炼过程中的温室气体排放主要来源于废钢中的碳以及发热用石墨电极自身氧化产生的二氧化碳排放。转炉吨钢碳排放量要远大于电炉，《2024 年世界钢铁统计数据》显示，高炉-转炉工艺的平均 CO_2 强度为 2.33，以直接还原铁为原料的电炉流程平均 CO_2 强度为 1.37，以废钢为原料的电炉流程平均 CO_2 强度仅为 0.68。

三、钢铁行业的碳排放量核算

钢铁行业的碳排放核算范围为企业法人或视同法人的独立核算单位，包括主要生产系统、辅助生产系统以及直接为生产服务的附属生产系统，辅助生产系统包括动力、供电、供水、化验、机修、库房、运输等，附属生产系统包括生产指挥系统（厂部）和厂区内为生产服务的部门和单位（如职工食堂、车间浴室、保健站等）。

钢铁行业的碳排放包括五部分，即化石燃料燃烧过程排放，工艺过程排放，企业购入的热力、电力排放，固碳产品隐含的碳排放，输出的电力、热力隐含的碳排放，计算公式为：

$$E＝E_{燃烧}＋E_{过程}＋E_{购入电}＋E_{购入热}－E_{固碳}－E_{输出电}－E_{输出热} \tag{7-2}$$

式中　E——二氧化碳排放总量，tCO_2；

$E_{燃烧}$——化石燃料燃烧产生的碳排放量，tCO_2；

$E_{过程}$——工艺生产过程的碳排放量，tCO_2；

$E_{购入电}$——购入的电力消费对应的碳排放量，tCO_2；

$E_{购入热}$——购入的热力消费对应的碳排放量，tCO_2；

$E_{固碳}$——企业固碳产品对应的碳排放量，tCO_2；

$E_{输出电}$——输出的电力对应的碳排放量，tCO_2；

$E_{输出热}$——输出的热力对应的碳排放量，tCO_2。

（一）燃料燃烧产生的碳排放

此处所指的燃料包含两部分：一是钢铁生产过程中各种固定源设备燃烧化石燃料产生的碳排放，如焦炉、烧结机、高炉、工业锅炉等；二是厂区内与生产相关的移动源设备产生的碳排放，如厂区内运输车辆、搬运设备等。计算公式如式（7-3）所示。

$$E_{燃烧} = \sum_{i=1}^{n} (AD_i \times EF_i)$$ (7-3)

式中　AD_i——核算和报告期内第 i 种燃料的活动数据，GJ；

　　　EF_i——第 i 种化石燃料的二氧化碳排放因子，t/GJ；

　　　i——消耗燃料的类型。

活动数据由核算和报告期内各种燃料的消耗量和平均低位发热量决定，计算公式如式（7-4）所示。

$$AD_i = NCV_i \times FC_i$$ (7-4)

式中　NCV_i——核算和报告期内第 i 种化石燃料的平均低位发热量，固体/液体燃料单位为 GJ/t，气体燃料单位为 $GJ/10^4 m^3$；

　　　FC_i——核算和报告期内第 i 种化石燃料的消耗量，固体/液体燃料单位为 t，气体燃料单位为 $10^4 m^3$。

化石燃料的消耗量计算公式如式（7-5）所示。

消耗量＝购入量＋（期初库存量－期末库存量）－钢铁生产之外的其他消耗量－外销量

(7-5)

其中，购入量、外销量按照采购单、销售凭证来确定，库存数量变化按照计量工具读数或者其他符合要求的方法来确定，钢铁生产之外的其他消耗量按照企业能源平衡表来确定。

化石燃料的低位发热量可采用实测值或者推荐值。实测值需委托有资质的专业检测机构进行，推荐值可借鉴《温室气体排放核算与报告要求　第 5 部分：钢铁生产企业》附录 B 表 B.1。

二氧化碳排放因子计算公式如下。

$$EF_i = CC_i \times OF_i \times \frac{44}{12}$$ (7-6)

式中　CC_i——第 i 种燃料的单位热值含碳量，t/GJ；

　　　OF_i——第 i 种燃料的碳氧化率，%。

（二）工艺生产过程产生的碳排放

工艺生产过程的碳排放可分为三部分，即熔剂消耗产生的碳排放、电极消耗产生的碳排放、原料消耗产生的碳排放，计算公式如式（7-7）所示。

$$E_{过程} = E_{熔剂} + E_{电极} + E_{原料}$$ (7-7)

式中　$E_{熔剂}$——熔剂消耗产生的碳排放量，tCO_2；

　　　$E_{电极}$——电极消耗产生的碳排放量，tCO_2；

　　　$E_{原料}$——原料消耗产生的碳排放量，tCO_2。

熔剂消耗产生的二氧化碳排放量计算公式如式（7-8）所示。

$$E_{熔剂} = \sum_{i=1}^{n} P_i \times DX_i \times EF_i$$ (7-8)

式中　P_i——核算和报告期内第 i 种熔剂的消耗量，t；

　　　DX_i——核算和报告年度内第 i 种熔剂的平均纯度，%；

EF_i——第 i 种熔剂的二氧化碳排放因子，t/t；

　　i——消耗熔剂的种类，如白云石、石灰石等。

电极消耗产生的二氧化碳排放量计算公式如式（7-9）所示。

$$E_{电极} = P_{电极} \times EF_{电极} \tag{7-9}$$

式中　$P_{电极}$——核算和报告期内电炉炼钢及精炼炉等消耗的电极量，t；

　　$EF_{电极}$——电炉炼钢及精炼炉等所消耗电极的二氧化碳排放因子，t/t。

外购生铁等含碳原料消耗产生的二氧化碳排放计算公式如式（7-10）所示。

$$E_{原料} = \sum_{i=1}^{n} M_i \times EF_i \tag{7-10}$$

式中　M_i——核算和报告期内第 i 种含碳原料的购入量，t；

　　EF_i——第 i 种购入含碳原料的二氧化碳排放因子，t/t；

　　i——外购含碳原料类型，如生铁、铁合金、直接还原铁等。

含碳原料的二氧化碳排放因子可采用实测法或者推荐值。实测法需委托有专业资质的检测机构，推荐值可借鉴《温室气体排放核算与报告要求　第 5 部分：钢铁生产企业》附录 B 表 B.2。

（三）外购或输出的电力、热力消费对应的碳排放

对于外购的电力对应的电力生产环节产生的二氧化碳排放量，计算公式如式（7-11）所示。

$$E_{购入电} = AD_{购入电} \times EF_{购入电} \tag{7-11}$$

式中　$AD_{购入电}$——核算和报告年度内的购入电量，MW·h；

　　$EF_{购入电}$——区域电网年平均供电 CO_2 排放因子，t/(MW·h)。

对于输出的电力对应的电力生产环节产生的二氧化碳排放量，计算公式如式（7-12）所示。

$$E_{输出电} = AD_{输出电} \times EF_{输出电} \tag{7-12}$$

式中　$AD_{输出电}$——核算和报告年度内的输出电量，MW·h；

　　$EF_{输出电}$——区域电网年平均供电 CO_2 排放因子，t/(MW·h)。

购入和输出的电力活动数据以电表、电费发票或者结算单等凭证为依据；供电排放因子可依据国家主管部门公布的相应区域电网排放因子进行计算。

对于外购的热力对应的热力生产环节产生的二氧化碳排放量，计算公式如式（7-13）所示。

$$E_{购入热} = AD_{购入热} \times EF_{购入热} \tag{7-13}$$

式中　$AD_{购入热}$——核算和报告年度内的外购热力，GJ；

　　$EF_{购入热}$——年平均供热 CO_2 排放因子，t/GJ。

对于输出的热力对应的热力生产环节产生的二氧化碳排放量，计算公式如式（7-14）所示。

$$E_{输出热} = AD_{输出热} \times EF_{输出热} \tag{7-14}$$

式中　$AD_{输出热}$——核算和报告年度内的输出热力，GJ；

$EF_{输出热}$——年平均供热 CO_2 排放因子，t/GJ。

购入和输出的热力活动数据以企业热力表记录数据、供应商提供的热力费发票或者结算单数据为准。

(四)固碳产品隐含的碳排放

固碳产品隐含的二氧化碳排放量计算公式如式（7-15）所示。

$$E_{固碳} = \sum_{i=1}^{n} AD_{固碳i} \times EF_{固碳i} \qquad (7\text{-}15)$$

式中　$AD_{固碳i}$——第 i 种固碳产品的产量，t；

　　　$EF_{固碳i}$——第 i 种固碳产品的二氧化碳排放因子，t/t。

　　　i——固碳产品的种类（生铁、粗钢等）。

核算和报告期内固碳产品的产量依据产品的销售量、库存变化量进行计算，计算公式如式（7-16）所示。销售量可依据销售凭证数据确定，库存变化量依据计量工具读数等方法确定。

$$产量 = 销售量 + （期末库存量 - 期初库存量） \qquad (7\text{-}16)$$

生铁的二氧化碳排放因子可参考《温室气体排放核算与报告要求　第 5 部分：钢铁生产企业》附录 B 表 B.2 中的推荐值，粗钢可参考表 B.3 中的推荐值；固碳产品的排放因子可采用理论摩尔质量比计算得出。

四、钢铁行业的碳减排潜力

总的来说，中国钢铁行业碳排放总量大，碳排放强度较高，急需通过升级生产设备、提高中小企业的能源利用率、加强二次能源回收等提高整体能源效率。

袁晓玲等通过对碳排放峰值预测情景的设定，基于 STIRPAT 模型，采用岭回归法分析未来中国社会经济发展中的经济发展、人口规模、能源消耗等来确定未来钢铁行业的变量涨跌幅，得出基准情景、低碳情景、高耗能情景下的碳排放量，如图 7-1 所示。通过比较低碳与基准情景的达峰时间，可以分析钢铁行业的减排潜力。钢铁行业的减排潜力相对较大，为4.34 亿吨，可提前 4 年达峰。但若对钢铁行业的碳排放管理稍有放松，就会导致达峰时间的推迟和峰值的飙升。

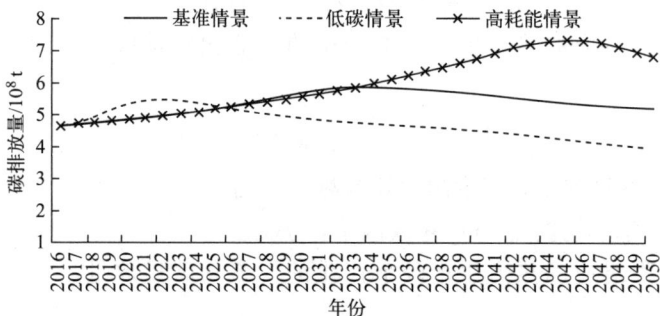

图 7-1　钢铁行业碳排放峰值预测趋势

（资料来源：袁晓玲. 中国工业部门碳排放峰值预测及减排潜力研究 [J].

统计与信息论坛，2020，35（9）：72-82）

宋晓聪等通过全生命周期评价技术和敏感性分析开展钢铁行业碳减排潜力评估工作，分析出废钢使用量、化石燃料燃烧量、电力碳足迹因子以及清洁运输比例是影响钢铁行业全生命周期碳排放的重点因素。通过优化以上四个方面，当废钢比例由 2020 年的 21.85% 提高到 30% 时，可实现 5.97% 的减碳潜力；应用燃料节能低碳技术，可使钢铁行业全生命周期碳排放降低 19.62%；优化电力结构和推广电力节能低碳技术，可使得钢铁行业全生命周期碳排放降低 4.55%；实施超低改造，当钢铁行业大宗物料清洁运输比例由 74% 提升至 78% 时，钢铁行业全生命周期合计可实现 0.88% 的减碳潜力。

原料获取和加工生产阶段是钢铁行业碳排放的关键环节。推广低碳技术、降低化石燃料使用量、优化原料结构、降低电力碳足迹因子等都对钢铁行业的碳减排有积极影响。因此，对于钢铁行业全生命周期的碳减排，应重点推广节能技术应用，增加非化石能源占比，提高废钢炼钢比例。

第三节　钢铁行业高质量发展导向

一、严控钢铁产能的政策

中国钢铁行业存在产能过剩的现象，主要是由于经济周期性波动、供需不匹配等。中国钢铁行业的产能过剩大多集中在低附加值、低技术含量产品。作为淘汰落后产能和化解过剩产能的重点领域，国家通过发布和修订《产业结构调整指导目录》等引导调整钢铁产业和产品结构，取得积极成效。

为进一步加强钢铁行业管理，规范现有钢铁企业生产经营秩序，根据《国务院办公厅关于进一步加大节能减排力度加快钢铁工业结构调整的若干意见》（国办发〔2010〕34 号）和相关法律法规及政策的规定，工业和信息化部会同有关部门制定了《钢铁行业生产经营规范条件》，为有关部门和金融机构做好促进钢铁企业兼并重组、淘汰落后产能和扶持优势企业发展等工作提供重要依据。

2016 年 2 月 1 日，国务院以国发〔2016〕6 号印发《关于钢铁行业化解过剩产能实现脱困发展的意见》（以下简称《意见》），提出了 2016 年以后一个时期化解钢铁行业过剩产能、推动钢铁企业实现脱困发展的总体要求、主要任务、政策措施，并就加强组织领导、推进组织实施作出了具体部署。《意见》指出，钢铁行业化解过剩产能实现脱困发展，要着眼于推动钢铁行业供给侧结构性改革，坚持市场倒逼、企业主体，地方组织、中央支持，突出重点、依法依规，综合运用市场机制、经济手段和法治办法，因地制宜、分类施策、标本兼治，积极稳妥化解过剩产能，建立市场化调节产能的长效机制，促进钢铁行业结构优化、脱困升级、提质增效。《意见》指出，再压减粗钢产能，钢铁行业兼并重组取得实质性进展，产业结构得到优化，资源利用效率明显提高，产能利用率趋于合理，产品质量和高端产品供给能力显著提升，企业经济效益好转，市场预期明显向好。《意见》要求，要严禁新增产能，对违法违规建设的，要严肃问责。严格执行环保、能耗、质量、安全、技术等法律法规和产业政策，达不到标准要求的钢铁产能要依法依规退出。完善激励政策，鼓励企业通过主动压减、兼并重组、转型转产、搬迁改造、国际产能合作等途径，退出部分钢铁产能。严格执法监管，强化相关法律法规的约束作用。通过推进智能制造、提升品质品牌、研发高端品种、促进绿色发展、扩大市场消费等多种方式，推动行业升级。《意见》明确了加强奖补支持、完善税收政策、加大金融支持、做好职工安置、盘活土地资源等一系列支持钢铁行业化解过剩产能实现脱困发展的政策措施。

现阶段一般钢铁项目的新建都需要获得产能指标，产能置换是指通过退出的钢铁指标统筹或交易以获得新建指标的控制模式。为适应钢铁行业发展新形势，贯彻新发展理念，构建新发展格局，更好地推动高质量发展，按照钢铁煤炭行业化解过剩产能和脱困发展工作部际联席会议安排，工信部对原产能置换实施办法进行修订，出台了《钢铁行业产能置换实施办法》，自 2021 年 6 月 1 日起实施。

二、优化产业布局的政策

我国钢铁产业布局演变始终与国家政策高度相关。从新中国成立到 21 世纪以来，国家在不同时期研究制定并出台了符合各发展阶段特点的钢铁产业政策，积极引导钢铁产业布局不断优化调整，推动钢铁工业快速发展。新中国成立以来，通过建设内陆基地，我国钢铁产业形成依托资源的内陆型布局；改革开放后，大力推进沿海基地建设，发展市场、资源并重的沿海沿江布局；"十三五"以来，我国大力推进钢铁行业供给侧结构性改革，加快推进沿海钢铁基地建设，钢铁产业布局已基本完成。

《钢铁产业发展政策》于 2005 年 7 月 8 日由国家发展和改革委员会发布施行。该政策提出要通过钢铁产业布局调整，形成与资源和能源供应、交通运输配置、市场供需、环境容量相适应的比较合理的产业布局。钢铁产业布局调整要综合考虑矿产资源、能源、水资源、交通运输、环境容量、市场分布和利用国外资源等条件。钢铁产业布局调整，原则上不再单独建设新的钢铁联合企业、独立炼铁厂、炼钢厂，不提倡建设独立轧钢厂，必须依托有条件的现有企业，结合兼并、搬迁，在水资源、原料、运输、市场消费等具有比较优势的地区进行改造和扩建。新增生产能力要和淘汰落后生产能力相结合，原则上不再大幅度扩大钢铁生产能力。重要环境保护区、严重缺水地区、大城市市区，不再扩建钢铁冶炼生产能力，区域内现有企业要结合组织结构、装备结构、产品结构调整，实施压产、搬迁，满足环境保护和资源节约的要求。从矿石、能源、资源、水资源、运输条件和国内外市场考虑，大型钢铁企业应主要分布在沿海地区。内陆地区钢铁企业应结合本地市场和矿石资源状况，以矿定产，不谋求生产规模的扩大，以可持续生产为主要考虑因素。

为促进钢铁工业"十四五"时期高质量发展，2022 年 1 月工业和信息化部、国家发展改革委、生态环境部三部委共同下发《关于促进钢铁工业高质量发展的指导意见》（工信部联原〔2022〕6 号），提出优化产业布局结构的目标和发展方向。鼓励重点区域提高淘汰标准，淘汰步进式烧结机、球团竖炉等低效率、高能耗、高污染工艺和设备。鼓励有环境容量、能耗指标、市场需求、资源能源保障和钢铁产能相对不足的地区承接转移产能。未完成产能总量控制目标的地区不得转入钢铁产能。鼓励钢铁冶炼项目依托现有生产基地集聚发展。对于确有必要新建和搬迁建设的钢铁冶炼项目，必须按照先进工艺装备水平建设。现有城市钢厂应立足于就地改造、转型升级，达不到超低排放要求、竞争力弱的城市钢厂，应立足于就地压减退出。统筹焦化行业与钢铁等行业发展，引导焦化行业加大绿色环保改造力度。

三、推进绿色低碳的政策

当前，绿色低碳发展是钢铁行业转型升级发展的重中之重，钢铁行业应持续推进绿色低碳和超低排放改造，并在碳排放管理、能源结构调整、氢冶金应用等方面积极行动，推动我国钢铁行业实现绿色低碳转型。

2017 年工信部、商务部、科技部联合下达了《关于加快推进再生资源产业发展的指导意见》，指出废钢铁作为再生资源的重点领域，要求结合各地区钢铁产能和废钢资源量，合理规划废钢加工配送企业布局，保障区域市场稳定和资源供应。继续加强废钢铁加工行业规范管理，健全废钢铁产品标准体系，推动完善废钢利用产业政策和税收政策，促进钢铁企业多用废钢。

《关于促进钢铁工业高质量发展的指导意见》中提出，深入推进绿色低碳，落实钢铁行业碳达峰实施方案，统筹推进减污降碳协同治理。支持建立低碳冶金创新联盟，制定氢冶金行动方案，加快推进低碳冶炼技术研发应用。支持构建钢铁生产全过程碳排放数据管理体系，参与全国碳排放权交易。开展工业节能诊断服务，支持企业提高绿色能源使用比例。全面推动钢铁行业超低排放改造，加快推进钢铁企业清洁运输，完善有利于绿色低碳发展的差别化电价政策。积极推进钢铁与建材、电力、化工、有色等产业耦合发展，提高钢渣等固废资源综合利用效率。大力推进企业综合废水、城市生活污水等非常规水源利用。推动绿色消费，开展钢结构住宅试点和农房建设试点，优化钢结构建筑标准体系；建立健全钢铁绿色设计产品评价体系，引导下游产业用钢升级。

四、发展智能制造的政策

2025 年中国钢铁工业协会发布了《钢铁行业数字化转型评估报告（2024 年）》，报告显示我国钢铁行业数字化转型步伐加快。截至 2024 年，已有 95.1% 的企业建设和应用工业互联网平台，主要用于生产过程管控；82.9% 的企业已开始探索大数据模型应用，主要应用在工艺过程优化和产品质量性能预测方面。

为贯彻落实《国家标准化发展纲要》，切实发挥标准对推动智能制造高质量发展的支撑和引领作用，工业和信息化部、国家标准化管理委员会共同组织制定了《国家智能制造标准体系建设指南（2021 版）》，针对钢铁行业特点提出了相关标准和重点研制需求。

工信部 2021 年发布《"十四五"信息化和工业化深度融合发展规划》，指出钢铁行业重点聚焦设备维护低效化、生产过程黑箱化、下游需求碎片化、环保压力加剧化等痛点，以工艺优化为切入点，加速向设备运维智能化、生产工艺透明化、供应链协同全局化、环保管理清洁化等方向数字化转型。

为系统提升企业智能制造水平，2024 年，工信部、国务院国有资产监督管理委员会、中华全国工商业联合会等三部门联合印发了《制造业企业数字化转型实施指南》。同年，工信部、国家发展改革委等九部门联合印发《原材料工业数字化转型工作方案（2024—2026 年）》。其中，附件 2《钢铁行业数字化转型实施指南》从数字基础、数字赋能、示范效应三大方面进一步深化细化了钢铁行业数字化转型发展的主要目标，并明确了夯实数字化支撑体系、筑牢数字化转型基础、深化数字化赋能提升、丰富数字化供给生态四大重点任务以及十项具体工作，提出 2026 年我国钢铁行业关键工序数控化率达到 80%，生产设备数字化率达到 55%，3D 岗位机器换人率达到 40%，为钢铁行业实现数字化转型提供了方向指引。

第四节　我国钢铁行业碳中和路径

一、能源结构清洁低碳化

钢铁行业能源结构以化石能源——煤为主，在这样的情况下，我国钢铁行业面临的能源转型压力比其他行业更大。节约能源、减少能源需求是实现低碳能源转型的基础，而实现低碳能源需要增加清洁能源占比，必须通过能源转型革命占领能源领域制高点，通过低碳能源转型形成巨大市场，促进新能源产业发展。

随着工业化进程推进，废钢资源逐步积累，发展电炉炼钢短流程是必然趋势。《中国钢铁工业节能低碳发展报告（2020）》显示，和欧美、日韩等传统钢铁强国相比，我国电炉钢占比严重偏低，造成我国平均吨钢综合能耗指标和这些国家相比，在结构用能上差距巨大。

在 2030 年碳排放达峰背景下，钢铁行业必须加快转型，进一步提高新能源使用比例，提高电炉钢占比，加强氢能冶金等低碳冶金革命性工艺变革。未来，随着我国钢铁产业进一步向碳排放峰值区中后期发展，国家产能置换、环保、土地、财政等政策倾斜，废钢资源、电力等支撑条件逐步完善以及碳排放权强制性约束作用逐渐增强，电炉钢比例将开始逐步回升，特别是环境敏感地区和"2＋26"城市❶的城市钢厂、城市周边钢厂技改中，新建电炉钢比例将更高。

总之，钢铁工业走转型升级、低碳绿色发展之路是必然趋势，电炉短流程炼钢将成为我国钢铁行业"十四五"期间重点政策鼓励方向之一。

二、压缩粗钢产量和产能

在 2030 年"碳达峰"和 2060 年"碳中和"的目标约束下，钢铁行业将面临绕不开的挑战，必须坚决压缩粗钢产量。

国家统计局数据显示，2023 年，我国粗钢产量为 102885.97 万吨，2023 年粗钢产量前 10 位的省份分别为河北、江苏、山东、辽宁、山西、广东、安徽、广西、湖北、福建。

粗钢产量压减作为深化钢铁行业供给侧结构性改革的重要举措，是产能产量双控的重要一环，在抑制进口铁矿石价格快速上涨、推动企业转型升级等方面已经取得了积极成效。另外，从节能减排方面看钢铁产量的压缩，要求冶炼能力要大幅压缩，工业和信息化部正在配合国家有关部门制定规划。

在压减粗钢产量的过程中，要提高标准，提高产品性能，在总量不变的情况下，进一步降低单位用钢量。在减量过程中，更要寻求集约式发展。分散度高、原料和能源对外依存度高等问题都有待进一步解决。

结合双碳目标约束、能耗双控加严，以及产能产量双控等相关政策，产量压减可有效抑制进口铁矿石价格过快上涨，持续提高行业利润，升级加速企业转型，进一步提升产业集中度。继续调控产量，有利于钢铁行业进一步深化供给侧结构性改革，有利于巩固粗钢产量压减工作成果，有利于降低能耗双控压力，对钢铁行业尽早实现碳达峰有积极作用。

从中长期看，实施产能产量双控是钢铁行业立足新发展阶段、贯彻新发展理念、构建新

---

❶ 指京津冀大气污染传输通道城市，包括北京市、天津市和另外 26 个城市。

发展格局的必然要求。

在未来钢铁行业粗钢产量调控工作中，应充分总结粗钢产量压减工作的成效，进一步优化产量调控模式、调控区域、调控数量，研究细化调控原则，合理把握调控节奏，有效促进钢铁行业市场平稳顺利运行。通过连续实施粗钢产能产量双控政策，切实加快行业节能减排、转型升级、结构调整、提质增效，进一步提升产业集中度，为钢铁行业如期实现碳达峰目标奠定基础，为钢铁行业持续推进高质量发展做出贡献。

三、优化工艺流程和原料

在钢铁生产的转炉炼钢工艺过程中，钢铁料消耗占比较大，对转炉炼钢过程有着重要的影响。影响炼钢工艺过程中钢铁料消耗的主要因素包括以下五个方面。第一，高炉铁水成分的影响。高炉供给的铁水中包含大量的 Fe、C、Si、Mn、P、S 等元素以及铁水渣。第二，混铁炉倒罐工序过程中，铁水进出混铁炉会产生一定的物理损耗。第三，在炼钢工艺过程中，一般都投入一定比例的废钢，废钢中的铁和其他杂质的含量势必影响最终的钢铁料消耗。第四，转炉吹炼过程中会产生部分喷溅及含铁粉尘，系统中也有一部分铁尘被带走。除此之外，转炉炉渣中也含有部分铁。第五，连铸工艺流程，钢包中会残留部分钢水，连铸机在生产过程中也会有相应的废坯、尾坯损耗。

降低炼钢过程中钢铁料消耗的主要措施有以下几种。一是严格控制铁水成分和铁水质量。转炉炼钢过程是一个氧化过程，在吹炼时铁水中的 C、Si、Mn、P、S 通过氧化去除。伴随转炉炼钢的过程，钢铁物料会发生一定的损耗。在转炉炼钢中 C、Si 等元素会导致热量不足，致使整个炼钢工艺废钢投加比例减少、铁水消耗量增加，炼钢成本很难降低。二是推行岗位标准化作业，降低生产操作事故概率。在整个炼钢工序过程中，每道环节都严格执行岗位操作标准，降低生产操作事故概率，既能保证炼钢的持续稳定运行，也可大幅度提升钢水产量。首先根据铁水成分和铁水量制定出相应的转炉炼钢装入制度。在生产运行中，混铁炉进出铁水、倒罐都必须配备专业指挥人员，严格精细化操作，避免出现铁水泼洒现象。其次，摇炉和出钢操作也要严格执行工艺规程，可以有效避免钢水出钢不尽而发生损耗。再次，连铸工序严格执行标准化作业指导书，减少由操作引起的各项事故，控制连铸液面和拉速在合理范围之内，严格控制坯头和坯尾的损耗。

优化转炉炼钢工艺的主要收益有以下几方面。一是优化入炉原料结构，提高金属收率。以热量平衡和物质守恒定律为原则，根据铁水条件，制定针对不同铁水温度的废钢加入比例对照表，根据生产情况，不断调整废钢加入比例，确保炼钢过程中的热量，减少因终点温度不达标而造成的补吹现象。二是优化吹炼模式，减少吹炼过程喷溅。炼钢工艺过程中会出现一定的喷溅现象，基本每炉钢都会喷溅一次，这也是影响钢铁料消耗的主要因素。炼钢喷溅造成的钢水损耗大约在 $3\%\sim5\%$。三是减少补吹时间，降低终渣 FeO、TiFe 和 MnFe 含量。为了有效控制钢水中的氧含量和终渣氧化铁含量，采取高拉补吹操作工艺模式，提高合金收率，降低钢水中的杂质含量。四是优化造渣制度，降低冶炼留渣量。在转炉炼钢过程中，每次炼钢结束后，将少部分残渣留在转炉中参与下一次炼钢，可有效降低整个钢铁物料消耗。留渣量应控制在合理范围内，转炉炼钢工艺过程中，造渣量过大也会相应增加钢铁消耗量。在冶炼过程中，对铁水成分做好实时监控，合理控制留渣量和造渣量。应提高初渣氧化铁含量，保证前期除磷效果，在整个冶炼过程中快速完成脱磷，从而减少整个炼钢过程中的造渣量。

四、强化全系统能效管理

钢铁工业是典型的能源资源密集型产业，钢铁工业节能降耗不仅在实现可持续发展战略中承担着重大责任，同时也是引导和推进全社会节约能源、建设节约型社会的有效途径。现代钢铁企业要降低能源消耗，一方面要重视和加大技术投入，主动引进和应用先进的节能减排技术；另一方面要加强自身的"软实力"建设，即深入推进和开展能源精细化管理工作。

能源精细化管理是指用规范化、标准化、系统化、专业化的方法，通过对能源管理要素进行全面梳理，结合钢铁行业实际情况，全方位审视管理现状，加强对能源消耗的管控，提升各工序能源精细化管理程度，降低能源消耗。主要方法如下。一是将能源管理融入制造管理和成本管理的流程，分解节能目标，细化相关措施；二是加强能效因子和能耗源管控，制定控制规范；三是加强能源成本的过程管控，建立和应用基准值分析体系，比较能源介质性价比，寻求替代的清洁能源；四是加强能源计量和统计管理，针对性管控工序能耗；五是强化基础管理和宣传培训工作，将节能工作落实到一线岗位；六是开展能源体系审核，持续改进体系中存在的问题，提出切实可行的节能措施，开发应用更加节能的新装备、新技术、新工艺。

五、推动钢铁业技术创新

《关于促进钢铁工业高质量发展的指导意见》（以下简称《指导意见》）对创新发展也提出了明确要求。"十四五"期间钢铁行业技术创新领域重点发展方向如下。

一是加快构建协同创新生态体系。强化企业创新主体地位，充分调动钢铁产业链上下游创新资源，营造产学研用一体的协同创新生态；积极拓展创新投入的社会化渠道，鼓励行业探索建立创新风险基金，激发全行业创新活力；鼓励有条件的地方在钢铁领域谋划建设区域创新平台，积极争创国家级创新平台；深化人才发展体制机制改革，激发人才创新活力，培育造就更多国际一流的科技领军人才和创新团队。

二是加快实现技术突破和引领。采取"揭榜挂帅"等方式，重点围绕低碳冶金、洁净钢冶炼、高效轧制、基于大数据的流程管控、节能环保等关键共性技术，以及先进电弧炉、特种冶炼、高端检测等通用专用装备和零部件，加大创新资源投入，鼓励关键装备技术集成创新，实现技术突破和引领。

三是加快提升有效供给能力。支持钢铁企业瞄准下游用钢产业升级与战略性新兴产业发展方向，重点发展航空发动机用高温合金、高品质特殊钢、高性能海洋工程用钢、高端装备用特种合金钢、核心基础零部件用钢等"特、精、高"关键品种，力争每年突破5种左右关键短板钢铁材料，持续提升有效供给能力和水平。

四是加快推动钢材产品提质升级。在海工船舶、能源装备、先进轨道交通及汽车、建筑、高性能机械用钢、金属制品等重要产品领域推进质量分级分类评价，着力打造一批"单项冠军"企业和产品，持续提高产品实物质量稳定性、可靠性和耐久性，钢材产品实物质量达到国际先进水平的比例超过60%。

五是加快推动模式与业态创新。鼓励企业从以产品为中心向以客户为中心转变，深入推进以用户为中心的服务型制造，积极探索规模化定制、远程运维服务、网络化协同制造、电子商务等制造业新业态，提升产品和服务附加值。

六是加快实施品牌标准引领创新。鼓励企业通过技术创新和管理创新，牢固树立质量为先、品牌引领意识，加强标准技术体系和创新能力建设，制定发布一批先进适用的行业标准，培育发展一批高水平的团体标准，快速满足市场和创新需求。

思考题

1. 试述我国钢铁行业的发展趋势。
2. 钢铁行业低碳发展的政策支持和碳中和路径有哪些？

第八章

建材行业的碳排放及碳中和

建材行业是我国工业领域三大高耗能行业之一，其中水泥行业是最大碳排放源，直接排放占比超60％。本章讨论了我国建材行业的碳减排路径，包括淘汰落后产能、调整产业结构、新旧动能转换等一系列措施。国家出台了一系列政策，引导建材行业向绿色、低碳、智能、高端、高质量方向发展。

第一节　我国建材行业的发展现状

一、建材工业的行业地位

我国建材行业作为国民经济建设的基础、人民改善居住质量和生活质量的保障、国防战略性产业发展支撑，为提高人民生活水平、全面建设小康社会和建设现代化强国提供了强大的物质基础。建材行业始终肩负着大国基石的重要职责，在全国工业生产中占有重要位置。中国建材工业在规模与转型中呈现"双轨并行"态势。2024年行业总产值突破5万亿元（占全国工业的5％），但能耗高达工业总能耗的13％，水泥等传统产业占比超60％，节能降耗压力显著。2024年绿色化与高端化成为建材行业的核心驱动力——绿色建材出口占比升至35％，光伏玻璃全球产能占比达75％，碳纤维国产化率突破82％；政策推动下，行业万元工业增加值能耗较2020年下降10.3％，并计划2025年绿色建材产值占比超40％、装配式建筑占比提升至30％。建材行业挑战与机遇并存，地产低迷致水泥需求下滑3.5％，但基建投资近58万亿元拉动建材需求增长，智能化生产线覆盖率三年内将突破30％。目前行业正加速向低碳、高附加值方向迭代升级。

二、建材行业的布局现状

建材属于资源禀赋型产业，虽然在全国范围内分布比较广泛，但是也有一定的特点。一是东部沿海地区建材产业集群集中度最高，特别是河北、山东、浙江、福建和广东。其形成主要是受当地工商业传统的影响，形成专业化分工以及劳动力密集的专业镇、专业村；其次是当地开放活跃的经济环境和政府宽松的产业政策，促使产业集群快速发展和迅速集中。二是中西部地区集中分布在山西、内蒙古、河南、湖南、湖北和四川境内。

从城市分布构成来看，主要分布在材料消费需求较大的城市周边。这些区域尽管资源丰富，但缺乏当地政府的政策扶持和市场指导，当地配套产业发展较滞后，难以形成专业化分工，更难以进行技术创新，所以集群发展缓慢。水泥、陶瓷、玻璃产业集群由于对资源的依赖较强，因此有从东部转向中西部的趋势，但是需要中西部城市不断完善城市配套设施的建设，建立起活跃有序的市场环境，吸引资金和相关产业的进入，快速提升建材产业集群的竞争力。

下面以水泥、石灰石膏、墙体材料、陶瓷、玻璃等代表性行业作为分析对象，依次分析它们的布局情况。

水泥工业的布局主要是由石灰石资源的分布及水泥产品属性决定的，但随着经济发展，其产业布局模式反映出不同特征。随着我国整体经济水平的快速提升，水泥工业日新月异，围绕着珠江三角洲、长江三角洲和环渤海湾三大水泥消费热点地区，先后出现了一大批龙头企业引领行业发展，并延伸至西部地区及东北老工业聚集地区，形成了"网络布局"。近几年，在市场经济杠杆的影响下，为解决水泥市场与原料产地分布不对称的矛盾，我国水泥工业开始出现灵活布局的特点：在有矿产资源的地方建设熟料生产线，在有市场需求的地方建立粉磨站，突破了企业组织结构，提高了经济效益。我国水泥产量主要分布在华东和中南地区，其次为华北和西南地区，东北和西北地区的水泥产量偏小。

中国石膏矿产资源储量丰富，已探明的各类石膏总储量约为 570 亿吨，居世界首位，分布于 23 个省、自治区、直辖市，其中储量超过 10 亿吨的有 10 个，依次是山东、内蒙古、青海、湖南、湖北、宁夏、西藏、安徽、江苏和四川，石膏资源比较贫乏的是东北和华东地区。我国石灰石矿产资源占世界总储量的 64% 以上，是一种具有优势的天然资源。目前全国已发现水泥石灰岩矿点七八千处，其中已有探明储量的有 1224 处，其中大型矿床 257 处、中型 481 处、小型 486 处（矿石储量大于 8000 万吨为大型，4000 万~8000 万吨为中型，小于 4000 万吨为小型）。共计保有矿石储量 542 亿吨，其中石灰岩储量 504 亿吨，占 93%；大理岩储量 38 亿吨，占 7%。《中国矿产资源报告（2022）》显示，水泥用灰岩 421.06 亿吨，保有储量广泛分布于 29 个省、自治区、直辖市，其中陕西省保有储量 49 亿吨，为全国之冠。在当今激烈的竞争环境下，我国石灰石膏企业面临着前所未有的机遇和挑战。企业与企业之间展开了价格"肉搏战"，使得企业之间经常通过资本市场兼并、破产和重组来夺得更多市场资源。

调查显示，我国目前约有 3.5 万家砖瓦企业，烧结砖瓦制品年产量约 8100 亿块，年产值约 2430 亿元，废气排放量约 4.1 万亿立方米。我国砖瓦行业整体大而不强，节能减排压力大，行业生产集中度低，全员劳动生产率不高，产品开发尚难以全面适应建筑工业化和城乡建筑及基础设施发展的新需求，日渐成为建材工业稳增长、调结构、增效益的短板。烧结砖瓦是砖瓦行业中产量占比最高、排污耗能最多的品种，加快砖瓦行业转型发展，当务之急是着手采取有效措施，引导烧结砖瓦行业加速推进绿色生产和智能制造，优化供给结构，加快转型发展。未来的砖瓦产业是一个智能化、网络化、协同化的全新生态模式，需要围绕产业发展方向进行全产业链的布局。

建筑陶瓷发展的高峰是在国家"十一五"规划期间，以佛山、淄博等产区为代表，短时间内实现了从产区发展转向异地扩张的高潮。至今，国内已形成了三十余个集中产区，陶瓷工业的生产力布局已经在全国各地兴起。不同于其他行业，陶瓷工业布局变化是在不断调整和适应中发展，主要特点如下。一是沿海产区与内地产区的发展差距逐渐缩小。在我国经济快速发展的环境下，建筑卫生陶瓷的市场需求增长迅速，受运输成本与产业特点的影响，建筑卫生陶瓷的生产能力加速向新的市场消费区域集中，新兴产区生产规模逐年扩大。随着陶瓷工业发达产区的能源、原料、劳动力成本日益高涨，新兴产区的吸引力愈显突出，如内地的四川、江西、辽宁等地，再加上当地政府加大招商引资力度，优惠的政策也是吸引投资者的一大优势。二是国际市场竞争力有一定提高。随着生产技术的进步，我国建筑卫生陶瓷产品在国际市场中的地位也在不断提高。近年来，具有一定资金实力的一些企业逐步将目标转向国际市场，在此基础上我国建筑卫生陶瓷的出口量逐年稳步增长。

玻璃行业是建材行业的重要组成部分，是重要的基础材料产业，在国民经济和社会发展过程中具有不可替代的作用，主要应用领域包括建筑、机车车辆、光伏新能源、电子信息等。经过近年来的快速发展，玻璃行业在规模、技术等方面的发展取得明显成效。平板玻璃产品主要包括浮法玻璃和压延玻璃等，其中浮法玻璃产能比例约为90%。在碳减排布局方面，平板玻璃工业企业实施碳中和需要有战略高度、全局观念，以此谋划企业全方位全过程推行企业自身各环节的绿色发展，使企业发展与企业管理运营始终建立在高效利用资源、严格保护生态环境、有效控制温室气体排放的基础上，统筹推进企业高质量发展和高水平循环化低碳化经营，建立健全绿色低碳循环发展的经济运营模式和业务体系，确保企业自身尽快实现碳达峰、碳中和目标，尽快建成零碳企业。

三、建材行业的结构现状

2024年全球水泥产量38.86亿吨，同比下降4.31%；我国水泥产量18.25亿吨，同比下降9.5%。我国建材行业当前正处于"需求分化、产能重构、政策引导"的多重变革期。供需结构方面，水泥市场呈现区域分化，2025年3月华东、华南地区受益于基建提速（如长三角一体化项目集中开工）和地产政策松绑，出货率回升至65%，价格环比上涨20～30元每吨；而北方受气候和项目资金到位滞后影响，需求复苏较缓。玻璃行业则面临结构性过剩，浮法玻璃库存攀升至6000万重量箱（接近2020年峰值）；深加工玻璃虽在光伏、汽车领域需求增长（2024年光伏玻璃产量同比增长18%），但传统建筑玻璃因房企资金链紧张导致订单萎缩，价格同比下跌12%。消费建材成为亮点，住建部"以旧换新"政策推动二手房翻新率提升至35%，带动防水材料、涂料、定制家居需求激增，2024年相关企业营收增速达15%～20%，远高于行业均值。

产能格局上，行业洗牌加速：水泥行业市场份额的集中度从2020年的45%升至58%，海螺、中国建材等龙头企业通过并购整合中小产能，2024年淘汰立窑、湿法窑等低效产能3825万吨，但局部地区仍存在"边淘汰边新增"的矛盾。绿色转型成为核心抓手，2022年，工信部、国家发改委、生态环境部、住房和城乡建设部联合发布的《建材行业碳达峰实施方案》要求2025年替代燃料使用率超8%，海螺水泥已建成7条生物质燃料生产线，减排CO_2 150万吨每年；同时，智能化改造推动吨水泥成本下降10～15元。政策驱动效应显著。财政部1万亿超长期国债重点支持"平急两用"基建，拉动低热水泥、超高性能混凝土等特种材料需求；而房企"白名单"融资纾困和公积金贷款额度上调，缓解部分建材企业应收账款压力。

风险与挑战依然突出：煤炭价格高位波动（2024年动力煤均价同比上升8%）侵蚀水泥企业利润，行业利润率维持在5%低位；区域性产能错配（如西北水泥产能利用率仅40%）加剧恶性竞争；玻璃行业产能过剩，部分企业面临现金流危机。总体而言，建材行业正从

"粗放增量"转向"存量优化",未来增长将依赖高端化(如核电水泥占比提升至8%)、服务化(建材企业向"产品＋设计＋施工"转型)与全球化(东南亚基建带动水泥出口增长30%)三重引擎。

第二节　我国建材行业碳排放特点

一、水泥工业的碳排放

水泥行业的碳排放主要来源于水泥熟料的生产过程,这一过程中作为原料的石灰石、黏土和其他杂质会先被研磨成粉末,之后送入锅炉中高温煅烧,而原料当中的大量碳元素会在整个熟料生产过程中与氧结合,释放出二氧化碳。从炉体加热到炉内煅烧,水泥熟料生产过程导致的碳排放占据了整个水泥行业排放量的90%以上。

水泥生产过程可分为原材料准备、熟料烧成和水泥粉磨生产三个主要阶段,在此过程中的能源消耗主要包括电能和热能。在以上三个生产环节中均需利用电能,熟料烧成阶段还要消耗大量的热能。水泥生产企业90%的二氧化碳排放来自熟料生产(燃料燃烧和原材料之间的化学反应),其余的10%来自原材料制备和水泥产品生产阶段。企业层级温室气体排放核算和报告的排放源包括:水泥熟料生产二氧化碳排放、发电设施和其他非水泥熟料产品生产设施产生的化石燃料燃烧排放和过程排放。其中,企业层级的水泥熟料生产二氧化碳排放包括化石燃料燃烧排放和过程排放。化石燃料燃烧排放是指化石燃料在各种类型的固定或移动燃烧设备(如窑炉、锅炉、内燃机、运输车辆等)中燃烧产生的二氧化碳排放。过程排放是指熟料对应的碳酸盐分解产生的二氧化碳排放,不包括窑炉排气筒(窑头)粉尘和旁路放风粉尘对应的碳酸盐分解产生的二氧化碳排放,也不包括生料中非燃料碳煅烧产生的二氧化碳排放。

企业层级温室气体排放总量等于企业层级水泥熟料生产排放量、发电设施排放量和其他非水泥熟料产品生产设施排放量之和,采用式(8-1)计算。

$$E_总 = E_c + E_{发电设施} + E_{其他} \tag{8-1}$$

式中　$E_总$——企业层级温室气体排放总量,吨二氧化碳当量(tCO$_2$e);

　　　E_c——企业层级水泥熟料生产的二氧化碳排放量,tCO$_2$e;

$E_{发电设施}$——纳入全国碳排放权交易市场的发电设施二氧化碳排放量直接引用经核算的二氧化碳排放量,未纳入全国碳排放权交易市场的发电设施排放量按照指南进行核算,tCO$_2$e;

　　$E_{其他}$——其他非水泥熟料产品生产设施温室气体排放量,按照适用行业的核算与报告指南进行核算与报告,tCO$_2$e。

以上几个排放来源中,生料煅烧过程中,碳酸钙和碳酸镁分解成氧化钙和氧化镁同时产生的二氧化碳是主要来源,约占总排放量的83%左右,燃料燃烧紧随其后。相比之下,其他来源如纳入碳排放市场的发电设施和其他非水泥熟料产品生产设施的排放量,占水泥厂二氧化碳排放总量的极小部分。

为推动建材市场高质量绿色低碳发展,中国建筑材料联合会组织发布《2030年中国建材工业"创新提升、超越引领"发展战略》(简称《战略》)。《战略》对水泥行业明确提出了以引领世界水泥工业的技术装备作为发展方向的目标,水泥已形成了"以采用新型干法烧成技术为核心，采用新型原料、燃料预均化技术和节能粉磨技术及装备，全线采用计算机集散控制，实现水泥生产过程自动化和高效、优质、低耗、环保，以及开展砂石骨料、商品混凝土、资源综合利用、协同处置废弃物、生活垃圾等延伸产业链"，发展成独具中国特色的水泥工业体系。水泥行业碳减排技术清单及预期效果详见附表 9。

二、石灰石膏工业的碳排放

石灰石膏工业是典型的高碳排放行业，其碳排放主要来源于石灰石（碳酸钙）高温煅烧分解产生的工艺排放（占 60％以上）以及燃料燃烧排放。石灰行业能耗高、污染大，加上很多地区普遍存在企业规模小、技术水平低等问题，导致污染物排放监管比较困难，也因此在历次的环保督察中饱受批评。由于以上弊端，一些地区对石灰产业关停，导致区域性供给不足。

近年来，随着石灰石膏产业技术结构的调整和装备水平的提高，大型现代化石灰窑以其自动化水平高、物料粒径合理和原燃料配比合理的优势引领行业发展，单位产品烧成煤耗有较大幅度的下降。但从全国总体水平看，落后产能规模占比仍然偏高，行业技术进步的空间较大。"十四五"期间，需要加强石灰节能环保先进技术的研发与推广，主要减煤降碳措施包括改进煅烧工艺、加强窑炉保温、采用清洁燃料和提高窑炉余热利用等，通过一系列节能技术的推广，减少温室气体的排放量。

石灰生产碳排放根据碳来源的不同也分为燃煤排放和生产工艺排放两部分。以当前平均工艺技术水平测算，国内生产 1 吨石灰的二氧化碳排放在 1.2 吨左右，其中工艺排放（碳酸盐分解）占比达到 2/3 以上。根据《中国建筑材料工业碳排放报告（2020 年度）》，石灰石膏工业二氧化碳排放量达 1.2 亿吨，同比上升 15.3％，其中煤燃烧排放同比上升 5.4％，工业生产过程排放同比上升 16.6％。此外，石灰石膏工业的电力消耗可间接折算约合 314 万吨二氧化碳（有部分石灰生产企业采用天然气、高炉煤气、液化石油气等作为烧成燃料，在此不做详细测算）。尽管 2024 年具体分项数据未单独披露，但该行业仍被列为重点管控对象，需通过技术改造和能源替代降低排放强度。石灰石膏工业减排成效将取决于政策执行力度与技术创新速度。短期内，燃料替代和能效提升是主要抓手；中长期需突破 CCUS 规模化应用瓶颈，并推动低碳石膏建材市场扩展。行业整合加速背景下，头部企业有可能通过集约化生产率先实现低碳转型。

三、墙体材料工业的碳排放

2024 年 5 月 23 日，国务院印发《2024—2025 年节能降碳行动方案》（简称《方案》）。《方案》指出，大力发展绿色建材，推动基础原材料制品化、墙体保温材料轻型化和装饰装修材料装配化；推进外墙（屋顶）保温、老旧供热管网等更新升级，加快建筑节能改造。墙体材料中的砖瓦是我国城乡建设中不可或缺的材料，因其展现出优异的耐久性和环境友好性。砖瓦是大宗粗陶产品，焙烧温度较低，单个企业及制品排放不高，但总量较多。随着砖瓦行业结构调整，企业数量锐减，砖产量下降，碳排放量明显降低。砖瓦行业已成为我国最大的大宗废弃物利用行业，行业大量应用煤矸石、粉煤灰及污泥等废弃资源，行业燃料化石能源二氧化碳排放量出现下降趋势。

建筑砌块、烧结砖是建筑工程中的主要墙体材料，这里选取烧结页岩空心砖和加气混凝土砌块两种新型墙体材料为核算对象，其碳排放核算涉及原材料获取、产品生产、产品使用等生产应用全过程，计算公式如式（8-2）所示。

$$E_{全过程}=E_{原材料获取}+E_{产品生产}+E_{产品使用} \tag{8-2}$$

式中　$E_{全过程}$——全过程二氧化碳排放量，t；

　　　$E_{原材料获取}$——原材料获取过程中的二氧化碳排放量，t；

　　　　$E_{产品生产}$——产品生产过程中的二氧化碳排放量，t；

　　　　$E_{产品使用}$——产品使用过程中的二氧化碳排放量，t。

四、卫生陶瓷工业的碳排放

目前，建筑卫生陶瓷行业碳排放占全国总排放量的 1.5%～2%，占建材行业整体碳排放的 2.7%。卫生陶瓷工业碳排放量约占建筑卫生陶瓷行业总排放量的 4%（建筑陶瓷占 96%），卫生陶瓷作为细分领域贡献比例虽然较低，但仍是重点减排对象。建筑卫生陶瓷需求与民用建筑竣工面积高度相关，预计 2026—2040 年行业碳排放将随建筑需求波动逐步优化。

我国陶瓷碳排放核算体系主要涵盖核算边界、核算方法学和数据质量管理三个维度，具体框架如下。

一是核算边界。报告主体应以企业法人或视同法人的独立核算单位为边界，核算并报告其生产系统产生的碳排放。生产系统包括主要生产系统、辅助生产系统以及直接为生产服务的附属生产系统，其中，辅助生产系统包括供电、机修、供水、供气、供热、制冷、维修、照明、库房和厂内原料场地以及安全、环保（脱硫脱硝、协同处置）等装置及设施，附属生产系统包括生产指挥系统（厂部）和厂区内为生产服务的部门和单位（如职工食堂、车间浴室、保健站等）。根据生产过程的具体情况，陶瓷生产企业碳排放核算和报告范围包括以下部分或全部排放：能源消耗，过程排放（原料处理和生产工艺），购入和输出的电力和热力产生的碳排放。能源消耗主要来自化石燃料（如天然气、煤炭）燃烧，通常用于窑炉高温烧制；在原料处理中，高岭土等矿产的处理环节（包括开采、加工）会产生间接碳排放，泥料制备阶段的球磨、干燥等工序存在能耗较高的问题；生产工艺部分烧成环节温度需达到 1200℃以上，传统窑炉热效率低，该阶段碳排放强度通常最大。如果陶瓷生产企业有外包工序，如采购商品粉料等，则应在报告主体基本信息和其他报告信息中说明。如果报告主体涉及使用外购绿色电力，不应直接扣减，应单独进行报告。如果报告主体涉及碳捕集、利用与封存等其他碳减排量，宜单独报告并明确核算方法。如果报告主体除陶瓷生产外还存在其他产品生产活动，并存在未涵盖的碳排放环节，则应按其他相关行业的企业碳排放核算与报告要求进行核算并汇总报告。

二是核算方法学。碳排放核算和报告的工作流程包括以下步骤：①识别碳排放源；②制定数据质量控制计划；③收集活动数据，选择和获取排放因子数据；④分别计算化石燃料燃烧排放量、过程排放量、购入和输出的电力和热力产生的排放量；⑤汇总计算企业碳排放总量。陶瓷生产企业碳排放具体核算方法参考标准《碳排放核算与报告要求　第 9 部分：陶瓷生产企业》（GB/T 32151.9—2023）。

三是数据质量管理。为提高企业碳排放管理的规范性与数据可靠性，应建立企业碳排放核算和报告的规章制度，包括负责机构和人员、工作流程和内容、工作周期和时间节点等；指定专职人员负责企业碳排放核算和报告工作；根据各种类型的碳排放源的重要程度对其进行等级划分，并建立企业碳排放源一览表，对于不同等级的排放源的活动数据和排放因子数据的获取提出相应的要求；对现有监测条件进行评估，并制定相应的数据质量控制计划，包括对活动数据的监测和对燃料低位发热量等参数的监测及获取要求；定期对计量器具、检测设备和在线监测仪表进行维护管理，并记录存档；建立健全碳数据记录管理体系，包括数据来源、数据获取时间以及相关责任人等信息的记录管理；建立企业碳排放报告内部审核制度，定期对碳排放数据进行交叉校验，对可能产生的数据误差风险进行识别，并提出相应的解决方案。

五、建筑玻璃工业的碳排放

随着我国城市化进程不断加快，在建筑、房地产行业的强力带动下，与其密切相关的玻璃行业得到了迅速发展。近些年来，我国的平板玻璃企业数量和产量均居世界前列。2022年中国建材生产阶段排放总量为 28.2 亿吨 CO_2，占全国能源相关碳排放的 28.2%。建筑玻璃作为建材的重要组成部分，其碳排放包含在此范围内。全球建筑建造业中，玻璃等材料生产约占全球碳排放总量的 2%～4%。玻璃行业在工业生产中是典型的高耗能、高排放行业，生产过程中需要消耗大量的原材料和能源，这些生产过程是 CO_2 产生的重要来源。

玻璃生产过程中的碳排放主要来自三个方面，即消耗电力和热力引起的间接排放、生产过程中的排放、化石燃料燃烧带来的排放。平板玻璃有浮法、压延法、有槽垂直引上法、对辊法、无槽垂直引上法、平拉法、格法、溢流下拉法等生产工艺，不同生产工艺配方在核算 CO_2 排放时略有不同，各工艺对比详见表 8-1。近些年来，国家加大了对平板玻璃行业落后和过剩产能的管理力度，除少量因特殊工艺要求而保留的垂直引上、平拉、压延等生产线外，我国大部分平板玻璃生产线均采用浮法工艺。据统计，截至 2024 年底，全国浮法玻璃在产生产线为 213 条，对应产能规模为 10.72 亿重量箱每年，浮法玻璃约占我国平板玻璃生产总量的 90%，为当前平板玻璃制造的主流工艺。浮法玻璃作为平板玻璃生产的核心工艺，其产能占比与行业动态直接受政策调控及市场需求影响。

表 8-1 平板玻璃生产工艺对比

生产工艺	简介	备注
浮法	玻璃液从池窑连续地流入并漂浮在有还原性气体保护的金属锡液面上，依靠玻璃的表面张力、重力及机械拉引力的综合作用，拉制成不同厚度的玻璃带，经退火、冷却而制成平板玻璃	浮法玻璃厚度均匀，上下表面平整、平行，加上劳动生产率高及利于管理等方面因素的影响，浮法玻璃正成为玻璃制造方式的主流
压延法	将熔窑中的玻璃液经压延辊压成型、退火而制成	主要用于制造夹丝(网)玻璃和压花玻璃，用于光伏
有槽垂直引上法、对辊法、无槽垂直引上法	使玻璃液分别通过槽子砖或辊子，或采用"引砖"固定板根，靠引上机的石棉辊子将玻璃带向上拉引，经退火、冷却连续地生产出平板玻璃	落后工艺，基本被淘汰
平拉法、格法	将玻璃垂直引上后，借助转向辊使玻璃带转为水平方向	落后工艺，基本被淘汰(部分格法用于生产非建筑用超薄玻璃)
溢流下拉法	玻璃液由供料部进入溢流道，顺着长溢流槽的表面向下流动，在溢流槽下部模体的底端汇合形成一条玻璃带，经退火后形成平板玻璃	用于制造超薄盖板玻璃

实现玻璃行业节能减排的目标，有以下几种路径可供参考。

路径一是通过技术进步降低单位能耗，而提升窑炉规模是有效降低能耗的重要方法。大型窑炉炉体表面积及表面散热不呈线性比例增加，孔口溢流损失与小型窑炉相差不大，烟气排放带走的热量也不随熔化面积增加呈线性比例增加。因此，大型熔窑在节能、保温等方面的性能优于中、小型熔窑，熔化单位质量的配合料所需燃料少、能耗低，且玻璃熔窑大型化后还能大幅提升劳动生产率，减少单位产能的建设投资。除了提升窑炉规模外，优化熔窑、锡槽、退火窑以及公用工程工艺，也是降低能耗的重要手段，详见表8-2。

表 8-2　平板玻璃行业节能减排技术

节能方式	减排措施		预期效果
优化熔窑工艺	减少玻璃液生成热	控制原料颗粒度和化学成分	降低热耗（以玻璃液质量计，余同）15~30kcal[①]/kg，减少碳排放3~7kgCO₂/t
		配方优化	
		增加熟料比例	
	减少表面散热	加强全窑保温和密封	降低热耗50~75kcal/kg，减少碳排放10~17kgCO₂/t
		加强冷却部保温	
		喷涂高温红外辐射涂料	
		投料口挡焰砖	
		投料口密封罩	
	提高传热效率	0#氧枪	降低热耗150~200kcal/kg，减少碳排放30~50kgCO₂/t
		鼓泡	
		梯度增氧	
		电助熔（使用绿电）	
	减少烟气带走热量	增加格子体换热面积	降低热耗15~30kcal/kg，减少碳排放3~7kgCO₂/t
		减少余热转换层级	降低热耗50~80kcal/kg，减少碳排放10~18kgCO₂/t
优化锡槽工艺	增加在线测氢装置，监测锡槽内部微量氧，精确控制保护气比例		可节能约3%，减少CO₂排放0.6kg/重量箱玻璃
优化退火窑工艺	退火窑冷却风余热利用，可引至熔窑助燃风提高燃烧效率或用于生产蒸汽及厂区内采暖		
优化公用工程工艺	采用先进的喷枪系统，提高火焰燃烧效率 应用窑炉控制系统，保持窑炉温度、压力、液面、泡界线等稳定在最优工况 针对风机、水泵类负载采用变频控制，并采取节能自动控制措施 利用余热蒸汽直接拖动氮站的原料空气压缩机或代替其他电动机，提高整体效率及减少用电量		

① 1kcal＝4.1868kJ。

路径二是使用更加清洁的能源。目前我国玻璃行业使用的主要化石燃料包括重油、天然气、石油焦、煤气和煤焦油等，但是仍以煤制气、重油、石油焦为主，碳排放量较大。未来随着天然气渗透率的提升，风电、光电、风光储等新能源技术的发展，以及余热发电技术和分布式发电技术的落地实施，碳排放有进一步下降空间。

路径三是政策与市场协同。玻璃行业实施碳配额基准管理（2025年单位产品碳排放基准值较2020年下降18%），未履约企业按碳价3倍罚款，同步推动碳质押融资、碳远期合约等工具对冲风险，试点碳关税衔接。财税方面，企业完成超低排放改造可享增值税即征即退（70%）及所得税"三免三减半"，节能达标生产线按120元/t标准煤奖励，绿电使用超40%额外补贴0.15元/（kW·h）；绿色债券发行利率低1.5～2个百分点，环保绩效A级企业可获"环保贷"（最高80%融资额、10年期），全面引导低碳转型。

整体来看，未来使用清洁能源及压缩玻璃产量是玻璃行业实现二氧化碳排放降低的主要方式。一方面，环保政策趋严，采用清洁能源、加装环保处理设备可进一步提高企业减排成本，龙头企业资金、成本优势显现，落后产能陆续被清出，行业集中度有望进一步提升；另一方面，龙头企业具备技术优势，在窑炉大型化、配合料配方、富氧燃烧、余热利用、烟气脱硝等关键节能技术上具备优势，通过精细化管理，可以进一步降低能耗，提升产品品质。

第三节　建材行业高质量发展导向

一、淘汰落后产能的导向

建材行业产能过剩还在加剧，相对而言，去除落后产能的工作却进展迟缓，由此行业发展和经济效益的稳定面临很多不可控因素，各区域、产业、企业之间发展不平衡、不充分的矛盾加剧。创新政策是唯一有效的举措。建材行业迫切需要更多的创新与改革，更多运用市场化、法治化的手段，多管齐下，推动淘汰落后产能的落实。

淘汰落后产能主要从政策和市场机制两方面入手：一方面加大政策转换的力度，靠政策去产能；另一方面积极创新政策，靠市场机制加速去产能。政策方面包括以下三点。一是创新政策机制，加速淘汰落后产能。要进一步创新思维，创新政策机制，有针对性地深化去产能政策的政策内涵，使行业"去产能"切实从原则转向具体，从抽象转向具体。二是严格行业准入，按新的指导目录制定压减过剩产能的细则并严格执行。各省市建材行业协会要根据工信部2023年出台的《产业转移指导目录（2024年本）》和国家发展改革委修订发布的《产业结构调整指导目录（2024年本）》的要求，按照对相关产业限制类、淘汰类的标准，细化出各产业去产能的实施意见，报当地政府批准后严格执行；坚持有进有退、有增有减的政策导向，明确新的发展方向。三是要坚持引导行业、企业全面理解并践行新发展理念，要解决产能严重过剩和行业存在的不健康、不科学的发展现象，要明确发展方向，优质产品和有市场的在提升中发展，不该发展的企业、产品，不仅不让其发展，而且要坚决停下来。市场机制方面包括以下三点。一是搭建区域平台公司，利益、责任共担压减产能。部分地区水泥企业设立的水泥结构调整创新试点的平台公司，是建材行业供给侧结构性改革的创新实践，是市场化去产能的一种新的发展模式，已经被实践证明是企业自己组织起来利用市场化机制去产能的有效做法。二是加强行业自律，自觉压减产能。各省市建材协会要组织与引导各产业的企业加强自律。组织区域内同类企业自律，在对标中形成共识，能动地去产能和自觉退出市场。三是发挥大企业带头作用，大企业自身主动压减产能。各省市建材协会要引导大企业担负起社会责任、行业责任，带头率先制定本企业淘汰落后产能、压减过剩产能的计划并明确具体的指标向社会公布，主动向当地协会备案并接受企业间的相互检查。

二、产业结构调整的导向

近年来，建材行业产业结构调整以多维度协同推进为核心，聚焦五大导向：一是深化绿色低碳技术应用，通过节能窑炉改造、碳捕集技术推广及可再生能源替代，系统性降低生产能耗与碳排放；二是构建循环经济体系，推动工业固废和建筑垃圾的高值化再生利用，建立"资源—生产—再生"闭环供应链；三是强化政策与市场联动，以碳交易、环保税等政策工具倒逼落后产能退出，同步培育绿色建材认证与消费市场；四是加速智能化转型，依托物联网、AI 等技术实现生产能耗精准管控，并通过跨学科融合探索系统性解决方案；五是推进产业迭代升级，逐步淘汰高耗能传统产能，向生态陶瓷、光伏建材等高性能复合材料及氢能存储等新兴领域拓展。这一系列变革通过技术创新、政策引导和模式创新深度融合，推动行业向低碳化、循环化、智能化方向加速转型，全面契合全球可持续发展目标。

我国建材行业产业结构调整正在稳步推进。2023 年发布了《产业结构调整指导目录（2024 年本）》（以下简称《目录（2024 年本）》），在技术和环境方面给出以下具体指导方案。

鼓励建材行业进一步突出战略性和前瞻性，符合行业发展需求和技术进步方向，有利于满足人民美好生活需要和推动经济高质量发展需要。鼓励类条目中增加了"水泥立磨、生料辊压机终粉磨等粉磨系统节能改造""玻璃熔窑用全氧/富氧燃烧技术""玻璃熔窑利用绿色氢能成套技术及装备"等，均是满足行业发展需要、推动行业进步的技术、装备、产品或工艺。

限制类条目主要是工艺技术落后，不符合行业准入条件和有关规定，禁止新建扩建和需要督促改造的生产能力、工艺技术、装备及产品。限制类条目中增加了"单班 $5 \times 10^4 \mathrm{m}^3/\mathrm{a}$（不含）以下的混凝土小型空心砌块""$15 \times 10^4 \mathrm{m}^2/\mathrm{a}$（不含）以下的石膏（空心）砌块生产线""黏土空心砖生产线（陕西、青海、甘肃、新疆、西藏、宁夏除外）""$150 \times 10^4 \mathrm{m}^2/\mathrm{a}$ 及以下的建筑陶瓷（不包括建筑琉璃制品）生产线""60 万件/a（不含）以下的隧道窑卫生陶瓷生产线"等落后工艺。

淘汰类主要是不符合有关法律法规规定，严重浪费资源、污染环境，安全生产隐患严重，阻碍实现碳达峰、碳中和目标，需要淘汰的落后工艺技术、装备及产品。建材行业淘汰类条目包括"砖瓦轮窑以及立窑、无顶轮窑、马蹄窑等土窑""玻璃纤维陶土坩埚、陶瓷坩埚及其它非铂金坩埚拉丝生产工艺与装备""单班 $1 \times 10^4 \mathrm{m}^3/\mathrm{a}$ 以下的混凝土砌块固定式成型机""人工浇筑、非机械成型的石膏（空心）砌块生产工艺""平拉工艺平板玻璃生产线（含格法）"等落后工艺。

《目录（2024 年本）》以技术创新为内核、环境约束为杠杆，通过政策精准发力，加速建材行业向"低碳-循环-智能"三位一体模式演进，为我国"双碳"目标与全球绿色供应链重构提供产业支撑。

三、新旧动能转换的导向

建材行业中，我国的建筑陶瓷、水泥、平板玻璃将迎来重大突破。我国建材行业的其他产品在面对经济新常态的背景下也要紧跟改进的步伐，力求新旧动能转换工作取得成效。建材工业积极化解过剩产能，加快推动新旧动能转换。水泥行业，严禁新增产能，未新增熟料生产线，42.5 等级及以上高标号水泥占比进一步提升。平板玻璃行业，淘汰落后产能，采用浮法工艺生产，产品档次较高，差异化特征明显。建筑卫生陶瓷行业，推进绿色低碳循环发展，实施智能化、绿色化生产工艺流程改造，提升企业核心竞争力。石材行业，加大对加工企业的整顿力度，不断延伸产业链，由单纯的开采加工型逐步向加工与服务型转变。

以建筑陶瓷产业为例，为了做到转型升级发展，在总体思路明晰的前提下，整个行业要大力实施多样化战略。作为装饰装修中的主要材料之一，建筑陶瓷要朝着绿色化、功能化、时尚化方向发展，品牌、创新及服务将成为企业占领市场的核心竞争力。特别是在当前节能减排形势严峻、环保压力空前的大环境下，建材行业已经开始将发展重心放在薄型砖、利废型新产品上。为了促进节能减排，现在出现了新型窑炉、喷塔等设备，还有利废型新产品生产技术、连续球磨技术、自动控制及智能化技术、余压余热利用技术等新型节能技术，这些技术和设备正在不断完善中，有些甚至已经投入使用。目前一些企业逐渐采取资源综合利用以及循环经济等措施，从而减少污染物的排放以及资源的消耗，促进企业优化升级。同时也在不断研究利用水泥窑处理污染物的技术，并且将这些技术应用在垃圾处理上，这类技术的使用不仅可以降低污染物的排放，还可以节约能源。与垃圾焚烧发电相比，此类处理技术有两大优点。首先，这类技术是利用企业原有设备，不用额外建造设备，更加节约资金。其次，水泥窑垃圾焚烧后的灰还可以作为水泥的原材料资源循环利用，降低了运营成本，真正做到了新旧动能的绿色转化。政府充分发挥作用，推动企业生产高透光率、超薄、高强、无碱、镀膜等高质量平板玻璃；同时要求企业不断加大研发力度，提高生产技术，不断进行创新，跟上时代发展的步伐，从而生产出更高质量的产品；对企业的发展提供支持，促进其生产线的优化升级。企业应根据市场的变化不断改进自身产品，加大功能性以及特种玻璃的生产力度，提高精深加工用玻璃原片比重；在生产的过程中要注重节能环保，多采用环保型生产技术，通过余热利用一体化以及窑炉烟气脱硫、脱硝等技术减少污染。

四、绿色-智能-高端导向

《中国制造 2025——中国建材制造业发展纲要》（以下简称《发展纲要》）是对建材制造业转型升级的整体谋划，不仅提出了要加大对量大面广的传统建材产业的改造升级力度，更提出了培育发展新兴产业、向多领域全面拓展的举措，还提出要解决建材制造业创新能力、产品质量、工业基础等一系列阶段性的突出矛盾和问题。《发展纲要》给出了通过"三步走"实现建材制造业强国的战略目标，围绕传统建材制造业创新提升和推进建材制造业向多方位扩展两个维度八个方面提出了战略任务，并指出了转型升级路径。建材装备作为建材生产制造的工作母机，是推进建材工业技术进步的载体和主体，将在实现建材制造业强国中发挥重要作用，同步实现由大变强。因此《发展纲要》在发展目标、战略任务和重点领域中对建材装备制造业提出了明确的要求。

一是向绿色发展，提升建材装备绿色制造功能与水平。绿色化是《中国制造 2025》对我国制造业提出的重要发展方向，《发展纲要》明确提出建材制造业绿色发展目标：到 2025 年，与"十二五"相比，建材规模以上单位工业增加值能耗下降 30% 左右，二氧化碳排放总量下降 40％左右，主要污染物二氧化硫排放总量下降 45％左右，氮氧化物排放总量下降 35％左右，综合利用工业固体废物总量提高到 40％左右。建材装备业肩负着为建材工业提供高效节能低排放绿色生产装备的重任，必须深入践行绿色发展理念，在实现自身绿色发展的前提下，加大装备绿色功能的研发力度，为绿色建材生产、清洁生产、发展循环经济、低碳发展提供先进技术装备，全面提升建材工业绿色化、低碳化水平，实现从生产、应用到回收全产业链的绿色发展，促进建材工业向绿色环保功能产业转变。

二是向智能制造发展，加快推动新一代信息技术与制造技术融合发展，重点产业数字化、网络化、智能化基本普及。《中国制造 2025》明确将智能制造作为主攻方向，《发展纲要》提出到 2025 年，数字化研发设计工具普及率达到 84％，关键工序数控化率达到 64％。智能化是建材制造业的重要发展方向之一，不能错失良机，但也不会一蹴而就，目前，我们要走"工业 2.0"补课、"工业 3.0"普及、"工业 4.0"示范的"并联式"发展道路。智能化的基础是数字化，因此首先要对产品、生产过程、管理进行数字化变革，在此基础上，在装备和装备之间、装备和产品之间、装备和人之间建立起通信网络，最终实现网络化。在数字化和网络化都已实现的基础上，才可以谈智能制造。《发展纲要》明确指出要依托行业优势企业，与科研院所、高等院校相结合，积极分步推进建材装备数字化、网络化、智能化，大力推行建材自动化成套装备、数字化车间、智能传感器、嵌入式系统、计算机仿真系统、能源管控系统、智能仪器仪表、在线检测设备的研发、融合及示范应用，搭建建材智能制造标准体系、网络系统平台、技术生产数据标准化数据库和信息安全保障系统，推动互联网、大数据、人工智能与建材制造业间的深度融合，结合行业特点，推进智能装备在水泥、玻璃和陶瓷等重点领域智能制造应用示范，不断探索大规模个性化定制、云制造等新型制造模式。

三是向高端发展，全面提升建材高端装备的自主研发、设计、制造、系统集成能力和内在功能，使质量、水平、功能和效率显著增强。高端装备的一个重要特征是技术附加值高，其关键在于控制系统和智能化程度。建材高端装备要围绕建材工业智能转型需求，顺应"互联网＋"的发展趋势，加强与新一代信息技术的融合，大力发展数字化、网络化、智能化的产品；着力开发高档数控机床、3D 增材打印机、智能工业机器人等一批建材高端技术装备，研制新兴建材领域急需以及严重依赖进口的高端专用装备、试验检测设备。同时，高质量是制造业强大的重要标志之一，它从市场竞争的角度反映出一个国家的整体实力，既是企业和产业核心竞争力的体现，也是国家和民族文明程度的表征，因此必须把质量作为建设制造强国的生命线，全面夯实建材装备产品质量基础，不断提升企业品牌价值和"中国制造"整体形象，秉持工匠精神，严抓产品质量，走以质取胜的发展道路，通过围绕建材工业"四基"，加快攻坚一批制约产业发展的核心技术、关键共性技术和核心零部件、少数软件，大力提高装备产品在功能特性、质量安全性、质量稳定性和可靠性等方面的水平，推动产品整体质量迈向高端，并实现一批重大装备的工程化、产业化应用。《发展纲要》提出，到 2025 年，我国 80％的高端装备进入国际先进行列，50％达到国际领先水平。

《发展纲要》吹响了建材制造业由大国向强国进军的冲锋号。打造建材制造业强国，不能依靠一个企业、一个产业单打独斗，要依靠上下游深入的合作，要凝聚全行业的信心和力量，因此，建材装备产业必须加强与各产业领域深层次合作，共同攻克发展难关，为实现全行业的强国梦想而努力奋斗。

第四节　我国建材行业碳中和路径

一、促进能源结构低碳化

推进建材行业低碳发展，需要研发推广清洁能源利用技术，加快能源结构调整。积极研发利用绿色能源、清洁能源、可再生能源生产建筑材料产品的工艺技术及装备，大力推广光伏发电、风能、地热等可再生能源技术，氢能等非化石能源替代技术，以及生物质能、储能等技术，不断优化建筑材料行业能源消费结构；要着力提高光伏玻璃、风电叶片等新能源产品供给能力，为我国新能源发展和能源结构调整做出更大贡献。

统筹推进产业结构与能源结构调整，进一步优化建筑材料行业能源消费结构，逐步提高使用电力、天然气等清洁能源的比重。鼓励企业积极采用光伏发电、风能、氢能等可再生能源技术，研发非化石能源替代技术、生物质能技术、储能技术等，并在行业推广使用。

发展能源节约型建材就是要发展节能型新型材料，如低辐射镀膜玻璃、太阳能发电材料、高性能保温隔热材料等。要把不断挖掘节能减排潜力，不断提高资源能源利用效率和原燃材料替代率作为一项始终坚持的重要任务。坚持创新驱动，研发应用以减量、减排、高效为特征的减污降碳新工艺、新技术、新产品，以提高原燃材料替代率并兼具经济性为要求的低劣质原料及废弃物利用、建筑材料产品循环利用等技术，以及碳吸附、碳捕集、碳封存等功能型技术，推动循环经济、低碳经济、生态经济在行业全流程的广泛应用。以供需调节为着力点，在政府部门指导下，加强与能源生产供给、可替代原燃材料及废弃物产出体系等部门机构的协调统筹，积极争取天然气等清洁能源、区域内产业布局及废弃物供给等方面配套支持力度，形成能够满足建筑材料工业低碳发展的政策环境、市场环境、社会环境。

二、推动建材低碳技术研发

开发和挖掘技术性减排路径和空间，探索建筑材料行业低碳排放的新途径，优化工艺技术，研发新型胶凝材料技术、低碳混凝土技术、吸碳技术以及低碳水泥等低碳建材新产品。发挥建筑材料行业消纳废弃物的优势，进一步提升工业副产品在建筑材料领域的循环利用率和利用技术水平，替代和节约资源，降低温室气体过程排放。着力推广窑炉协同处置生活垃圾、污泥、危险废物等技术，大幅度提高燃料替代率。推广碳捕集与碳封存及利用碳汇等技术，通过采取矿山复绿等有效措施，积极推进碳中和。

建筑材料的研发与使用问题已日益受到政府和建筑行业的重视，我国政府适时制定了相关的规划，将建筑业列为节能与环保的重点行业。而建材行业作为消耗自然资源、能源高，破坏土地多，废气、粉尘排放量大，对大气污染严重的行业，节能问题更是重中之重。因此，发展新型节能型建筑材料，就成为未来建筑材料的主要发展方向和趋势，对于构建资源节约型社会、践行新发展理念具有重要的现实意义。

未来我国研发资源节约型建材，首先要推动建材企业对现有产品实施资源节约措施，如降低单位产品原材料消耗、提高产品成品率等。其次要充分利用回收资源，对废渣和生活垃圾进行回收利用，替代原材料生产新型建材，这样不仅可减少环境污染和资源浪费，更重要的是可实现经济、环境的可持续发展。

三、加强产业链节能管理

坚持节约优先，加强重点用能单位的节能监管，严格执行能耗限额标准，树立能效领跑者标杆，推进企业能效对标达标。建立企业能源使用管理体系，利用信息化、数字化和智能化技术加强能耗的控制和监管。在水泥、平板玻璃、陶瓷等行业开展节能诊断，加强定额计量，挖掘节能降碳空间，进一步提高能效水平。

四、促进产业碳排放标准制定

《国家标准化发展纲要》（以下简称《纲要》）提出，标准化要更加有效推动国家综合竞争力提升，促进经济社会高质量发展，产业高质量发展是其中的重要内容，其工作重点主要包括以下四个方面。一是大力提升产业标准化的水平。《纲要》提出要实施标准化助力重点产业稳链工程等一系列专项行动。将紧紧围绕产业的发展方向，聚焦重点产业链供应链，强化关键环节、关键领域、关键产品的技术标准研制与应用，筑牢产业发展基础，推进产业优化升级。二是强化标准对工业绿色发展的支撑。《纲要》提出要实施碳达峰、碳中和标准化提升工程。将进一步加强工业领域绿色低碳标准体系建设，加快推进钢铁、建材、石化化工、有色金属等重点行业碳达峰、碳中和相关标准研制，进一步筑牢工业绿色低碳发展的基础。三是将积极参与国际标准化活动。《纲要》提出实施标准国际化跃升工程。将继续开展工业和信息化领域国际国内标准比对分析，提高我国标准与国际标准的一致性程度，实现重点领域国际标准转化率超过 90%；进一步加强与国际同行的标准化交流，积极贡献中国的技术方案和实践经验，推动构建协同发展、互利共赢的全球产业生态。四是将持续深化标准化改革创新。《纲要》提出要优化政府颁布标准和市场自主制定标准的二元结构，特别是要大力发展团体标准。将进一步推动行业标准向重点和基础通用类标准的转变，为促进高质量发展制定更多更好的标准。通过实施团体标准应用示范项目，不断提升团体标准的市场认可度，增加团体标准的有效供给。

工业和信息化部发布《2021 年工业和信息化标准工作要点》，提出要做好建材等行业智能制造技术装备和应用标准制定，开展建材等行业低碳与碳排放、节能和能效提升、节水和水效提升、资源综合利用等标准研制，启动编制建材等行业智能制造标准体系建设指南。要继续实施百项团体标准应用示范项目，引导社会团体先行制定具有创新性的团体标准，及时满足产业和市场的急需；支持制定技术水平全面优于国家标准和行业标准的先进团体标准，鼓励制定质量分级评价团体标准，推动实现优质优价。

要深入贯彻《关于完整准确全面贯彻新发展理念做好碳达峰碳中和工作的意见》中提出的建立健全碳达峰、碳中和标准计量体系的要求，重点研究能耗、能效、低碳、绿色等系列关键和配套技术标准，推进建筑材料行业绿色低碳标准组织体系和标准体系的建设，支撑建筑材料行业重点领域率先达峰。要加速制定发布绿色低碳建材产品标准，从全产业链和全生命周期的视角开展绿色低碳建材设计评价，推进高性能绿色低碳建材产品生产，引导建筑、基础设施建设等行业选用绿色低碳建材产品，提升新建建筑与既有建筑改造中对绿色低碳建材产品的使用比例。积极参与国际能效、低碳等标准制定修订，加强国际标准协调。全力配合政府部门做好建筑材料行业碳排放权交易市场建设基础性工作，逐步完善建筑材料各产业碳排放限额与评价工作，进一步推进与扩展建筑材料各主要产业碳排放标准的研发与制订。

截至 2025 年 3 月，水泥行业已正式纳入全国碳排放权交易市场。建材其他各产业也要做好碳排放情况摸底工作，提前谋划和组织好有关企业参与碳交易方案制定、碳交易模拟试算、运行测试等前期工作，为有序进入全国碳市场创造条件。

思考题

1. 我国建材行业的发展现状如何？
2. 怎样打造建材行业的绿色低碳之路？
3. 建材行业碳中和路径有哪些？

第九章
有色金属行业的碳排放及碳中和

在现代社会中，有色金属已成为影响一个国家经济、科学技术、国防建设等发展的重要物质基础。中国有色金属工业在经过多年的发展和产业结构调整升级后，初步形成了较为合理的产业地区布局。在产业结构上，我国以有色金属的冶炼和加工生产为核心，形成了包括矿产勘探，矿石采选、冶炼、加工，消费，再加工等主要环节的行业链条。有色金属行业的碳排放主要与采选、冶炼和加工过程有关。本章讨论了有色金属行业调减低端产能、推动清洁能源使用、推动有色金属再生利用以及推动绿色减碳技术研发等碳中和路径。

第一节　我国有色金属行业的发展现状

一、有色金属工业的行业地位

有色金属是除了铁、锰、铬及其合金以外的所有金属的统称。在现代社会中，有色金属已成为提升国家综合实力和保障国家安全的关键性战略资源。有色金属与生活息息相关，是人民日常生活中不可缺少的基础性材料。此外，有色金属广泛应用在高精尖国防工业和科学研究中，镍、钴、钨、钼、钒、铌等有色金属是合金钢生产的必备原料，是国家重要的战略物资。在国民经济发展中，有色金属工业种类众多，应用范围广泛，一直以来都是我国的支柱产业，对其他关联产业具有较大的影响、辐射和拉动作用。

在国际上，有色金属是资源争夺的焦点，欧盟、日本、美国都把有色金属列为重要的战略性原材料。早在1992年，中国有色金属工业总公司便和深圳市联合建成了全国第一个标准化运行的期货交易所——深圳有色金属交易所，促进了与国际市场的接轨，有色金属也成为全国率先"走出去"的行业之一。这一举措不仅增强了资源保障力，而且显著提升了我国在国际市场的影响力和话语权。经过"十五"时期的快速发展，中国成为世界有色金属第一生产和消费大国，在有色金属研究领域，特别是在复杂低品位有色金属资源的开发和利用上有着显著的优势。

二、有色金属行业的布局现状

中国有色金属工业在经过多年的发展规划和产业结构调整升级后，初步形成了较为合理的产业地区布局。在中西部资源、能源条件较好的地区形成了有色金属矿山开发和冶炼生产基地,在沿海的广东、浙江、江苏等靠近消费市场的地区形成了有色金属加工生产基地。

2021 年底,工业和信息化部、科技部、自然资源部联合发布了《"十四五"原材料工业发展规划》(简称《规划》)。《规划》指出,要合理引导有色金属行业布局,要求"沿海地区有序布局利用境外资源的氧化铝等项目","促进电解铝行业布局由'煤—电—铝'向'水电、风电等清洁能源—铝'转移","打造一批石化化工、钢铁、有色金属、稀土、绿色建材、新材料产业集群"。有色矿山要力求在"科学投放砂石资源采矿权,合理布局一批大型机制砂石生产基地"前,按照"市场主导"基本原则,切实做好尾矿和废石综合利用工作,为"遵循原材料工业发展规律,更好发挥政府作用,注重战略规划引导、标准法规制定、市场秩序维护、产业安全保障等,营造良好发展环境"奠定应有基础。

三、有色金属行业的结构现状

在有色金属行业结构方面,我国以有色金属的冶炼和加工生产为核心,形成了包括矿产勘探、矿石采选、冶炼、加工,消费,再加工等主要环节的一条相互联系、相互依存的行业链条。

(一)矿产勘探

我国有色金属矿产资源十分丰富,矿种齐全,2023 年全国主要有色金属矿产资源储量见表 9-1。我国稀土资源的储量占世界第一位,稀土资源不但储量丰富,还具有矿种和稀土元素齐全、稀土品位高及矿点分布合理等优势。我国锑、钨、钛的储量均居世界第一位。此外,钽、锶、镉、铱、铋、铑、镍、锆、钴等金属的储量也较大。丰富的矿产储量为我国有色金属行业的发展奠定了基础。

表 9-1　2023 年全国主要有色金属矿产资源储量

序号	矿产名称	单位	全国储量
1	铜矿	10^4 t	4064.79
2	铅矿		2487.45
3	锌矿		5992.71
4	铝土矿		70752.22
5	钨矿(以 WO_3 计)		285.11
6	锡矿		117.44
7	钼矿		780.56
8	锑矿		82.74
9	金	t	3203.77
10	银		66866.44

(二)加工冶炼

目前中国有色金属的加工生产增速有所放缓,产业集中度有所提升。经过多年发展,我国已经进入高质量发展时期，铜、铝、铅、锌等主要有色金属生产增速均有所放缓，与之相伴的小金属品种生产增速也相应放缓。在增速放缓的同时，我国有色行业更加重视质量，相关企业的技术装备水平、产品质量、与下游产业的结合度和被认可度都得到了有效提升。

此外随着科技的进步，有色金属加工领域应用技术有所突破，产业链条得到了合理延伸。经过多年技术创新和产业化实践，中国在高纯技术等方面取得了重要进展，部分高附加值产品开始规模化量产，产品也在国内外广受好评。同时，新技术的应用与新产品的开发不仅提升了产品品质，而且推进了产业链条的合理延伸，拉动效应明显，企业效益也明显增加。

（三）下游消费生产

我国有色金属的产量保持稳速增长主要得益于下游行业发展态势较好。有色金属是基础原材料，和基建、地产、汽车、家电等领域需求具有一定的关联性，例如在铜和铝的终端消费中，电力、建筑均占据很大的比重，锌主要应用于汽车、建筑和船舶行业。相关下游行业发展良好会对拉动我国有色金属需求起到积极作用，并进一步影响有色行业景气度和相关公司的盈利水平。目前我国有色金属下游行业发展态势较好，我国建筑行业和电器行业的行情持续上涨，带动了有色金属行业的发展。

我国有色金属工业正积极推进转方式、调结构、促转型，努力推进产业发展由大到强，在总量规模、产业结构、科技创新、绿色发展等方面都迈上了新台阶，为实现有色强国梦积累了丰富经验。在高质量发展的大趋势下，中国有色金属行业正在积极践行新发展理念，按照建设资源节约型和环境友好型社会的指导方针，履行生态环境保护责任，大力推进清洁生产和清洁能源利用，使绿色、低碳成为有色金属产业的主旋律。

第二节　我国有色金属行业碳排放特点

有色金属行业在我国基础建设和经济发展中占据重要地位，是高能源消耗、高排放、重污染、低资源利用的行业。根据中国有色金属工业协会统计，2020 年我国十种有色金属（铜、铝、铅、锌、镍、锡、锑、镁、钛、汞）产量达到 6168 万吨，有色金属行业的二氧化碳总排放量约 6.6 亿吨，占全国总排放量的 5%。其中，冶炼行业排放占比 89% 左右，压延加工业约占 10%，采选排放占比 1% 左右。

有色金属行业的碳排放主要来源于三个过程：有色金属采选过程、有色金属冶炼过程和有色金属加工过程。不同过程的碳排放特征及核算方法如下。

一、有色金属采选过程碳排放

有色金属采选过程主要分为采矿和选矿两大部分，金属类别不同，与之对应的选矿工艺也有所不同，但整体流程相似。该过程的碳排放主要来源于能源消耗排放。采矿工艺能耗包括采矿、掘进、运输、提升、压风、充填和供水等能耗，选矿工艺能耗包括运输、碎矿、磨矿、浮选、脱水、尾矿输送等工艺能源消耗。

有色金属采选过程中的 CO_2 排放量可以使用 IPCC 发布的《国家温室气体清单指南》中提供的参考方法，利用含碳类能源消费量进行估算。IPAT 恒等式可以用于估算碳排放量，其原理是将能源消费碳排放量分解为不同因素的乘积，然后根据能源消费总量及比例估算碳排放量。计算公式如式（9-1）所示。

$$C = \sum_i e_i V_i f_i \times 44/12 \tag{9-1}$$

式中　C——CO_2 排放总量，10^4 t；

　　　i——能源的种类；

　　　e_i——第 i 种能源的消费量，10^4 t；

　　　V_i——第 i 种能源的平均低位发热量；

　　　f_i——第 i 种能源的碳排放因子，即第 i 种能源的碳排放系数与碳氧化率的乘积；

44/12——CO_2 和 C 的分子量之比。

能源规模和能源种类是对有色金属采选过程碳排放影响较大的因素。采用清洁能源（如生物质能源等），提高能效比，追求更高的能源转化效率，推广先进适用的技术，可以有效减少此过程的碳排放。

二、有色金属冶炼过程碳排放

有色金属冶炼指从矿石、精矿、二次资源或其他物料中分离出伴生元素而产出有色金属或其化合物的生产过程。有色金属冶炼过程由于原材料、所处生产环节不同，生产工艺流程和技术参数差异较大，但从碳排放角度分析，其排放类型和核算方法较为统一。有色金属冶炼过程的碳排放主要产生于燃料燃烧排放、能源还原消耗排放、生产过程排放、电力排放和热力排放五个部分。冶炼是有色金属行业碳排放的核心环节，其碳排放约占全行业碳排放总量的 90%。

（一）核算步骤

有色金属冶炼过程的碳排放核算步骤主要包括：识别排放源；收集活动数据；选择和获取排放因子数据；分别计算化石燃料燃烧排放量、能源作为原材料用途的排放量、生产过程排放量、购入和输出的电力及热力所对应的排放量；汇总计算企业温室气体排放量。

（二）燃料燃烧排放

燃料燃烧排放是指煤炭、燃气、柴油等燃料在各种类型的固定或移动燃烧设备中与氧气充分反应产生的二氧化碳排放。计算公式如式（9-2）所示。

$$E_{燃烧} = \sum_{i=1}^{n} (AD_i \times EF_i) \tag{9-2}$$

式中　$E_{燃烧}$——燃料燃烧产生的二氧化碳排放量，t；

　　　AD_i——第 i 种燃料的活动水平，GJ；

　　　EF_i——第 i 种燃料的 CO_2 排放因子，t/GJ。

（三）能源作为原材料用途的排放

能源还原消耗部分产生的碳排放主要是含碳原料（蓝炭等）作为原材料被消耗，发生物理或化学变化而产生的。计算公式如式（9-3）所示。

$$E_{原材料} = AD_{还原剂} \times EF_{还原剂} \tag{9-3}$$

式中　$E_{原材料}$——含碳原料还原产生的二氧化碳排放量，t；

　　　$AD_{还原剂}$——还原剂活动水平，即导致碳排放的还原剂消耗量，固体或液体原料单位为 t，气体原料单位为 $10^4 m^3$；

　　　$EF_{还原剂}$——原料还原的二氧化碳排放因子，固体或液体原料单位为 t/t，气体原料单位为 $t/10^4 m^3$。

（四）生产过程排放

工业生产中，除能源之外的原料发生化学反应造成的碳排放都属于生产过程排放。例如生产过程中使用石灰石或白云石作为生产原料或脱硫剂，碳酸盐发生分解反应导致的二氧化碳排放。该部分计算公式如式（9-4）所示。

$$E_{过程} = E_{草酸} + \sum E_{碳酸盐} = AD_{草酸} \times EF_{草酸} + \sum (AD_{碳酸盐} \times EF_{碳酸盐}) \qquad (9-4)$$

式中　$E_{过程}$——工业过程导致的二氧化碳排放量，t；

　　　$E_{草酸}$——草酸分解所导致的过程排放量，t；

　　$\sum E_{碳酸盐}$——碳酸盐分解所导致的过程排放量，t；

　　$AD_{草酸}$——草酸活动水平，t；

　$AD_{碳酸盐}$——碳酸盐活动水平，t；

　　$EF_{草酸}$——草酸分解的二氧化碳排放因子，t/t；

　$EF_{碳酸盐}$——碳酸盐分解的二氧化碳排放因子，t/t。

在上述公式中，草酸仅在部分稀土冶炼过程中用到，在实际核算中应以涉及的化学物质为准。

（五）电力排放

用电是有色金属行业碳排放的主要来源，用电导致的间接排放占全行业碳排放总量的70%。有色金属冶炼过程所用到的电力根据来源一般分为余热发电、太阳能发电和购入电力。余热发电和太阳能发电等电力的排放因子可记为零，为资源有效利用，未直接消耗能源。实际核算时应计算购入电力所对应的电力生产环节产生的二氧化碳排放。计算公式如式（9-5）所示。

$$E_{电} = AD_{电} \times EF_{电} \qquad (9-5)$$

式中　$E_{电}$——冶炼过程中消耗的购入电力对应的二氧化碳排放量，t；

　　$AD_{电}$——企业的净外购电量，即企业购买的总电量扣减企业外销电量，MW·h；

　　$EF_{电}$——区域电网年平均供电的二氧化碳排放因子，t/（MW·h）。

在有色金属冶炼过程中，冶炼规模、生产工艺、清洁生产水平和综合能耗等因素均会影响该过程的碳排放强度。有色金属冶炼业过程碳排放受电力碳排放影响明显，因此加快电力技术的发展革新、鼓励电厂采用可再生能源进行电力供应对减少该过程的碳排放作用显著。

（六）热力排放

有色金属冶炼过程的热力根据来源一般分为余热利用和购入外部集中供热等。余热利用的热力排放因子可记为零，为资源有效利用，未直接消耗能源产生二氧化碳。冶炼过程中购入热力（蒸汽、热水）所对应的热力生产环节产生的二氧化碳排放为实际核算量。计算公式如式（9-6）所示。

$$E_热 = AD_热 \times EF_热 \qquad (9\text{-}6)$$

式中　$E_热$——冶炼过程中消耗的购入热力对应的二氧化碳排放量，t；

　　　$AD_热$——企业的净外购热量，GJ；

　　　$EF_热$——区域热网年平均供热的二氧化碳排放因子，t/GJ。

三、有色金属加工过程碳排放

有色金属加工过程主要指有色金属的压延加工。该过程是通过轧制、锻打或挤压等外力手段，使冶炼浇铸后形成的金属锭、坯、模成为需要的形状或结构形式。该过程的碳排放同冶炼过程，包括燃料燃烧排放、能源还原消耗排放、生产过程排放、电力排放和热力排放五个部分。

（一）核算步骤

有色金属压延加工过程的碳排放核算步骤主要包括：识别排放源；收集活动数据；选择和获取排放因子数据；分别计算化石燃料燃烧排放量、能源作为原材料用途的排放量、生产过程排放量、购入和输出的电力及热力所对应的排放量；汇总计算企业温室气体排放量。

（二）燃料燃烧排放

燃料燃烧排放是指煤炭、燃气、柴油等燃料在各种类型的固定或移动燃烧设备中与氧气充分反应产生的二氧化碳排放。计算公式见式（9-7）：

$$E_{燃烧} = \sum_{i=1}^{n} (AD_i \times EF_i) \qquad (9\text{-}7)$$

式中　$E_{燃烧}$——燃料燃烧产生的二氧化碳排放量，t；

　　　AD_i——第 i 种燃料的活动水平，GJ；

　　　EF_i——第 i 种燃料的二氧化碳排放因子，t/GJ。

（三）能源作为原材料用途的排放

能源还原消耗部分产生的碳排放主要是含碳原料（蓝炭等）作为原材料被消耗，发生物理或化学变化而产生的。计算公式见式（9-8）：

$$E_{原材料} = AD_{还原剂} \times EF_{还原剂} \qquad (9\text{-}8)$$

式中　$E_{原材料}$——含碳原料还原产生的二氧化碳排放量，t；

　　　$AD_{还原剂}$——还原剂活动水平，即导致碳排放的还原剂消耗量，固体或液体原料单位为 t，气体原料单位为 $10^4 \, m^3$；

　　　$EF_{还原剂}$——原料还原的二氧化碳排放因子，固体或液体原料单位为 t/t，气体原料单位为 $t/10^4 m^3$。

（四）生产过程排放

工业生产中，除能源之外的原料发生化学反应造成的碳排放都属于生产过程排放。例如生产过程中使用石灰石或白云石作为生产原料或脱硫剂，碳酸盐发生分解反应导致的二氧化碳排放。该部分计算公式见式（9-9）：

$$E_{过程} = E_{草酸} + \sum E_{碳酸盐} = AD_{草酸} \times EF_{草酸} + \sum (AD_{碳酸盐} \times EF_{碳酸盐}) \qquad (9\text{-}9)$$

式中　$E_{过程}$——工业过程导致的二氧化碳排放量，t；

　　　$E_{草酸}$——草酸分解所导致的过程排放量，t；

　$\sum E_{碳酸盐}$——碳酸盐分解所导致的过程排放量，t；

　　$AD_{草酸}$——草酸活动水平，t；

　　$AD_{碳酸盐}$——碳酸盐活动水平，t；

　　　$EF_{草酸}$——草酸分解的二氧化碳排放因子，t/t；

　$EF_{碳酸盐}$——碳酸盐分解的二氧化碳排放因，子 t/t。

在上述公式中，草酸仅在部分稀土冶炼过程中用到，在实际核算中应以涉及的化学物质为准。

（五）电力排放

有色金属冶炼过程所用到的电力根据来源一般分为余热发电、太阳能发电和购入电力。余热发电和太阳能发电等电力的排放因子可记为零，为资源有效利用，未直接消耗能源。实际核算时应计算购入电力对应的电力生产环节产生的二氧化碳排放。计算公式如式（9-10）所示：

$$E_{电}＝AD_{电}×EF_{电} \qquad (9-10)$$

式中　$E_{电}$——冶炼过程中消耗的购入电力对应的二氧化碳排放量，t；

　　$AD_{电}$——企业的净外购电量，即企业购买的总电量扣减企业外销电量，MW·h；

　　$EF_{电}$——区域电网年平均供电的二氧化碳排放因子，t/（MW·h）。

（六）热力排放

有色金属冶炼过程的热力根据来源一般分为余热利用和购入外部集中供热等。余热利用的热力排放因子可记为零，为资源有效利用，未直接消耗能源产生二氧化碳。冶炼过程中购入热力（蒸汽、热水）所对应的热力生产环节产生的二氧化碳排放为实际核算量。计算公式如式（9-11）所示：

$$E_{热}＝AD_{热}×EF_{热} \qquad (9-11)$$

式中　$E_{热}$——冶炼过程中消耗的购入热力对应的二氧化碳排放量，t；

　　$AD_{热}$——企业的净外购热量，GJ；

　　$EF_{热}$——区域热网年平均供热的二氧化碳排放因子，t/GJ。

有色金属压延加工过程的碳排放主要由电力和燃料燃烧贡献。促进清洁能源在有色金属加工业和电力行业的应用对降低碳排放非常重要。此外，大力推动生产技术创新、提高高附加值产品比例、减缓有色金属加工业经济规模扩张也是未来有色金属加工业减少碳排放的工作重点。

第三节　有色金属行业高质量发展导向

一、调减低端产能的导向

我国有色金属行业的产业链条呈现"中间大、两头小"的情况，即冶炼产能过剩、矿山保障能力不足、高附加值产品短缺，总体上处于国际产业分工中的低端。产能过剩是近年来困扰我国有色金属行业的一个严重问题。有色金属价格曾达到高位，使整个行业充满了投资的冲动，大量资金流向有色金属行业，不断形成新的产能。过剩产能和低端产能不削减，会导致全行业产能溢出、供需矛盾日益尖锐，有色金属价格回升无力，企业效益难以提高。当前，应继续加强政策引导，综合运用产业政策、用地指标、环境容量和资源配置等手段严格执行国家宏观调控政策，并从保护企业生存过渡到帮扶企业进行转型升级。在调整转型的同时，企业应积极开拓新市场，加大产业转移力度，实现资源及物流优化配置，着力提升竞争力，谋求可持续发展。

为解决过剩产能和低端产能问题，国务院于 2016 年发布了《关于营造良好市场环境促进有色金属工业调结构促转型增效益的指导意见》（简称《意见》）。《意见》指出，要严控新增产能，确有必要的电解铝新（改、扩）建项目，要严格落实产能等量或减量置换方案。加大督促检查工作力度，对违法违规新增产能严肃问责。全面调查掌握有色金属重点品种的环保、能耗、质量、安全、技术等情况，对不符合法律法规、产业政策和相关标准的企业，要立即限期整改；未达到整改要求的，要依法依规关停退出。鼓励企业调整发展战略，主动压减存量产能，实施等量或减量兼并重组，退出部分低效产能。

2022 年 11 月，工业和信息化部、国家发展和改革委员会和生态环境部印发了《有色金属行业碳达峰实施方案》（简称《方案》）。《方案》强调要防范铜、铅、锌、氧化铝等冶炼产能盲目扩张，加快建立防范产能严重过剩的市场化、法治化长效机制。强化工业硅、镁等行业政策引导，促进形成更高水平的供需动态平衡。同时加快低效产能退出，修订完善《产业结构调整指导目录》，强化碳减排导向，坚决淘汰落后生产工艺、技术、装备，依据能效标杆水平，推动电解铝等行业改造升级。完善阶梯电价等绿色电价政策，引导电解铝等主要行业节能减排，加速低效产能退出。鼓励优势企业实施跨区域、跨所有制兼并重组，推动环保绩效差、能效水平低、工艺落后的产能依法依规加快退出。

未来应持续压缩并逐步淘汰低端产能，推动产学研深度融合，大力发展高端精深加工和资源综合利用等技术，加快低端产能向高端化转型，着力提升关键环节和重点领域在基础理论、生产工艺和应用技术上的创新能力。

二、产业结构调整的导向

有色金属的产业结构调整是我国有色金属工业加快转型升级、实现高质量发展的必由之路。我国有色金属行业产业结构不尽合理，有色金属资源优势未能真正转化为经济效益优势，有色金属产业长期处于被动局面，因此，调整产业结构势在必行。

2016 年颁布的《关于营造良好市场环境促进有色金属工业调结构促转型增效益的指导意见》提出，要通过推动智能制造、发展精深加工、加强上下游合作、完善相关产品标准、健全储备体系、积极推进国际合作等方式，加快有色金属工业转型升级、降本增效，还明确了完善用电政策、完善土地政策、加大财税支持、加强金融扶持、做好职工安置工作、发挥行业协会作用等一系列支持有色金属工业调结构、促转型、增效益的政策措施。

2023 年 12 月，国家发展和改革委员会颁布了《产业结构调整指导目录（2024 年本）》（简称《目录》）。《目录》中明确提出有色金属行业的鼓励类项目、限制类项目及淘汰类项目。其中鼓励类项目主要包括：有色金属矿山的勘探开发、尾矿充填采矿工艺及装备研发；高效、低耗、低污染、新型冶炼技术开发及应用，铜冶炼 PS 转炉的环保升级改造；高效、节能、低污染、规模化再生资源回收与综合利用；信息领域新材料，新能源领域新材料，交通运输、高端制造及其他领域新材料，新能源、半导体照明、电子领域用连续性金属卷材、真空镀膜材料、高性能箔材等。与 2019 年本相比，该版本扩大了有色金属综合利用的范围，增加了锌湿法冶炼浸出渣资源化利用和无害化处置、铝灰渣资源化利用、再生有色金属新材料。

我国应充分发挥技术改造对有色金属行业的促进作用，放眼国际，加强引导，积极推广新工艺、新技术、新装备，争取尽快实现绿色清洁生产。

三、新旧动能转换的导向

新旧动能转换就是传统动能向新兴动能转换的过程。新动能指利用产业变革带来的经济发展动力的产业和发展模式，新兴产业、新技术、产业升级等有利于经济发展的一切新的因素都可称为新动能。而旧动能指传统的产业和发展模式，主要指高耗能、高污染、低效率的产业。新旧动能转换以新技术、新产业、新业态、新模式为核心，推动产业智慧化、智慧产业化、跨界融合化、品牌高端化，深化供给侧结构改革，建造新的经济增长极。

在有色金属产业领域，我国的总产量居世界第一位。但与此同时，行业中的中高端消费品、深加工技术、关键工业品零部件供给相对不足。对于有色金属行业的发展，旧动能曾经在规模和数量追赶过程中发挥了重要作用，但在新时代背景下难以承担起提高经济发展质量的重任，因此必须加快新旧动能转换，培育符合高质量要求的新动能，这既是实现有色金属行业健康向上发展的要求，更是建设社会主义现代化强国的必然要求。

目前我国的新旧动能转换总体较为缓慢。新能源汽车的需求带动了有色金属钴、锂等新材料的发展，轨道交通和汽车用铝的产量和用量持续增长，进一步促进了高端运输材料的应用。但是高端材料和新材料在产业体系中所占比例不高，新旧动能转换总体缓慢。产业下游精深加工的基础研究、技术支撑和高新项目储备不足，部分有色金属精深加工高端产品依赖进口的局面一时难以改变。

未来有色金属行业应通过新旧动能转换，提升自身的竞争力，也要与国家大力培育的网络经济、数字经济、共享经济等新兴产业相结合，着力加快建设实体经济、科技创新、现代金融、人力资源协同发展的产业体系，推动新技术、新产业、新业态蓬勃发展，为建设社会主义现代化强国提供有效支撑。

四、绿色-智能-高端导向

在有色金属领域，我国应用新技术、创造新产品、融合新业态，推动产业向绿色化、智能化、高端化跃升，开启了有色金属产业的升级之路。

我国近年来努力构建绿色有色金属工业体系，进行了资源能源高效、清洁、低碳、循环利用改造，并对尾矿、冶炼废渣、化工废渣等大宗工业固废资源进行了综合利用，对余热、余压、副产煤气等二次资源也进行了高效回收。生产过程逐渐清洁化，新生产技术的推广应用，从源头消减了污染物的产生，工艺设备也进行了升级改造，减少了废弃物的产生。

在智能化方面，2021 年 11 月，工业和信息化部印发了《"十四五"信息化和工业化深度融合发展规划》（简称《规划》）。《规划》强调，信息化和工业化深度融合是中国特色新型工业化道路的集中体现，是新发展阶段制造业数字化、网络化、智能化发展的必由之路，也是数字经济时代建设制造强国、网络强国和数字中国的扣合点。推动两化深度融合，对于加快新一代信息技术在制造业的深度融合，打造数据驱动、软件定义、平台支撑、服务增值、智能主导的现代化产业体系，推进制造强国、网络强国以及数字中国建设具有重要意义。《规划》提出，推进行业领域数字化转型。在原材料产业，面向石化化工、钢铁、有色、建材、能源等行业，推进生产过程数字化监控及管理，加速业务系统互联互通和工业数据集成共享，实现生产管控一体化。支持构建行业生产全流程运行数据模型，基于数据分析实现工艺改进、运行优化和质量管控，提升全要素生产率。建设和推广行业工业互联网平台，推动关键设备上云上平台，聚焦能源管理、预测性维护、安环预警等重点环节，培育和推广一批流程管理工业 APP 和解决方案。

"有色金属＋互联网"模式的应用是今后的行业主流。以基础设施、平台系统、业务应用、设备产品、制造能力为重点开展的信息技术与制造业深度融合，可以优化管理效率。有色金属企业内外网改造和配套能力建设，内部各类应用的综合集成和云化改造迁移，工业数据采集、分析和云端汇聚，可以实现供需对接和能力交易，提升社会制造资源配置效率。

在高端化方面，有色金属行业应坚持走高端化发展道路，不断打造产品核心竞争力。聚焦高端装备、节能与新能源汽车、精品钢、新材料等优势下游产业，实施产品升级换代、附加值提升、产品质量提升等技术的全面提升，同时使用新技术、新工艺、新流程、新材料和先进制造系统、智能制造设备及大型成套技术装备来提高竞争力。

第四节　我国有色金属行业碳中和路径

国务院于 2021 年 10 月印发了《2030 年前碳达峰行动方案》。在有色金属方面，《2030年前碳达峰行动方案》指出，要实现有色金属工业的碳达峰，需要巩固化解电解铝过剩产能成果，严格执行产能置换，严控新增产能。推进清洁能源替代，提高水电、风电、太阳能发电等应用比重。加快再生有色金属产业发展，完善废弃有色金属资源回收、分选和加工网络，提高再生有色金属产量。加快推广应用先进适用绿色低碳技术，提升有色金属生产过程余热回收水平，推动单位产品能耗持续下降。

一、严控铜铅锌冶炼产能

近年来，我国有色金属工业实现了跨越式发展，已成为全球最大的铜、铝、铅、锌等主要有色金属生产和消费大国，基本满足了经济社会发展和国防科技工业建设的需要。在迅速发展的同时，由于资金大量涌入，也出现了产能盲目扩张的问题。

2021 年 12 月，工业和信息化部、科学技术部、自然资源部三部门联合发布《"十四五"原材料工业发展规划》（简称《规划》）。《规划》提出要严控新增产能，完善并严格落实钢铁、水泥、平板玻璃、电解铝行业产能置换相关政策，防止铜冶炼、氧化铝等盲目无序发展，新建、改扩建项目必须达到能耗限额标准先进值、污染物超低排放值。严控尿素、磷铵、电石、烧碱、黄磷等行业新增产能，新建项目应实施产能等量或减量置换。鼓励各地区扩大原材料行业产能置换实施范围，提高淘汰落后标准，利用综合标准依法依规推动落后产能退出。严禁新建《产业结构调整指导目录》中限制类和淘汰类项目。

《规划》指出要健全长效机制。研究建立运用碳排放、污染物排放、能耗总量等手段遏制过剩产能扩张的约束机制。对达不到超低排放要求、竞争力弱的城市钢厂以及大气污染防治重点区域城市钢厂采取彻底关停、转型发展、就地改造、搬迁改造等方式，推动转型升级。实施水泥常态化错峰生产，探索建立钢铁等行业错峰生产机制。强化石化、现代煤化工产业规划和规划环境影响评价，结合"十三五"实施效果和碳达峰碳中和要求，科学确定行业发展合理规模。实施节能审查，严格控制石化化工、钢铁、建材等主要耗煤行业的燃料煤耗量。健全防范产能过剩长效工作机制，畅通举报渠道，强化联合执法，加强行业预警，充分利用卫星监测、大数据等技术手段，加大违法违规新增产能行为的查处力度，持续保持高压打击态势。

在控制铜铅锌冶炼产能的同时，要加快传统领域清洁生产升级改造。坚决淘汰鼓风炉炼铜，对现有转炉实施清洁生产改造；逐步淘汰富氧熔炼-鼓风炉还原炼铅工艺，鼓励采用先进连续熔炼炼铅工艺；对锌冶炼企业竖罐炼锌装备进行升级改造；对 ISP 铅锌冶炼工艺实施清洁生产改造，减少无组织排放；坚决淘汰"散乱污"的小再生铅、锌、铝冶炼企业。引导达不到环保、能耗、质量、安全等标准的产能有序退出。

二、推动清洁能源的使用

有色金属行业的二氧化碳排放主要是能源消费引起的，因此推动清洁能源的使用对减少该行业的碳排放起着重要作用。

《2030 年前碳达峰行动方案》中指出，要大力发展新能源，全面推进风电、太阳能发电大规模开发和高质量发展，坚持集中式与分布式并举，加快建设风电和光伏发电基地。加快智能光伏产业创新升级和特色应用，创新"光伏＋"模式，推进光伏发电多元布局。坚持陆海并重，推动风电协调快速发展，完善海上风电产业链，鼓励建设海上风电基地。积极发展太阳能光热发电，推动建立光热发电与光伏发电、风电互补调节的风光热综合可再生能源发电基地。因地制宜发展生物质发电、生物质能清洁供暖和生物天然气。探索深化地热能以及波浪能、潮流能、温差能等海洋新能源开发利用。进一步完善可再生能源电力消纳保障机制。到 2030 年，风电、太阳能发电总装机容量达到 12 亿千瓦以上。

在水电建设方面，要积极推进水电基地建设，推动金沙江上游、澜沧江上游、雅砻江中游、黄河上游等已纳入规划、符合生态保护要求的水电项目开工建设，推进雅鲁藏布江下游水电开发，推动小水电绿色发展。推动西南地区水电与风电、太阳能发电协同互补。统筹水电开发和生态保护，探索建立水能资源开发生态保护补偿机制。"十四五""十五五"期间分别新增水电装机容量 4000 万千瓦左右，西南地区以水电为主的可再生能源体系基本建立。

在核电方面，需要合理确定核电站布局和开发时序，在确保安全的前提下有序发展核电，保持平稳建设节奏。积极推动高温气冷堆、快堆、模块化小型堆、海上浮动堆等先进堆型示范工程，开展核能综合利用示范。加大核电标准化、自主化力度，加快关键技术装备攻关，培育高端核电装备制造产业集群。实行最严格的安全标准和最严格的监管，持续提升核安全监管能力。

最后，该方案还提出要构建新能源占比逐渐提高的新型电力系统，推动清洁电力资源大范围优化配置。大力提升电力系统综合调节能力，加快灵活调节电源建设，引导自备电厂、传统高载能工业负荷、工商业可中断负荷、电动汽车充电网络、虚拟电厂等参与系统调节，建设坚强智能电网，提升电网安全保障水平。积极发展"新能源＋储能"、源网荷储一体化和多能互补，支持分布式新能源合理配置储能系统。制定新一轮抽水蓄能电站中长期发展规划，完善促进抽水蓄能发展的政策机制。加快新型储能示范推广应用。深化电力体制改革，加快构建全国统一电力市场体系。到 2025 年，新型储能装机容量达到 3000 万千瓦以上。到 2030 年，抽水蓄能电站装机容量达到 1.2 亿千瓦左右，省级电网基本具备 5％以上的尖峰负荷响应能力。

此外，国家发改委等部门发布了《高耗能行业重点领域能效标杆水平和基准水平（2021 年版）》，也对有色金属行业推动绿色清洁能源的使用作出了规定，详见附表 10。

三、有色金属的再生利用

再生资源是指在社会生产和消费过程中产生的，已经失去原有的全部或部分使用价值，经过回收、加工处理，能够重新获得使用价值的各种物料。有色金属是重要的再生资源，对其的再生利用主要集中于铜、铝、锌、铅等相关产品。《中国再生资源回收行业发展报告（2024）》数据显示，2023 年我国十个主要品种废有色金属再生资源回收量 1448 万吨，同比增长 5.3％，对有色金属的再生利用已成为保障我国资源战略安全的重要途径。在循环过程中遵循"减量化、再利用、资源化"原则，可以全面提高资源的利用效率，为建立健全绿色低碳循环发展经济体系和促进可持续发展提供保障。

2021 年 7 月，国家发改委印发了《"十四五"循环经济发展规划》（简称《规划》），对实现碳达峰、碳中和目标提供了重要支撑。在有色金属等再生资源方面，《规划》指出，要构建废旧物资回收网络，助力规范化发展。一方面，落实废旧物资回收相关设施的空间保障，提升行业经营的规范性；另一方面，随着居民消费水平持续攀升，居民在消费领域的碳排放占比上升，激励和规范二手交易市场刻不容缓。《规划》提出要为产品回收、闲置交易构建标准化、规范化的平台，推广"互联网＋二手"交易模式，形成市场化新业态。

此外，《规划》还提出，要进一步优化循环经济推进机制：一是推动修订循环经济法律法规，鼓励各地方制定地方性法规，完善循环经济标准体系并深化标准化试点工作等；二是通过统计制度的完善、统计核算方法的优化，提升统计数据对循环经济工作的支撑能力，同时鼓励第三方开展循环经济评价；三是统筹现有资金渠道，加强对循环经济重大工程、重点项目和能力建设的支持；四是强化行业监管、市场监管、环境监管。

2021 年国务院印发了《关于完整准确全面贯彻新发展理念做好碳达峰碳中和工作的意见》（简称《意见》）和《2030 年前碳达峰行动方案》（简称《方案》），两份文件提出要将提高废钢回收利用水平、提高再生有色金属产量、鼓励建材企业使用固废原料、推动建材循环利用、推动能量梯级利用、加强农作物秸秆资源化利用等发展循环经济的具体举措作为支撑工业、建筑领域碳达峰、碳中和目标实现的重要内容。《意见》和《方案》还提出要开发好再生资源这个"新矿山"，明确健全资源循环利用体系。完善废旧物资回收网络，开发利用"城市矿产"，生产流程较开发利用原生资源大幅缩短，进而为实现碳达峰、碳中和目标提供有力支撑。

这一系列规定为有色金属的再生利用提供了政策支持，为不同地区和企业发展循环经济提供了指引，也为进一步缓解我国资源安全压力，助力碳达峰、碳中和目标实现提供了保障。

四、绿色减碳技术的研发

绿色减碳技术创新是有色金属产业应对气候变化的关键所在。

2022 年 6 月，科技部等九部门印发了《科技支撑碳达峰碳中和实施方案（2022—2030

年)》。针对有色金属行业，该方案指出，要深度融合大数据、人工智能、第五代移动通信等新兴技术，引领有色金属工业流程的零碳和低碳再造以及数字化转型。研发新型连续阳极电解槽、惰性阳极铝电解新技术、输出端节能等余热利用技术，金属和合金再生料高效提纯及保级利用技术，连续铜冶炼技术，生物冶金和湿法冶金新流程技术。《科技支撑碳达峰碳中和实施方案（2022—2030 年）》的颁布，将推动碳达峰、碳中和工作平稳进行，并为有色金属行业的减碳技术提供支持。

2025 年 1 月，生态环境部等五部门印发《国家重点推广的低碳技术目录（第五批）》。该目录包含工业领域降碳类技术示范类 9 项、推广类 19 项。该目录涉及多项有色金属行业的减碳技术。例如，节能低碳散料带式输送系统成套技术，可用于山地矿山以及其他复杂地形矿石等物料大运量长距离输送，该技术应用于中国铝业几内亚 Boffa 铝土矿矿山项目输送系统，年减排量为 9277 tCO_2（与汽车运输模式相比）；又如，分布式光伏直流接入电解铝柔性直流微网供电技术，应用于昆明阳宗海绿色铝产业园绿色智慧能源项目，年减排量为 7750.65 tCO_2；再如，节能长寿命铝电解槽阴极制造技术，应用于广西华磊新材料有限公司电解槽阴极炭块供应项目，年减排量 65000tCO_2。

思考题

1. 我国有色金属行业的空间布局特征是什么？
2. 我国有色金属行业的碳排放来源有哪些？

第十章
交通行业的碳排放及碳中和

我国交通行业可以分为货运业务、客运业务和邮政业务三大板块，作为碳排放三大行业之一，交通行业的碳排放具有明显的复合增速高、碳排放上行压力大的特点。本章讨论了交通行业的综合发展导向、绿色发展导向、安全发展导向和智能发展导向，以及清洁能源交通建设、数字智能交通建设和绿色公共交通建设等碳中和路径。

第一节　我国交通行业的发展现状

一、货运业务规模现状

近年来，我国经济快速发展，贸易经济迅速繁荣，货物运输规模不断扩大。国内货物运输方式主要分为铁路、公路、水运、民用航空、管道等。表10-1的数据显示，2024年我国货物运输总量为5781898万吨，公路运输量以绝对优势占比超七成，第二名水路运输量占比16.97%，铁路运输、管道运输和民航运输分别占比8.94%、1.64%和0.02%。

表 10-1　2024 年各类主要运输方式货物运输量

指标	数量/10^4t	占比/%	指标	数量/10^4t	占比/%
货物运输总量	5781898	—	水运货运量	981000	16.97
铁路货运量	517000	8.94	民航货运量	898	0.02
公路货运量	4188000	72.43	管道货运量	95000	1.64

数据来源：国家统计局。

2024年各类主要运输方式的货物周转量统计在表10-2中，全年货物周转量为261948.10亿吨公里。其中，水路运输常适用于长距离运输，2024年水运货物周转量为141422.90亿吨公里，占比过半。公路、铁路、管道和民航的货物周转量占比分别为29.34%、13.69%、2.85%、0.14%。

表 10-2　2024 年各类主要运输方式货物周转量

指标	数量/(10^8 t·km)	占比/%	指标	数量/(10^8 t·km)	占比/%
货物运输周转量	261948.10	—	水运货物周转量	141422.90	53.99
铁路货物周转量	35861.90	13.69	民航货物周转量	353.90	0.14
公路货物周转量	76847.50	29.34	管道货物周转量	7461.90	2.85

数据来源：国家统计局

图 10-1 和表 10-3 的数据显示，我国货物运输周转量和各类运输方式货物周转量总体保持着持续而快速的增长，近年来增速有所放缓。2020 年、2021 年、2022 年、2023 年和 2024 年，国内货物运输周转量年增长率分别为 −1.28%、10.72%、3.66%、6.89% 和 5.73%。从各类运输方式货物周转量增速来看，2020—2024 年间民用航空的货物周转量增速波动最大。

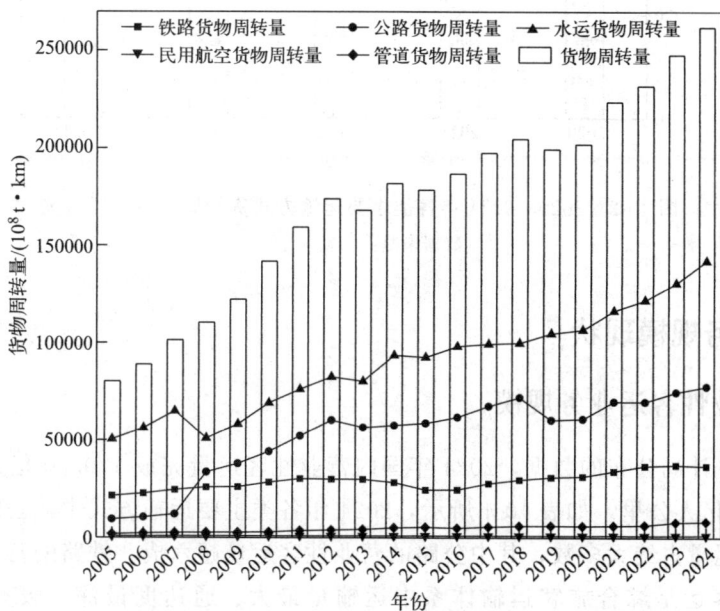

图 10-1　2005—2024 年中国各类主要运输方式货物周转量
（数据来源：国家统计局）

从各种货物运输方式周转量的规模占比情况来看，由图 10-2 的数据可知，2020—2024 年，不同运输方式占比变动不大，保持平稳。综合来看，受宏观政策调控影响，近几年国内货物运输逐渐向铁路、水路方向调整。

表 10-3　2020—2024 年各类主要运输方式货物周转量增速　　　　　　单位：%

年份	总量	铁路	公路	水运	民航	管道
2020	−1.28	1.10	0.90	1.80	−8.74	−3.08
2021	10.72	8.93	14.82	9.21	15.80	4.52
2022	3.66	8.15	−0.19	4.69	−8.65	3.74
2023	6.89	1.43	7.24	7.40	11.62	26.29
2024	5.73	−1.64	3.92	8.83	24.78	5.10

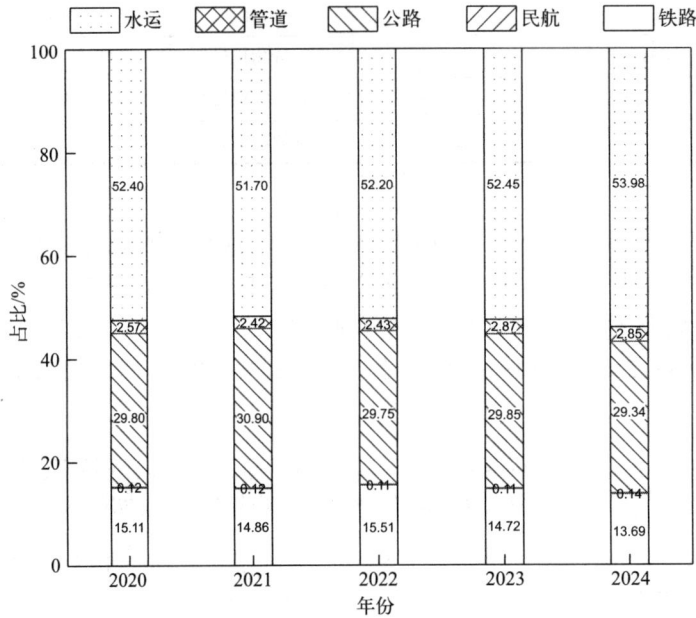

图 10-2　2020—2024 年各类主要运输方式货物周转量占比情况
（数据来源：国家统计局）

二、客运业务规模现状

（一）营业性客运业务规模

根据国家统计局公布的数据，2024 年国内营业性客运量完成 170.80 亿人，旅客运输总量为 33885.50 亿人公里。如表 10-4 所示，2024 年各类主要运输方式中，公路运输和铁路运输的营业性客运量占绝大多数，其中公路的营业性客运量超六成，铁路的营业性客运量近三成。目前公路客运是综合旅客运输体系中运输量最大、通达度最深、服务面最广的运输方式。

表 10-4　2024 年各类主要运输方式完成营业性客运量

指标	数量/万人	占比/%	指标	数量/万人	占比/%
旅客运输总量	1708000	—	水运客运量	26000	1.52
铁路客运量	431000	25.23	民航客运量	73000	4.27
公路客运量	1178000	68.97			

数据来源：国家统计局。

如表 10-5 所示，从旅客周转量方面来看，铁路和民航由于旅客运输距离较长、运输速度相对较快，因此分别列居第一、二位，占比 46.62% 和 38.11%。公路客运适用于短途运输，客运量占据优势，旅客周转量居第三位，占比 15.10%。水运由于适用范围小，在客运量和周转量上都是占比最小的。

表 10-5　2024 年各类主要运输方式旅客周转量

指标	数量/亿人公里	占比/%	指标	数量/亿人公里	占比/%
旅客周转总量	33885.5	—	水运旅客周转量	54.7	0.16
铁路旅客周转量	15799.1	46.62	民航旅客周转量	12914.7	38.11
公路旅客周转量	5117	15.10			

数据来源：国家统计局。

　　如图 10-3 所示，2005—2019 年国内营业性旅客周转量逐年攀升（2013 年客运数据统计范围口径有所调整，故与 2012 年数据相差较大）。2020—2022 年，国内营业性客运周转量骤降，各类运输方式旅客周转量均有不同程度下降。2022—2024 年国内营业性客运周转量恢复到 2020 年前水平。受到私家车保有量持续高位增长等因素的影响，国内营业性公路客运周转量呈现流失状态。年铁路和民用航空旅客周转量持续走高。水运旅客周转量近 20 年持续波动。

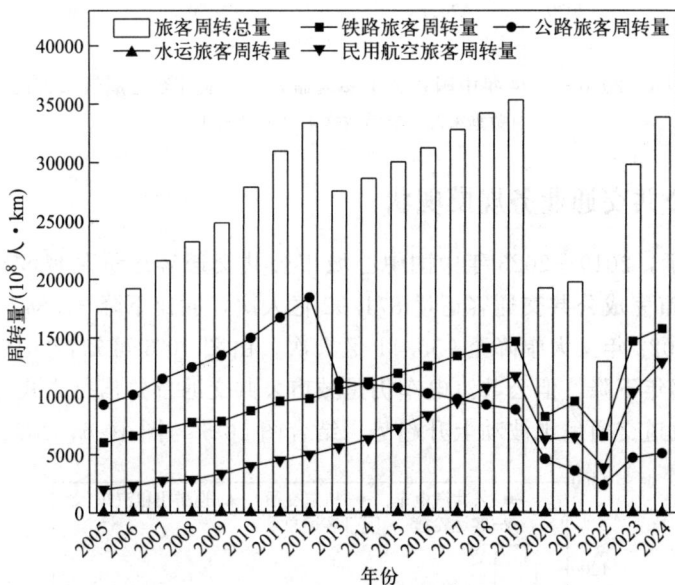

图 10-3　2005—2024 年中国各类主要客运方式旅客周转量
（数据来源：国家统计局）

　　图 10-4 显示，从不同运输方式客运结构变化情况来看，2020—2024 年（除 2022 年外），公路客运周转量占比呈现降低趋势，而民航客运周转量占比整体呈现上升态势。此种变化与我国高速公路、高速铁路的加速发展及民用航空快速方便、航程时间短的优势分不开。近年来我国高速公路加速发展，2020—2023 年公路运输里程增长率达 4.60%，高速铁路成网运行，2020—2023 年铁路营业里程增长率达 8.48%。在公路客运规模减小的同时，民航及高速公路私家车等出行量增速较快，可以反映出国内客运结构近年以来不断优化。未来，随着人民生活水平以及高铁、民航等其他运输方式服务水平的不断提升，公路旅客运输市场空间预计将进一步压缩，公路客运将进一步下降并逐渐达到稳定水平。

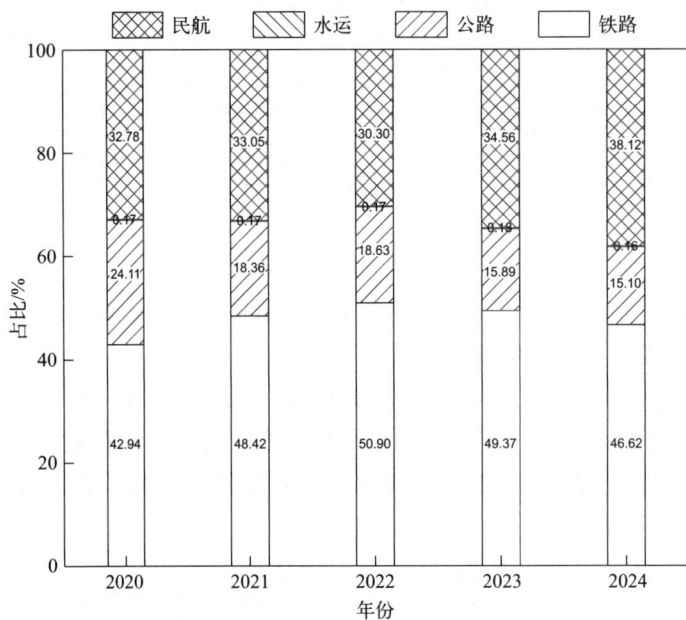

图 10-4　2020—2024 年中国各类主要运输方式营业性客运周转量占比情况

（数据来源：原始数据来自国家统计局）

（二）城市公共交通业务规模现状

如图 10-5 所示，2019—2023 年中国中心城市公共交通客运量呈现波动趋势。2020 年，全国 36 个中心城市完成公共交通客运量 871.92 亿人次，同比下降 31.84%。2021 年回升至 993.84 亿人次，2022 年又大幅降至 755.11 亿人次。由图 10-6 可知，2019—2023 年公共汽电车客运量占比逐年下降，但公共汽电车仍是城市公共交通首要出行方式，客运轮渡客运量占比持续攀升，轨道交通呈现波动上升趋势。结合图 10-5 与图 10-6，2023 年从不同公共交

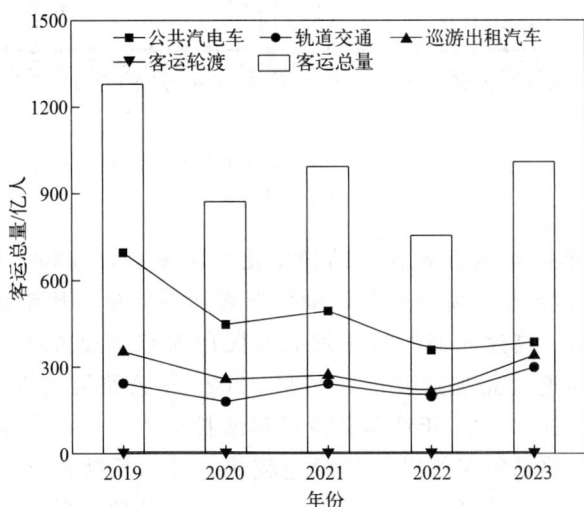

图 10-5　2019—2023 年中国中心城市各类公共交通客运量变化情况

（数据来源：交通运输部。2023 年为出租汽车，其他年份为巡游出租汽车）

通方式来看，公共汽电车客运量最大，为 380.50 亿人次，占比 37.67％；其次是出租汽车客运量，为 334.78 亿人次，占比 33.15％；轨道交通和客运轮渡的客运量占比分别为 29.10％和 0.08％。

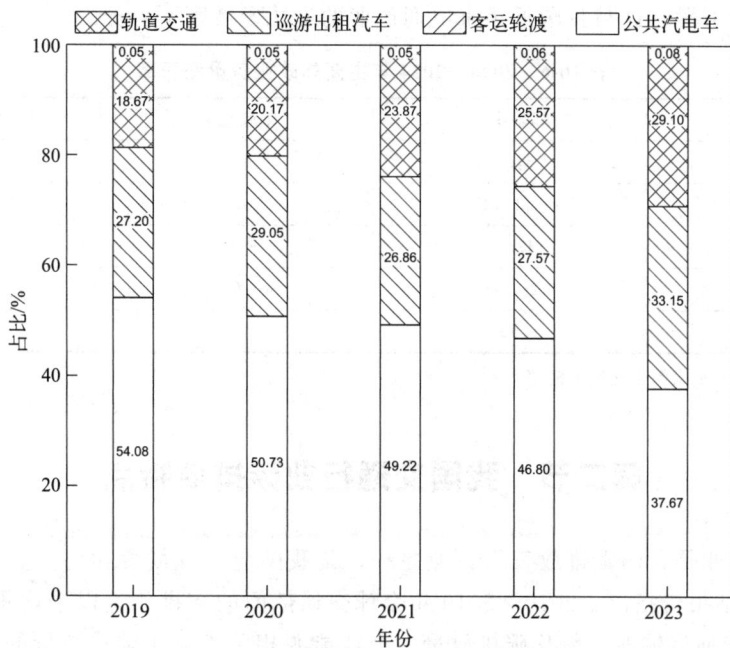

图 10-6　2019—2023 年中国中心城市各类公共交通客运量占比情况

由图 10-7 可知，2023 年全国城市公共汽电车中，纯电动车超六成，占比 69.37％；其次是混合动力车，占比 11.10％；天然气车和柴油车占比分别为 10.80％和 7.00％。

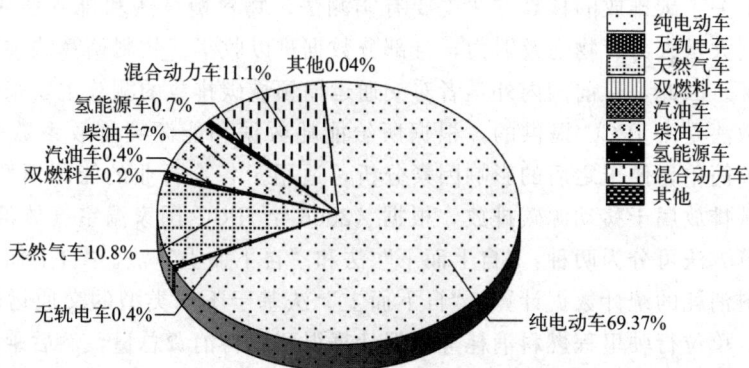

图 10-7　2023 年全国城市公共汽电车燃料类型构成

（数据来源：交通运输部，2023 年交通运输行业发展统计公报）

三、邮政业务规模现状

根据国家邮政局公布的 2024 年邮政行业运行情况，邮政业务可分为邮政函件业务、包裹业务、报纸业务、杂志业务、汇兑业务和快递业务，这里主要讨论与交通运输密切相关的邮政函件业务、包裹业务和快递业务。2024 年完成邮政函件业务 9.9 亿件，比上年增长 1.90％；完成邮政包裹业务 3115.8 万件，同比增长 26.10％；完成邮政快递业务 1750.8 亿件，比上年增长 21.50%。2024 年快递业务收入 1.4 万亿元，占邮政行业业务收入比重为 82.4%。因此快递业务是邮政业务中规模最大的一项，是邮政行业的主要业务来源。与此同时，如表 10-6 所示，2020—2024 年邮政快递业务始终保持高速增长趋势，邮政函件与邮政包裹业务量持续下滑，这与我国近年来电商产业的迅猛发展密不可分。

表 10-6　2020—2024 年主要邮政业务量增长率

年份	邮政函件	邮政包裹	邮政快递
2020	−34.60%	−5.80%	31.20%
2021	−23.30%	−10.20%	29.90%
2022	−13.50%	−3.60%	2.10%
2023	2.70%	40.60%	19.40%
2024	1.90%	26.10%	21.50%

数据来源：原始数据来源于交通运输部。

第二节　我国交通行业碳排放特点

交通运输行业是我国碳排放三大行业之一，是我国应对气候变化的重点领域。2021 年 IPCC 第六次评估报告指出，2010—2019 年全球交通部门的碳排放量以平均每年 2% 的速度增长，2019 年交通运输业二氧化碳排放量占全球能源相关二氧化碳排放量的 23%。研究显示，我国的交通碳排放约占全国终端碳排放的 10%，是造成环境空气污染的主要原因之一。随着人均 GDP 的增长，交通运输的需求仍会持续增长，中国交通系统的碳排放上行压力较大。

目前国际上关于碳排放的核算方法主要有实测法、物料衡算法和排放系数法等。其中，实测法需要消耗大量人力、物力及财力，且部分数据难以收集；物料衡算法主要用于具体工业的碳排放核算。因此，目前国内外学者对交通运输领域碳排放的测算主要采用碳排放系数法。碳排放系数法是由 IPCC 提供的，根据所给能耗数据和能源碳排放系数来核算碳排放量，该方法计算简单，便于之后的影响因素分析，适用于各个行业的能源消费碳排放核算。交通运输行业碳排放属于移动源碳排放，根据《2006 年 IPCC 国家温室气体清单指南》，移动源碳排放核算方法可分为两种："自上而下"法和"自下而上"法。"自上而下"法基于交通运输工具燃料消耗的统计数据计算；"自下而上"法基于不同类型的交通运输车型、保有量、行驶里程、单位行驶里程燃料消耗等数据计算得到燃料消费总量，然后乘以能源的碳排放系数得到交通行业的碳排放量。

"自上而下"法测量范围广泛，可以计算从国家到省以下各级空间尺度的碳排放量，甚至可以计算各种运输燃料的次级类型的碳排放量，对各区域进行比较。此外，在已知能源消耗的情况下，"自上而下"法的模型计算非常简单。但是"自上而下"法是通过交通能源消耗数据乘以相应的碳排放系数来估算最终的交通碳排放量。能源碳排放系数的确定没有统一的标准，使得采用"自上而下"法估算碳排放量的准确性受到了限制。"自下而上"法在理论上是准确的，能够反映移动源排放的特点。然而，这种方法需要的数据，如车辆类型、行程里程、单位行驶里程燃料消耗等一般是通过调查获得的，考虑到此类调查的成本、开展此类调查面临的实际障碍等问题，"自下而上"的碳排放分析模型只能在小范围内实施，这导致计算的不确定性增加，并且区域之间的可比性相对较差。

由于我国各种类型机动车保有量、行驶里程及单位里程燃料消耗量等数据的可获得性较差，因此"自上而下"基于终端能源消耗的碳排放测算方法准确度不高。可根据《2006 年 IPCC 国家温室气体清单指南》和《省级温室气体清单编制指南（试行）》，以各类型能源消耗量乘以相应能源碳排放系数计算排放量，公式如式（10-1）所示。

$$E_{CO_2} = \sum_i E_i \times K_i = \sum_i E_i \times NCV_i \times CC_i \times O_i \times \frac{44}{12} \tag{10-1}$$

式中　E_{CO_2}——能源消耗的 CO_2 排放量，10^4 t；

$\quad\quad i$——能源种类，包括煤、油品、热力、电力等 23 种能源；

$\quad\quad E_i$——第 i 种能源消耗量，10^4 t；

$\quad\quad K_i$——第 i 种能源的碳排放因子；

$\quad\quad NCV_i$——第 i 种燃料的平均低位发热量；

$\quad\quad CC_i$——第 i 种燃料的单位热值含碳量；

$\quad\quad O_i$——第 i 种燃料燃烧过程中的碳氧化率；

$\quad\quad \frac{44}{12}$——碳转换为 CO_2 的系数。

其中 E_i 来源于《中国能源统计年鉴》，NCV_i 源于《综合能耗计算通则》（GB/T 2589—2020），CC_i 与 O_i 来自《省级温室气体清单编制指南（试行）》。其中除电力外，其他能源碳排放因子（K_i）均由能源平均低位发热量、单位热值含碳量与碳氧化率计算得到，计算结果详见表 10-7。电力碳排放因子来自《省级温室气体清单编制指南（试行）》，因数据自 2008 年开始公布，故以前年份均以 2008 年数据进行替代，详见表 10-8。

表 10-7　主要能源碳排放因子

项目	原煤	焦炭	原油	汽油	煤油	柴油	燃料油	天然气	电力
单位	kg/kg	kg/kg	kg/kg	kg/kg	kg/kg	kg/kg	kg/kg	kg/m³	kg/MJ
碳排放因子	1.9003	2.8604	3.0202	2.9251	3.0179	3.0960	4.1705	3.1622	0.1027

数据来源：张诗青，王建伟，郑文龙. 中国交通运输碳排放及影响因素时空差异分析 [J]. 环境科学学报，2017，37（12）：4787-4797。

表 10-8　中国区域电网基准线碳排放因子

地区	碳排放因子/[t/(10^4 kW·h)]						
	2000—2008 年	2009 年	2010 年	2011 年	2012 年	2013 年	2014 年
京、津、冀、晋、鲁、蒙	11.169	10.069	9.914	9.803	10.021	10.021	10.480
辽、吉、黑	12.561	11.293	11.109	10.852	10.935	11.120	11.281
沪、苏、浙、皖、闽	9.418	8.825	8.492	9.267	9.244	9.100	8.095
豫、鄂、湘、赣、川、渝	12.783	11.255	10.871	10.297	9.944	9.779	9.724
陕、甘、青、宁、新	11.225	10.246	9.947	10.001	9.913	9.720	9.478
粤、桂、滇、黔、琼	10.634	9.987	9.762	10.389	10.244	10.223	10.183

数据来源：省级温室气体清单编制指南（试行）。碳排放因子以 CO_2 计。

一、公路客货运碳排放

从全社会交通碳排放角度看，公路碳排放应包括营业性公路运输业的碳排放和非营业性公路运输业的碳排放。全世界与能源相关的二氧化碳排放量，每年有近25%来自交通运输部门，其中75%来自公路运输。

由于我国公路运输的能耗统计体系相对其他运输方式而言尚不够健全，基于不同机动车类型的车辆保有量、年均行驶里程和燃油经济性等数据，通过"自下而上"的方法对公路运输的碳排放量进行测算，如图10-8所示，核算范围主要包括载客汽车、载货汽车、简易机车、公共交通和其他汽车等因能源消耗产生的碳排放，计算公式如式（10-2）所示。

$$E_T = \sum_i (VP_i \times VMT_i \times FE_i \times EF_{g/d}) \times 10^{-10} \tag{10-2}$$

式中　E_T——公路运输机车燃料消耗产生的 CO_2 排放量，10^4 t；

　　　VP_i——第 i 种类型车辆的保有量，辆；

　　VMT_i——第 i 种类型车辆的年均行驶里程，km/辆；

　　　FE_i——第 i 种类型车辆的燃油经济性，L/km；

　　$EF_{g/d}$——燃油的 CO_2 排放因子，g/L。

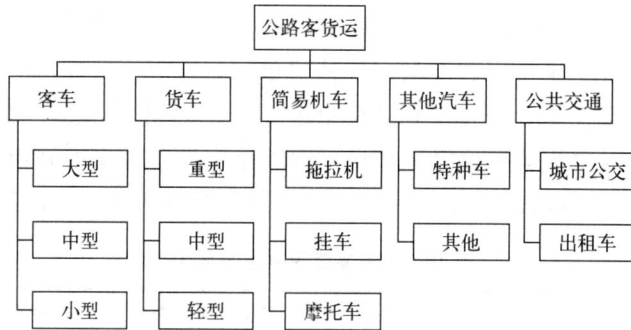

图 10-8　公路碳排放核算范围

（数据来源：杨加猛，万文娟. 省域交通运输业碳排放核算及其减排情景分析［J］. 公路，2017，62（11）：155-159）

公路运输、城市客运领域因长期缺少可信的基础数据，实际操作中可根据式（10-3）或式（10-4）进行测算：

$$E_T = \sum_{i,j,k} VN_{i,j,k} \times ATD_{i,j,k} \times FE_{i,j,k} \times EF_{i,j} \tag{10-3}$$

$$E_T = \sum_{i,j,k} \frac{ATT \times SP_{i,j,k} \times ATD_{i,j,k}}{AP_{i,j,k}} \times FE_{i,j,k} \times EF_{i,j} \tag{10-4}$$

式中　E_T——公路运输机车燃料消耗产生的 CO_2 排放量；

　　　VN——车辆保有量；

　　　ATT——人均出行次数；

　　　SP——出行结构；

　　　ATD——平均行驶里程；

　　　FE——车辆燃油经济性；

　　　AP——平均载客人数；

i——不同运输方式，包括公路客运、公路货运、城市公共汽（电）车、出租车、私人小汽车等；

j——不同燃料类型，如汽油、柴油、天然气、液化石油气（LPG）、电力等；

k——不同车龄；

$EF_{i,j}$——第 i 种运输工具或设备、燃料 j 的 CO_2 排放因子。

我国公路交通的能耗主要是汽油、柴油等高碳排放的化石燃料。为了方便测算公路货运碳排放量，将货车分为轻型、中型、重型三类，假设货车燃油均为柴油，利用油耗法对公路货运碳排放进行测算，计算公式如式（10-5）、式（10-6）所示。

$$E_1 = \sum_{i=1}^{3}(A_iP_iL_i) \times 10^{-10} \tag{10-5}$$

$$A = a + bV + cV^2 + d \times IRI + ef \tag{10-6}$$

式中　　E_1——公路货运碳排放量，10^4 t；

A_i——第 i 类货车的百公里油耗量，$i = 1$，2，3，$L/10^2$ km；

P_i——第 i 类车型碳排放系数，根据欧洲排放标准，并对应车型分类，得到各车型碳排放系数，g/L；

L_i——第 i 类机动车年均行驶里程，km；

A——货车百公里油耗量，$L/10^2$ km；

a，b，c，d，e——回归参数；

IRI——国际平整度指数，由于公路等级不同，采用世界银行数据报告，IRI 取平均值 1.35；

f——纵坡坡度，上坡为正，下坡为负，可以近似相互抵消，%；

V——车速，km/h。

采用《道路机动车排放清单编制技术指南（试行）》推荐的机动车年均行驶里程，机动车（含柴油车）年均行驶里程详见表 10-9。柴油车型碳排放系数详见表 10-10。回归参数详见表 10-11。车速根据《公路工程技术标准》（JTG B01—2014），结合《道路机动车排放清单编制技术指南（试行）》，参考相关文献确定。不同车型车速均值详见表 10-12。

表 10-9　机动车（含柴油车）年均行驶里程

车型	轻型货车	中型货车	特大型货车(含重型货车)
年均行驶里程/km	30000	35000	75000

表 10-10　柴油车型碳排放系数

车型	轻型货车	中型货车	重型货车
碳排放系数/(g/L)	2455.00	2455.85	2468.94

表 10-11　回归参数

车型	a	b	c	d	e
轻型货车	−3.9402	0.3684	−0.0017	−0.4757	1.4439
中型货车	110.1093	−3.1445	0.0135	−2.5846	2.5014
重型货车	166.3920	−4.7346	0.0375	5.6366	6.1141

表 10-12　不同车型车速均值

车型	轻型货车	中型货车	重型货车
均速/(km/h)	55	56	60

二、水路客货运碳排放

水路运输在我国货运周转量中占据着重要地位，历史上在货物周转总量中的占比曾高达60%以上，近年来虽有所下降，但目前占比依然在50%左右。考虑到水运是最高效的运输方式，随着"公转水""铁水联运"等运输方式的推广，水路运输依然会在中国货物运输中扮演重要角色。

水路运输作为我国发展最早的交通运输方式，具有运载能力强、成本低、能耗少、投资省等优点。通过调查分析可以得知，我国普通载货汽车的油耗量远高于水路运输的油耗量，同等距离下按照比例计算，普通载货汽车的油耗量是水路运输的8倍。通过全球温室气体排放总量占比来看，水路运输的碳排放量仅占全球温室气体排放量的3%左右。虽然这样的碳排放占比微乎其微，不会对环境造成极其恶劣的影响，但水路运输受自然条件限制与影响较大，因此常常需要与铁路、公路和管道运输配合实行联运。另外2020年国际海事组织（International Maritime Organization，IMO）第四次温室气体研究报告数据显示，2018年全球航运温室气体排放量约为10.76亿吨，与2012年相比涨幅约为9.6%；同时，其占人为温室气体排放的比例从2012年的2.76%上升到2018年的2.89%。若在无其他减排措施和经济干扰的条件下，按照当前态势发展，到2050年，水运行业碳排放量还将增加1倍。为了应对气候变化，国际海事组织已于2018年提出，到2050年将水运行业的温室气体排放量比2008年至少下降一半，降至5亿吨，并在21世纪内尽快实现水路运输行业的碳中和。在当前全球多国纷纷提出于21世纪中叶前后实现碳中和的背景下，水运行业面临的碳减排、碳中和的压力与日俱增。

中国水运大体分为内河运输、沿海运输和远洋运输三类，其中内河运输约占全国水运周转量的16%，沿海运输约占32%，远洋运输约占52%。根据《2006年IPCC国家温室气体清单指南》，"国家水运碳排放核算边界"可概括为出发港和到达港均为本国港口的除渔船外所有船舶的航次碳排放，因此国家水运碳排放可划分为两部分：所有本国籍船舶国内航行的碳排放；所有出发港和到达港均为本国港口的国际航行船舶的航次碳排放。

目前国内外水路运输在进行温室气体量化时，多采用排放系数法。联合国政府间气候变化专门委员会、国际海事组织及国内外研究机构都曾提出过不同的排放系数，可归类为三种系数：IPCC排放系数、IMO排放系数、基于船舶装机容量的动力排放系数（简称动力系数）。

（一）基于IPCC排放系数的碳排放量化方法

基于IPCC计算方法，船舶燃料燃烧产生的二氧化碳排放总量计算公式如式（10-7）所示，即不同种类燃料的活动水平数据和排放系数的乘积。

$$E_T = \sum_i AD_i \times EF_i \tag{10-7}$$

式中　E_T——船舶二氧化碳排放总量，t；

AD_i——第 i 种燃料的活动水平数据，TJ，等于燃料的消耗量与燃料的低位发热值之积；

EF_i——第 i 种燃料的排放系数，t/TJ，等于燃料的单位热值含碳量和碳氧化率之积。

需要说明的是，使用燃料油热值时需要注意是工业燃料油还是船舶燃料油，两者低位发热值有区别。燃料油相关系数默认值详见表 10-13。

表 10-13　燃料油相关系数默认值

燃料品种	计量单位	低位发热值	单位热值含碳量	燃料碳氧化率
燃料油（水运）	t	40190 kJ/kg	20.1 t/TJ	0.98
燃料油（工业）	t	41816 kJ/kg	21.1 t/TJ	0.98

数据来源：魏茂苏，万晓跃，张曦．水上运输企业碳排放量化方法研究［J］．中国船检，2016（5）：98-101。

基于 IPCC 排放系数的碳排放量化方法，既考虑了燃料的消耗量，又考虑了燃料的质量（燃料的低位发热值），同时兼顾燃料的碳氧化率（取值 0.98），其量化过程更科学，量化结果更合理，量化值最小。欧盟碳排放交易体系（EU-ETS）和 2015 年 7 月 1 日生效的欧盟《关于对海运产生的二氧化碳排放进行监控、报告和验证以及对 2009/16/EC 指令进行的修订》普遍使用该方法，如果考虑到量化的最终目的是核查进而制订减排目标或纳入碳排放交易体系（征收碳税），IPCC 排放系数法较为合适。

（二）基于 IMO 排放系数的碳排放量化方法

2008 年，IMO/MEPC（国际海事组织/海洋环境保护委员会）第 57 次会议提出旨在减少船舶温室气体排放的新造船"CO_2 设计指数"（EEDI）和营运船船舶能效营运指数（EE-OI），两个指数的计算均涉及燃料 CO_2 转换系数即排放系数，其中 EEOI 定义为船舶单位运输功所排放的 CO_2 量，MEPC.1/Circ.684 通函《船舶能效营运指数（EEOI）自愿使用指南》推荐使用的 EEOI 计算公式如式（10-8）所示。

$$EEOI = \frac{\sum_j FC_j \times C_{fj}}{mD} \tag{10-8}$$

式中　j——燃油类型；

FC_j——燃油 j 的消耗量；

C_{fj}——燃油 j 的碳排放系数；

m——载货量，t 或乘客数量；

D——对应所载货物的航行距离，n mile❶。

该指标是 IMO 推荐目前航运企业普遍采用的能效考核指标之一，式中的分子即为 IMO 采用的碳排放计算方法，即：

$$E_T = \sum_j FC_j \times C_{fj} \tag{10-9}$$

式中　FC_j——燃油 j 的消耗量；

C_{fj}——燃油 j 的 CO_2 转换系数，即碳排放系数。

C_{fj} 是第 j 种燃油消耗量（单位 t）和基于碳含量的 CO_2 排放量（单位 t）之间的无量

---

❶ 1n mile（海里）=1.852km。

纲转换系数，MEPC.1/Circ.684 列出的 C_{fj} 值详见表 10-14。

表 10-14　燃油消耗量与 CO_2 排放量的转换系数

燃料类型	参照	碳含量	C_{fj}/(t/t)
柴油/汽油	ISO 8217 DMC 至 DMX 级	0.875	4.206000
轻燃油（LFO）	ISO 8217 RMA 至 RMD 级	0.86	4.151040
重燃油（HFO）	ISO 8217 RME 至 RMK 级	0.85	4.114400
液化石油气（LPG）	丙烷	0.819	3.000000
	丁烷	0.827	3.030000
液化天然气（LNG）	—	0.75	2.750000

数据来源：IMO　MEPC.1/Circ.684 通函《船舶能效营运指数（EEOI）自愿使用指南》。

注：ISO 8217 是国际标准化组织（ISO）制定的船用燃料油标准。DMX：相当于 10# 轻柴油。DMC：相当于 10# 重柴油或 20# 重柴油。RMA：黏度较低的残渣型燃料油。RMD：黏度较高的残渣型燃料油。RME：黏度较低的高黏度残渣型燃料油。RMK：黏度最高的残渣型燃料油。

　　基于 IMO 排放系数的碳排放量化方法，仅考虑燃料消耗量和排放因子，是三种量化方法中最简单的，该方法因 IMO　MEPC.1/Circ.684 通函《船舶能效营运指数（EEOI）自愿使用指南》在航运界被普遍采用，但正如上述分析，因未兼顾到燃料质量及燃料氧化率，其量化结果偏大，在对排放结果计量精度要求不高，又要求统计简单、统计成本低时，可以采用该方法。

（三）基于船舶动力系数的碳排放量化方法

　　动力系数是在计算船舶大气污染物排放量时采用的方法之一，其原理为通过主机、副机做功大小来计算 PM_{10}、$PM_{2.5}$、DPM（柴油颗粒物）、NO_x、SO_x、CO、HC、CO_2、N_2O、CH_4 等污染物的排放量，因排放物中包含 CO_2，采用动力因子也可以单独计算船舶碳排放量，计算公式如下：

$$E_T = W \times EF \times FCF \times CF \times 10^{-6} \qquad (10\text{-}10)$$

式中　E_T——排放量，t/a；

　　　W——发送机所做功，等于额定功率与负载因子（平均负荷与最大负荷之比）和工作时间三者乘积；

　　　EF——排放系数，g/(kW·h)，等于基础 EF 与低负荷调整系数之积；

　　FCF——燃油校正因子，燃料油排放 CO_2 的校正因子为 1；

　　　CF——排放控制因子（采用减排措施之后的变化，如使用某项新技术可减少排放 $X\%$）。

　　采用动力系数计算时，能耗设备排放因子是通过发动机的基本参数以及排放要求设定的。根据洛杉矶港大气污染物排放清单资料，整理出了 CO_2 排放系数，详见表 10-15。美国加州大学对洛杉矶港船舶排放的大气污染物特性进行了长期研究，有丰富的大气污染物排放清单资料，同时洛杉矶港是我国远洋船舶的主要目的港之一，因此选取洛杉矶港船舶大气污染物排放系数是合理可行的。计算过程中需要考虑主机排放因子、副机排放因子、锅炉排放因子以及用于校正排放量的燃油校正因子、主机低负荷校正因子。针对 CO_2 排放的燃油校正因子及主机低负荷校正因子均等于 1。

　　基于船舶动力系数的碳排放量化方法，不考虑燃料的消耗量，其量化方法的出发点是简化量化程序，但因需要能耗设备的平均功率和工作时间，参数获得的不确定性反而使过程复杂化，量化结果较 IPCC 系数法甚至成倍增加。此方法更适用于一个港口或区域，在无法获取更为详细的能耗数据的情况下，仅借助于船舶基本动力设备参数，粗略计算船舶排放量。如果能按不同船型的不同吨位区间，计算出相应的负载因子和工作时间基线值，量化过程将更简单，量化结果也将更趋科学合理。

表 10-15　能耗设备 CO_2 排放系数

设备	船舶主机				副机	锅炉
	低速柴油机	中速柴油机	燃气涡轮(GT)	蒸汽涡轮(ST)		
排放系数/[g/(kW·h)]	620	683	970	970	722	970

三、铁路客货运碳排放

铁路客货运输过程中产生的二氧化碳排放量计算方法如下：

$$E_T = \sum_i (E_i \times Z_i \times I_i) \times \frac{44}{12} \qquad (10-11)$$

式中　E_T——铁路运输二氧化碳排放总量；

$\quad\quad E_i$——第 i 种能源的消耗量；

$\quad\quad Z_i$——第 i 种能源转化为标准煤的折算系数；

$\quad\quad I_i$——相应的碳排放系数。

根据牵引动力不同，铁路碳排放测算分为蒸汽机车、内燃机车，并设定蒸汽、内燃机车使用化石燃料分别为焦炭、柴油。在技术进步的环境下，我国铁路牵引技术不断升级优化，电力供应对煤炭、燃油的替代性明显提升。2005 年起我国已不再使用蒸汽机车，电力机车运量占比逐年增加，内燃机车运量逐年减少。2008 年之后，我国开始大规模建设高速铁路，高速铁路较普速铁路有运量大、能耗低的特征，进一步改善了铁路运输企业的能源消耗结构，对铁路的碳减排起到了重要作用。

2008—2016 年中国扩张的高铁网减少的年温室气体排放量相当于 1475.8 万吨二氧化碳。旅客从传统铁路改乘高铁，高铁网络释放传统铁路的运输能力，从而促使公路货物运输向更环保的传统铁路转移。大多数高铁线路减少了温室气体排放，比如京沪线平均每年减排317.6 万吨温室气体。而长春—吉林、广州—珠海线整体来说增加了温室气体排放，主要是由于这些城市的客运更重要，货物运输对温室气体排放的抵消作用减弱。事实上，各种运输方式每吨公里的单位温室气体排放数据表明，在距离相同、负载相同重量时，高铁的排放量可能是高速公路上汽车的两倍多，是汽车排放量的四倍多。高铁不"绿色"是因为高铁由电驱动，而目前煤电占主导地位，这种电力生产方式的温室气体排放非常高。在中国政府提出2030 年实现"碳达峰"、2060 年实现"碳中和"的背景下，更加绿色的电力供应或能进一步增加高铁带来的气候效益。

四、航空客货运碳排放

目前国内民航碳排放相关文献多采用"自上而下"（基于总燃油消耗量）的核算方法，"自下而上"（基于具体运行数据）的民航碳排放核算较少。

（一）自上而下碳核算

根据 IPCC 给出的估算移动源化石能源燃烧排放的"自上而下"方法，基于《从统计看民航》中的《民航运输企业航空煤油消耗量统计》部分的能耗数据 E 与碳排放系数 I 的乘积，计算得到碳排放总量 C。

$$C = EI \tag{10-12}$$

式中　C——航空运输能源消耗碳排放总量；

　　　E——航空煤油消耗量；

　　　I——碳排放系数，若参照 IPCC 指南的缺省值则取 4.15kg/kg，若依据国际民用航空组织（ICAO）的数据则取 4.115kg/kg。

（二）自下而上碳核算

采用"自下而上"基于具体运行数据的方法，考虑飞机航行不同阶段的特征，将飞机航行完整的碳排放分成 LTO（标准着陆和起飞循环阶段）和 CCD（巡航阶段）两个阶段。

LTO 阶段包括起飞、爬升、进近和滑行或地面慢车 4 个阶段（不包括巡航阶段），LTO 循环的飞行上限为地面到大气层边界面 914m 高度内的空间。

首先确定各个运行阶段的推力设置等级和工作时间，以 CFM56-7B22 发动机为例，其基准参数详见表 10-16。CO_2 的排放量只与燃油消耗量有关，其排放指数通常取常数 4.115kg/kg。

表 10-16　LTO 循环下 CFM56-7B22 发动机基准参数

运行阶段	推力设置/%	工作时间/min	燃油流量/(kg/s)
起飞	100	0.7	1.021
爬升	85	3.2	0.844
进近	30	4	0.298
滑行	7	26	0.105

数据来源：朱佳琳，胡荣，张军峰，等. 中国航空器碳排放测算与演化特征研究 [J]. 武汉理工大学学报（交通科学与工程版），2020，44（3）：558-563。

计算出总燃油消耗量，再乘以 CO_2 排放指数即可得到碳排放总量。LTO 阶段碳排放总量为

$$E_{LTO} = \sum_j \sum_{i=1}^{4} m_j n_j t_{ij} F_{ij} I \tag{10-13}$$

式中　E_{LTO}——总 CO_2 排放量；

　　　m_j——j 机型 LTO 循环数；

　　　n_j——j 机型发动机个数；

　　　i——飞机的飞行阶段；

　　　t_{ij}——j 机型在第 i 个飞行阶段运行的时间；

　　　F_{ij}——j 机型在第 i 个飞行阶段的单发燃油流量；

　　　I——CO_2 排放指数。

通常情况下，巡航阶段的推力设置参考值为 80%。结合发动机在 LTO 阶段推力设置下

的燃油流量，比较线性、多项式等拟合方式后，选择相关系数（R^2）最高的二项式拟合计算得出各发动机在 80％推力设置下的燃油流量。此外，OAG 数据库中包含了全国运行航班的运行时间，将整个航班运行过程分为 LTO 和 CCD 两个阶段，参考 ICAO 设置的 LTO 阶段的运行时间，即可得到航班在 CCD 阶段的运行时间：

$$t_{CCD} = t_{TOTAL} - t_{LTO} \tag{10-14}$$

式中　t_{CCD}——CCD 阶段的运行时间；

t_{TOTAL}——总运行时间；

t_{LTO}——LTO 阶段的运行时间。

因此，结合航班 CCD 阶段的运行时间、发动机 80％推力设置时的燃油流量以及 CO_2 排放指数就可以计算得到某航班 CCD 阶段的碳排放量。

$$E_{CCD} = nt_{CCD}F_{CCD}I \tag{10-15}$$

式中　E_{CCD}——某航班 CCD 阶段的碳排放量；

n——航班机型发动机个数；

t_{CCD}——航班在 CCD 阶段的运行时间；

F_{CCD}——航班机型在 CCD 阶段的燃油流量；

I——CO_2 排放指数，即 4.115kg/kg。

由于运行时间长、发动机推力等级较高等，CCD 阶段碳排放是航空器运行过程中的主要排放来源，发展绿色民航、有效控制航空器碳排放、实现民航运输业的碳中和，需从减少航空器 CCD 阶段碳排放入手。

第三节　交通行业高质量发展导向

2019 年 7 月，交通运输部印发《数字交通发展规划纲要》，提出促进先进信息技术与交通运输深度融合，以"数据链"为主线，构建数字化的采集体系、网络化的传输体系和智能化的应用体系，加快交通运输信息化向数字化、网络化、智能化发展，为交通强国建设提供支撑。

2019 年 9 月，国务院印发《交通强国建设纲要》，将"智能、平安、绿色、共享交通发展水平明显提高"作为明确的发展目标，提出到 21 世纪中期，我国交通智能化、绿色化水平要达到世界先进水平。

2020 年 12 月，国务院发布《中国交通的可持续发展》白皮书，提出中国交通应积极适应新的形势要求，坚持对内服务高质量发展、对外服务高水平开放，把握基础设施发展、服务水平提高和转型发展的黄金时期，着力推进综合交通、智慧交通、平安交通、绿色交通建设，走新时代交通发展之路。

2021 年 2 月，中共中央、国务院印发《国家综合立体交通网规划纲要》，要求必须更加突出创新的核心地位，注重交通运输创新驱动和智慧发展；更加突出统筹协调，注重各种运输方式融合发展和城乡区域交通运输协调发展；更加突出绿色发展，注重国土空间开发和生态环境保护等。要着力推动交通运输更高质量、更有效率、更加公平、更可持续、更为安全的发展，发挥交通运输在国民经济扩大循环规模、提高循环效率、增强循环动能、降低循环成本、保障循环安全中的重要作用，为全面建设社会主义现代化国家提供有力支撑。

2022 年 1 月国务院发布《"十四五"现代综合交通运输体系发展规划》，提出到 2025

年，综合交通运输基本实现一体化融合发展，智能化、绿色化取得实质性突破，综合能力、服务品质、运行效率和整体效益显著提升，交通运输发展向世界一流水平迈进。展望 2035 年，便捷顺畅、经济高效、安全可靠、绿色集约、智能先进的现代化高质量国家综合立体交通网基本建成，"全国 123 出行交通圈"（都市区 1 小时通勤、城市群 2 小时通达、全国主要城市 3 小时覆盖）和"全球 123 快货物流圈"（快货国内 1 天送达、周边国家 2 天送达、全球主要城市 3 天送达）基本形成，基本建成交通强国。

因此在未来一段时期内，国家对于交通行业的发展导向可以概括为：综合发展、绿色发展、安全发展和智能发展。

一、综合发展导向

每种运输方式各有技术经济优势、各成一套独立系统，综合交通运输不是各种运输方式的简单叠加，而是不同运输方式的深度融合与系统集成，必须以系统思维推进综合交通运输体系建设。关键是要平衡好各种运输方式，根据各地资源禀赋条件和地理空间特征，构建宜水则水、宜陆则陆、宜空则空的综合交通运输体系，使各种运输方式各展其长，发挥整体最大优势。

（一）多种运输方式一体化发展

首先建设多层级一体化综合交通枢纽。建设面向世界的国际性综合交通枢纽集群，提高国家综合交通枢纽城市集聚辐射效能，提升枢纽港站服务能力，构建枢纽集群、枢纽城市和枢纽港站"三位一体"综合交通枢纽体系。推动新建综合客运枢纽各种交通方式场站集中布局、空间共享、服务协同、立体或同台换乘，打造全天候、一体化换乘环境。加快既有客运枢纽存量设施的功能改善和整合提升，完善自动步行道、风雨廊道等枢纽公共设施配置。鼓励不同运输方式共建共享售取票、乘降、驻车换乘等设施设备，建立统一、连续、明晰的枢纽导向标识系统。加强综合货运枢纽建设，完善多式联运功能，加强枢纽港站集疏运体系及联运换装设施建设，统筹枢纽转运、口岸、保税、冷链物流、邮政快递等功能。推进大型集装箱港口综合货运通道与内陆港系统规划建设。因地制宜，积极推进机场集疏运货运通道建设，鼓励设置空铁联运区。

实现多种运输方式一体化发展的另一方面是推进多式联运。多式联运是指采用两种及以上的运输方式把产品从始发点运送到目的地的一种联合运输，能够大幅度降低运输成本，缩短运输时间，提高运输质量，减少道路拥堵的同时，具有很高的环保效益，在提高能源利用率的同时，降低二氧化碳的排放量、减少噪声污染，是一种环境友好型的运输方式。《综合运输服务"十四五"发展规划》提出推动铁水、公铁、空陆等联运发展，加强铁路（高铁）快运、航空货运能力建设，创新"干线多式联运＋区域分拨"发展模式，深入推进多式联运示范工程建设，构建空中、水上、地面与地下融合协同的多式联运网络。充分发挥铁路、公路、水路等多种运输方式的组合优势，最大限度地提高运输效率、降低运输成本，提供"门到门"一站式全程多式联运服务。有序推进内陆集装箱多式联运体系建设。推进内陆集装箱、陆空联运标准集装器、多式联运交换箱等标准化运载单元应用。加快高铁货运动车组等装备研发应用，大规模推广应用铁路专用平车、滚装船等专用载运机具。推进江海直达船型研发和推广应用。加快全国多式联运公共信息互联互通，推动铁路、公路、水运、航空以及海关、市场监管等信息交互共享。积极推进多式联运"一单制"，加快应用集装箱多式联运电子化统一单证。

(二) 交通运输与城市协调发展

推动交通与城市协调发展,优化城镇化空间布局和城镇规模结构,充分发挥城市群和都市圈吸纳人口和就业的潜力,构建功能混用、公交导向、多组团集约紧凑发展的城市布局。围绕公共交通尤其是轨道交通进行土地开发和城市功能的布局(transit oriented development,TOD),形成更加紧凑型的城市形态,市民可通过轨道交通或步行、自行车等零碳方式到达目的地,从源头上减少车辆的出行需求,从而有效降低碳排放。北京从2021年起,计划分批打造轨道交通微中心,在轨道交通车站周边布局商业办公、生活性服务业和公共设施等多种功能,使市民在通过轨道交通完成日常通勤的同时,能够就近完成购物、娱乐等活动,配合土地混合使用和宜人的步行环境设计,营造出人性化的就业和居住空间,实现15分钟生活圈,打造低碳的生活模式。

推动城市内外交通有效衔接。推动干线铁路、城际铁路、市域(郊)铁路融合建设,并做好与城市轨道交通衔接协调,构建运营管理和服务"一张网",实现设施互联、票制互通、安检互认、信息共享、支付兼容。加强城市周边区域公路与城市道路高效对接,系统优化进出城道路网络,推动规划建设统筹和管理协同,减少对城市的分割和干扰。完善城市物流配送系统,加强城际干线运输与城市末端配送有机衔接。加强铁路、公路客运枢纽及机场与城市公交网络系统有机整合,引导城市沿大容量公共交通廊道合理、有序发展。

(三) 区域交通运输统筹发展

推进城市群内部交通运输一体化发展。构建便捷高效的城际交通网,加快城市群轨道交通网络化,完善城市群快速公路网络,加强城市交界地区道路和轨道顺畅连通,基本实现城市群内部2小时交通圈。加强城市群内部重要港口、站场、机场的路网连通性,促进城市群内港口群、机场群统筹资源利用、信息共享、分工协作、互利共赢,提高城市群交通枢纽体系整体效率和国际竞争力。研究布局综合性通用机场,疏解繁忙机场的通用航空活动,发展城市直升机运输服务,构建城市群内部快速空中交通网络。建立健全城市群内交通运输协同发展体制机制,推动相关政策、法规、标准等一体化。

推进都市圈交通运输一体化发展。建设中心城区连接卫星城、新城的大容量、快速化轨道交通网络,推进公交化运营,加强道路交通衔接,打造1小时"门到门"通勤圈。推动城市道路网结构优化,形成级配合理、接入顺畅的路网系统。有序发展共享交通,加强城市步行和自行车等慢行交通系统建设,合理配置停车设施,开展人行道净化行动,因地制宜建设自行车专用道,鼓励公众绿色出行。深入实施公交优先发展战略,构建以城市轨道交通为骨干、常规公交为主体的城市公共交通系统,推进以公共交通为导向的城市土地开发模式,提高城市绿色交通分担率。超大城市充分利用轨道交通地下空间和建筑,优化客流疏散。

推进城乡交通运输一体化发展。统筹规划地方高速公路网,加强与国道、农村公路以及其他运输方式的衔接协调,构建功能明确、布局合理、规模适当的省道网。加快推动乡村交通基础设施提档升级,全面推进"四好农村路"建设,实现城乡交通基础设施一体化规划、建设、管护。畅通城乡交通运输连接,推进县乡村(户)道路连通、城乡客运一体化,解决好群众出行"最后一公里"问题。提高城乡交通运输公共服务均等化水平,巩固拓展交通运输脱贫攻坚成果同乡村振兴有效衔接。

（四）交通与相关产业融合发展

推进交通与邮政快递融合发展。推动在铁路、机场、城市轨道等交通场站建设邮政快递专用处理场所、运输通道、装卸设施。在重要交通枢纽实现邮件快件集中安检、集中上机（车），发展航空、铁路、水运快递专用运载设施设备。推动不同运输方式之间邮件快件装卸标准、跟踪数据等有效衔接，实现信息共享。发展航空快递、高铁快递，推动邮件快件多式联运，实现跨领域、跨区域和跨运输方式顺畅衔接，推进全程运输透明化。推进乡村邮政快递网点、综合服务站、汽车站等设施资源整合共享。

推进交通与现代物流融合发展。加强现代物流体系建设，优化国家物流大通道和枢纽布局，加强国家物流枢纽应急、冷链、分拣处理等功能区建设，完善与口岸衔接，畅通物流大通道与城市配送网络交通线网连接，提高干支衔接能力和转运分拨效率。加快构建农村物流基础设施骨干网络和末端网络。发展高铁快运，推动双层集装箱铁路运输发展。加快航空物流发展，加强国际航空货运能力建设。培育壮大一批具有国际竞争力的现代物流企业，鼓励企业积极参与全球供应链重构与升级，依托综合交通枢纽城市建设全球供应链服务中心，打造开放、安全、稳定的全球物流供应链体系。

推进交通与旅游融合发展。充分发挥交通促进全域旅游发展的基础性作用，加快国家旅游风景道、旅游交通体系等规划建设，打造具有广泛影响力的自然风景线。强化交通网"快进慢游"功能，加强交通干线与重要旅游景区衔接。完善公路沿线、服务区、客运枢纽、邮轮游轮游艇码头等旅游服务设施功能，支持红色旅游、乡村旅游、度假休闲旅游、自驾游等相关交通基础设施建设，推进通用航空与旅游融合发展。健全重点旅游景区交通集散体系，鼓励发展定制化旅游运输服务，丰富邮轮旅游服务，形成交通带动旅游、旅游促进交通发展的良性互动格局。

推进交通与装备制造等相关产业融合发展。加强交通运输与现代农业、生产制造、商贸金融等跨行业合作，发展交通运输平台经济、枢纽经济、通道经济、低空经济。支持交通装备制造业延伸服务链条，促进现代装备在交通运输领域应用，带动国产航空装备的产业化、商业化应用，强化交通运输与现代装备制造业的相互支撑。推动交通运输与生产制造、流通环节资源整合，鼓励物流组织模式与业态创新。推进智能交通产业化。

二、绿色发展导向

《国家综合立体交通网规划纲要》《2030年前碳达峰行动方案》《关于完整准确全面贯彻新发展理念做好碳达峰碳中和工作的意见》中都对交通运输行业绿色发展提出了规划。

（一）构建生态化交通网络

推进交通运输与国土空间协同发展，主动优化交通基础设施空间布局，推动形成与生态保护红线和自然保护地相协调、与资源环境承载力相适应的交通网络。强化交通选线选址生态优化，最大限度避让各类环境敏感区和基本农田。对于确实难以避绕的公路、铁路等陆路交通基础设施，需在充分论证生态影响的基础上，尽量选择地下或空中穿（跨）越等低影响的方式通过。对于航道和港口等水运交通基础设施，关注并减缓航道整治、航运枢纽和码头建设、港口围填海等活动对水生态和水环境的影响。实施交通生态修复提升工程，构建生态化交通网络。

（二）推动运输工具低碳转型

积极扩大电力、氢能、天然气、先进生物液体燃料等新能源、清洁能源在交通运输领域应用，提高燃油车船能效标准，健全交通运输装备能效标识制度。大力推广新能源汽车，逐步降低传统燃油汽车在新车产销和汽车保有量中的占比，推动城市公共服务车辆电动化替代，推广电力、氢燃料、液化天然气动力重型货运车辆。提升铁路系统电气化水平。加快老旧船舶更新改造，发展电动、液化天然气动力船舶，深入推进船舶靠港使用岸电，因地制宜开展沿海、内河绿色智能船舶示范应用。提升机场运行电动化智能化水平，发展新能源航空器。《2030 年前碳达峰行动方案》中提出，到 2030 年，当年新增新能源、清洁能源动力的交通工具比例达到 40% 左右，营运交通工具单位换算周转量碳排放强度比 2020 年下降 9.5% 左右，国家铁路单位换算周转量综合能耗比 2020 年下降 10%。陆路交通运输石油消费力争 2030 年前达到峰值。2024 年 7 月发布的《中共中央　国务院关于加快经济社会发展全面绿色转型的意见》指出，到 2030 年，营运交通工具单位换算周转量碳排放强度比 2020 年下降 9.5% 左右。

（三）构建绿色交通基础设施

积极推动钢结构桥梁、环保耐久节能型材料、温拌沥青、低噪声路面、低能耗设施设备等应用，将绿色低碳理念贯穿于交通基础设施规划、建设、运营和维护全过程，降低全生命周期能耗和碳排放。统筹推动环保设施升级改造和新改建交通项目环保设施建设使用，确保各类污染物排放达标。统筹利用综合运输通道线位、土地、空域等资源，加大岸线、锚地等资源整合力度，提高利用效率。有序推进充电桩、配套电网、加注（气）站、加氢站等基础设施建设，构建便利高效、适度超前的充换电网络体系。提升城市公共交通基础设施水平。到 2030 年，民用运输机场场内车辆装备等力争全面实现电动化。

（四）推广高效运输组织方式

优化调整运输结构，有助于交通运输行业实现"双碳"减排目标。《中国公路货运大数据碳排放报告》显示，2018—2023 年，重卡年度碳排放量从 1.33 亿吨增加到 2.23 亿吨，2020 年重卡碳排放占中国交通领域碳排放的 21%。公路的百万吨公里的碳排放强度远高于水路、铁路和管道，仅次于民航。传统货运和新兴货运的新变化和趋势使得货运仍然是交通运输领域二氧化碳排放主体。优化货运结构，大力发展以铁路、水路为骨干的多式联运，推进工矿企业、港口、物流园区等铁路专用线建设，加快内河高等级航道网建设，加快大宗货物和中长距离货物运输"公转铁""公转水"。优化城市出行结构，大力推动 TOD 发展模式，即以公共交通为导向的发展模式，提高非机动化出行、公共出行和共享出行比重。建立以高铁和铁路为骨架的城际客运运输体系，减少民航与私家车出行。

三、安全发展导向

（一）提升安全保障能力

加强交通运输安全风险预警、防控机制和能力建设。加快推进城市群、重点地区、重要口岸、主要产业及能源基地、自然灾害多发地区多通道、多方式、多路径建设，提升交通网络系统韧性和安全性。健全粮食、能源等战略物资运输保障体系，提升产业链、供应链安全保障水平。加强通道安全保障、海上巡航搜救打捞、远洋深海极地救援能力建设，健全交通安全监管体系和搜寻救助系统。健全关键信息基础设施安全保护体系，提升车联网、船联网等重要融合基础设施安全保障能力，加强交通信息系统安全防护，加强关键技术创新力度，提升自主可控能力。

（二）提高交通基础设施安全水平

建立完善现代化工程建设和运行质量全寿命周期安全管理体系，健全交通安全生产法规制度和标准规范。强化交通基础设施预防性养护维护、安全评估，加强长期性能观测，完善数据采集、检测诊断、维修处治技术体系，加大病害治理力度，及时消除安全隐患。推广使用新材料新技术新工艺，提高交通基础设施质量和使用寿命。完善安全责任体系，创新安全管理模式，强化重点交通基础设施建设、运行安全风险防控，全面改善交通设施安全水平。

（三）健全交通运输应急保障体系

建立健全多部门联动、多方式协同、多主体参与的综合交通应急运输管理协调机制，完善科学协调的综合交通应急运输保障预案体系。构建应急运输大数据中心，推动信息互联共享。构建快速通达、衔接有力、功能适配、安全可靠的综合交通应急运输网络。提升应急运输装备现代化、专业化和智能化水平，推动应急运输标准化、模块化和高效化。统筹陆域、水域和航空应急救援能力建设，建设多层级的综合运输应急装备物资和运力储备体系。科学规划布局应急救援基地、消防救援站等，加强重要通道应急装备、应急通信、物资储运、防灾防疫、污染应急处置等配套设施建设，提高设施快速修复能力和应对突发事件能力。建立健全行业系统安全风险和重点安全风险监测防控体系，强化危险货物运输全过程、全网络监测预警。

四、智能发展导向

2019 年 7 月，交通运输部印发《数字交通发展规划纲要》，提出以"数据链"为主线，构建数字化的采集体系、网络化的传输体系和智能化的应用体系，加快交通运输信息化向数字化、网络化、智能化发展，为交通强国建设提供支撑。明确提出数字智能交通的未来发展目标：到 2025 年，交通运输基础设施和运载装备全要素、全周期的数字化升级迈出新步伐，数字化采集体系和网络化传输体系基本形成。交通运输大数据应用水平大幅提升，出行信息服务全程覆盖，物流服务平台化和一体化进入新阶段，行业治理和公共服务能力显著提升。交通与汽车、电子、软件、通信、互联网服务等产业深度融合，新业态和新技术应用水平保持世界先进。到 2035 年，交通基础设施完成全要素、全周期数字化，天地一体的交通控制网基本形成，按需获取的即时出行服务广泛应用。我国成为数字交通领域国际标准的主要制订者或参与者，数字交通产业整体竞争能力全球领先。

为实现交通强国的战略目标，智能交通技术必将实现快速发展，智能化水平必将显著提高。加强大数据、云计算、人工智能、区块链、物联网等在运输服务领域的应用，加速交通基础设施网、运输服务网、能源网与信息网络融合发展，推进数据资源赋能运输服务发展，是交通智能化的未来发展趋势。未来智能交通发展的重点将是构建城市交通大数据共享平台、打造先进实用的城市"交通大脑"、构建世界领先的城市智能交通系统、高水平实现车路协同、提升客货运输服务的智能化水平、实现综合运输的智能化、借助于高度的智能化破解交通拥堵、提高安全水平、实现绿色交通主导。

2020 年 8 月，交通运输部印发《推动交通运输领域新型基础设施建设的指导意见》，提出以数字化、网络化、智能化为主线，围绕打造融合高效的智慧交通基础设施、助力信息基础设施建设和完善行业创新基础设施三个方面发力，大力推动交通基础设施数字转型智能升级。

面对智慧交通发展新变化、新形势，智慧交通标准建设全面提速，以关键共性技术、前沿引领技术、现代工程技术创新为重点，推动自动驾驶、北斗卫星定位导航、自动化集装箱码头等新技术创新应用标准发布实施，深化行业信息化应用，加快新技术与交通基础设施融合发展，推动智慧交通建设迈上新台阶。道路运政管理信息系统、汽车维修电子健康档案系统、12328 交通运输服务监督电话系统等信息化服务，为"互联网＋便捷交通"的发展打下坚实的基础。

第四节　我国交通行业碳中和路径

作为能耗和碳排放的三大行业之一，交通运输行业的低碳发展势在必行。《国家综合立体交通网规划纲要》明确提出，加快推进绿色低碳发展，交通领域二氧化碳排放尽早达峰。近年来，"公交优先"已上升为国家战略，"绿色出行"已成为社会共识。在新一轮科技革命的影响下，如何利用新技术推动新能源汽车和智慧城市、智能交通、清洁能源体系、信息通信产业融合发展，整体提升交通运输融合创新能力，成为节能减碳的关键。未来整个交通链条，包括交通制造、能源供给、超级计算、数字交通，都将在"双碳"目标的牵引下，激发交通行业各个要素升级迭代。

一、交通制造业碳减排

汽车轻量化是实现交通制造业节能减排的关键技术之一，中外车企也争相开发出了一系列轻量化新品。汽车轻量化技术可以分为三个主要方面：结构优化设计、轻量化材料应用和采用先进制造工艺。相关文献数据显示，汽车的整车重量若减少 10％，燃油利用效率可在原基础上增加 6％～8％；若滚动阻力减少 10％，燃油利用效率可提高 3％；若汽车车桥、变速器等机构的传动效率增加 10％，燃油利用效率可增加 7％。在保持汽车整体品质和性能不变的前提下，降低汽车自身重量可以提高净输出功率、降低百公里能耗、减少废气排放量，同时还能提升操控性、可靠性以及碰撞安全性。研究发现，车重每减少 100kg，汽车行驶过程中每公里减排二氧化碳大约 10g，因此 30 万公里的总里程可减排二氧化碳 3000kg。该观点在新能源汽车领域一样适用。因为新能源车的电池与燃油比能量差距巨大，电池组重量一般会比燃油发动机高 2 倍以上，目前电动商用车的电池系统重量通常占车辆总重的10％～15％，而乘用车占比高达 20％～30％，这直接导致电动汽车相比传统燃油车会增重30％～40％。但如果纯电动汽车整车重量能降低 10％，那么平均续航里程将会增加 5％～8％，同时损耗成本也可相应下降。所以，无论从传统汽车的减排还是从新能源汽车增加续航的发展趋势看，轻量化都是一个有效的手段。

零部件再制造不仅是发达国家汽车市场的普遍共识和行动趋势，更是我国实现碳达峰、碳中和目标最有利、最直接的措施之一。根据联合国环境规划署国际资源小组发布的报告《重新定义价值——制造业革命：循环经济中的再制造、翻新、维修和直接再利用》，再制造可节省80％～98％的新材料，采用这些"价值保留流程"还有助于将某些行业的温室气体排放量减少79％～99％，在实现温室气体减排方面具有极大的潜力。2021年4月，国家发展改革委等八部门联合印发《汽车零部件再制造规范管理暂行办法》，推动汽车零部件再制造的发展步入正轨，向市场化方向迈进。

船舶制造业碳减排的主要技术路线为优化船舶设计，采用低阻船体主尺度与线型优化设计、船体上层建筑空气减阻优化设计，船舶航行减阻技术和船舶高效推进技术；船舶优化设计减轻船舶的自重，在满足安全性和使用性的前提下，通过船体结构优化，减少结构的用量以及设计优化，减轻系统设备重量，采用轻质复合材料替代传统的钢材。这些较为成熟的技术应用在减少排放、提高能效方面有积极作用。

船企不仅是耗能大户，而且由于耗能品种多、用能点分散而管理困难，因此，船企节能必须多种措施并行。如全面推广天然气和乙烷等替代品应用、空压机节能及余热利用、氧气供应节能、提高焊接效率、减少气体在作业过程和输送过程中的泄漏（逃逸）、加强能源计量避免浪费、改变能源使用粗放模式等。这种粗放式能源利用管理及粗放式发展模式问题由来已久，现在依然存在。目前来看，我国船企能源利用效率相比先进国家船企依然存在差距，如加工1吨钢材的耗电量就明显高于日本和韩国船企。碳达峰、碳中和目标的提出，为我国造船业改变这一局面提供了契机，更带来了挑战。

二、清洁能源交通建设

根据落基山研究所推算，在交通行业，通过节能增效、交通方式转型等方式能够实现大约30％的碳减排量。但如果要实现行业整体的碳中和，需要使用清洁能源对传统化石能源进行更为全面的替代。与电力、工业和建筑行业不同，交通运输行业多数情况下难以直接使用风、光等清洁能源，必须将清洁能源转换成可以储存、运输的形式，使其成为交通行业能够直接使用的"绿色燃料"，才能满足深度减排以及净零排放的要求。

交通行业主要包括道路、铁路、航空和船运四种交通方式，每一种方式对"绿色燃料"的要求都不尽相同。在完善的电力基础设施和电池技术快速进步的推动下，电能在交通行业已经得到了大规模的应用，并成为道路和铁路交通最主要的清洁能源替代方式。然而动力电池体积大、重量大，并不适用于部分航空和船运场景，这两种交通方式需要更多地依靠氢能、氨气和生物质等其他新能源来满足供能需求。

2021年，中国民用航空局、国家发改委、交通运输部联合印发《"十四五"民用航空发展规划》，明确要求2025年运输航空吨公里CO_2排放量相比2020年下降4.5％，单位旅客吞吐量能耗下降10％。发展清洁能源是推动航空业实现碳减排目标的重要举措。研究显示，发展氢能航空动力有助于航空碳减排，当绿氢使用成本与航空煤油持平时，氢燃料短程和中程飞机的运营成本分别比航空煤油降低5.2％和6.3％。波音公司提出2050年实现氢基燃料完全替代传统航空燃料，空客公司提出了氢能航空发展规划和时间表。可持续航空燃料（SAF）是航空业实现净零目标的重要措施之一。研究表明，与传统化石基航空燃料相比，SAF全生命周期可平均降低CO_2排放10％以上，部分原料和技术路线可降碳50％～80％。国际航空运输协会预测，2025年全球SAF年需求量将达630万吨，2035年扩大到7262万吨，2050年将高达3.58亿吨。

因此不同交通方式应根据其特征的不同，采取不同清洁能源：以道路交通为主的小型、轻型交通和铁路应用清洁电力为基础的动力电池，重型道路交通和海运等应用氢能（或氨气），远程航空领域应用生物质能源。

（一）近期目标——交通电气化

交通电气化是几种清洁交通方案中实现难度最小、成本最低且能量转化效率最高的。过去几年中，得益于动力电池的快速发展，交通电气化的范围已经从原本的铁路逐步拓展到轻型机动车、小型船舶甚至飞机。考虑到中国道路和铁路出行的巨大体量，2060 年电气化交通能耗预计将超过 2 万亿千瓦时，相当于替代了 2.68 亿吨标准煤的化石燃料，占整个交通部门能耗的一半。因此，短期内，加速道路交通的电气化转型是实现交通行业低碳甚至零碳发展的核心，这需要政策、技术、市场和基础设施等多方面相互配合。同时，电网清洁程度的提高将更好地凸显交通电气化的碳中和优势。

（二）中期目标——氢能大规模商业应用

受限于电池能量密度相对较低的特点，交通部门还有大约 50％的能源需求难以通过电气化解决，需要依靠氢能等能量密度更大的燃料来实现深度脱碳。氢气燃烧生成的唯一物质是水，因此是从末端排放角度来看最为清洁的能源。目前国内氢能的来源以工业环节副产和煤炭气化为主，但是可以预见，在碳中和目标下，"绿色制氢"，即电解水制氢将成为必然，技术突破和成本的降低将加速推动电解水制氢成为主流。

目前，成本问题仍然是将氢能应用于交通领域的主要难点。一方面是车辆本身造价较高，目前氢能燃料电池卡车的售价通常在同水平燃油卡车价格的 5 倍以上；另一方面是燃料价格高，即便是在使用成本较低的化石燃料进行氢气制备的情况下，其制备、储存、运输等总成本也比燃油更昂贵。随着氢燃料电池技术逐步成熟，以及规模效应逐步加强，车辆本身的造价和售价会不断下降；另外，在氢能的储存、输送和加氢站等相关基础设施不断完善的情况下，氢能的使用成本也会随之降低，最终实现氢能在重型交通领域对传统燃油的全面替代。但是从目前氢能产业的发展趋势来看，实现成本的大幅下降和全面商业化仍然需要一定的过渡时期，因此，重型道路交通依靠氢能实现脱碳将是一个中长期的过程。

为了在中期 2040 年左右实现氢能的大规模商业化应用，需要加快相关技术的发展与研究。中国在氢能应用技术发展上的优势在于市场广阔，政府扶持力度大。国务院办公厅 2020 年 11 月印发的《新能源汽车产业发展规划（2021—2035 年）》中就提到，中国将大力发展氢燃料电池以及氢能的储运技术。中国汽车工程学会在《节能与新能源汽车技术路线图 2.0》中提出了氢燃料电池车在 2025 年达到 5 万辆、2030 年达到 100 万辆的目标。同时，财政部、工业和信息化部等五部门也在《关于开展燃料电池汽车示范应用的通知》中明确提出，将通过"以奖代补"的方式以城市群为对象对燃料电池汽车产业的发展提供支持。

（三）远期目标——依靠生物质燃料和碳捕集技术实现航空和船运碳中和

电气化和氢能的快速发展能够在很大程度上解决交通行业清洁能源利用的问题。基于落基山研究所对各类能源供给和需求量的分析，到 2060 年，交通行业约 80％的能耗可以通过氢气与电气化来满足，剩余的 20％中很大一部分则来自大型航空和远洋船运。这两种交通方式对能源的种类和能量密度要求较高，很难通过一般性的清洁能源完全替代。

综合考虑各类其他清洁能源，生物质燃料是可行的办法之一。生物质燃料是用可再生生物质生产的燃料，因此在能源形式和热值上可以起到与化石燃料几乎相同的作用。生物质燃料通常采用废弃动植物油脂、城市固体废物、农业和林业残留物等多种原料制备而成，采用的技术方法主要包括动植物油脂加氢生产喷气燃料、生物质气化生产喷气燃料、生物醇生产喷气燃料。目前生物质燃料生产仍面临供应连续性不稳定、工艺成熟度不足、产业化进程缓慢等难题。

也有学者认为交通用能将从"一油独大"转向以电为主、氢能为辅、天然气和生物燃油为过渡的用能格局。届时，铁路运输将基本实现电气化。道路交通随着电动汽车渗透率大幅提高，除了特定地区特定场景重卡采用氢燃料外，电气化已成大趋势。目前来看，航空和水运低碳燃料替代难度较大，潜在技术路线也更为多元，近期沿海及内河船舶以电力、LNG、生物燃油等替代为主，航空以生物燃油替代为主，且高铁可以替代 800 公里以内航空客运出行需求；2030 年后电力、氢（氨）等逐渐在水运和航空部门发挥替代效果，随着磁悬浮等新一代高铁技术的发展，铁路对航空的替代效果也将更加明显。随着交通"去油化"进程提速，交通部门油品需求在 2050 年左右可以实现归零。

三、数字智能交通建设

我国人口众多、路网不完善、道路不规范、交通拥挤以及与之有关的环境和能源等问题严重困扰着各城市。交通的拥挤造成了巨大的时间浪费，加大了对环境的污染，影响着各城市的可持续发展。在所有既保证现有交通工具和交通方式，又要缓解交通拥挤问题的办法中，旨在借助现代化科技改善交通状况，达到"保障安全、提高效率、改善环境、节约能源"目的的智能交通概念脱颖而出。

随着电子信息技术的发展和大数据时代的到来，智能交通的发展也将迎来重大变革。未来的智能交通及相关技术不仅能够快速发现和及时高效处理道路交通系统运行中的交通事故、交通拥堵、交通组织等问题，还能够不断促进系统实现人、车、路、环境的协同发展，构建城市交通大脑，建设城市交通超级计算平台，支持大规模网络最优化计算模型与快速求解算法等研究，实现千万级交通出行的组织优化，让出行人群能选择最佳的时间和路径，让在途车辆减少行程时间和停车次数，让系统能均衡调控交通流量和提高通行效率，实现系统运行效率最优，有效降低机动车辆碳排放，同时减少不必要的交通出行，降低道路照明能耗，从不同方面、不同角度赋能，助力交通运输行业实现碳中和目标。

四、绿色公共交通建设

在人们日常出行的交通服务体系中，使用地铁、公交车等公共交通工具，在对道路的利用率、能源消耗、环境污染、空间占用等方面的优势比使用私家车要大得多。根据北京市的统计监测数据，日均出行人公里占比 32% 的私人小客车产生了全市 72% 的碳排放量，亟须推动高碳的小汽车出行向低碳的公共交通甚至零碳的非机动交通转移。每推动 1 万人公里小汽车出行向轨道交通转移，可减少 1.8 吨碳排放量。因此，城市道路交通应优先考虑发展地铁和公交车，在人口密集区和交通枢纽地区建设有效、完善的衔接中转枢纽，以方便往来。在没有合适交通换乘方式的地段，增设公共自行车取还点，增加出行选乘的新方式，减少人们在出行方式选择方面的顾虑，从而减少私家车用量，降低碳排放。

交通领域"双碳"目标的实现需要依靠公共交通，公共交通要想发挥最大效益需要坚持市场化配置原则，政府做好调控监管和服务引导，将包括网络约租车、定制公交等在内的所有具有公共服务属性的交通方式都纳入公共交通范畴，充分借助市场力量破解公共交通发展难题，形成高效的综合交通服务体系。

推动公交都市的建设要促进公共交通出行比例的提高，但公共交通出行比例并不是越高越好。例如，北京市在公共交通出行比例提高的同时，小汽车出行比例却居高不下，作为绿色交通重要出行方式的自行车出行比例反而逐年下滑。建设公交都市的核心是要提升公共交通的吸引力，特别是相对于小汽车的竞争力，使公共交通真正成为市民优先选择的出行方式。

思考题

1. 如何进一步提高交通运输行业碳排放核算的准确性？
2. 实现交通行业的碳中和还能从哪些途径入手？
3. 我国交通行业碳中和之路面临哪些挑战？

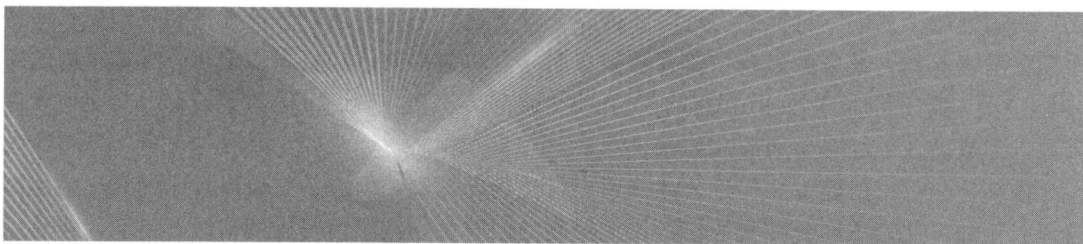

第十一章

建筑行业的碳排放及碳中和

要实现建筑行业碳达峰与碳中和，需要在建筑物建造、建筑物运行和建筑物拆除的全生命周期各阶段进行减碳。本章讨论了建筑施工阶段、建筑运行阶段和建筑拆除阶段具体碳减排路径，包括建筑低碳设计、新型绿色低碳建造技术推广、能源替代、电气化推进、建材回收利用以及低碳拆除设计等。

第一节　我国建筑行业的发展现状

一、支柱产业地位现状

建筑行业是进行工程勘察设计、房屋建设、土木工程建设、设备安装的生产部门。为确保研究数据的可获取性与准确性，本书对建筑行业的定义保持与《中国建筑业统计年鉴》的统计范围一致，主要涵盖土木工程与房屋建筑业、建筑装饰和建筑安装以及其他建筑业，其中其他建筑业指建筑工程准备、施工设备提供、建筑产品拆除等活动。

建筑行业是拉动国民经济发展的重要支柱产业之一。近年来建筑业占国内生产总值的20％左右，对国民经济影响很大。根据国家统计局发布的 2024 年国民经济数据，2024 全年国内生产总值 134.9 万亿元，其中，全国建筑业总产值达 32.6 万亿元，同比增长 3.9％；全国建筑业房屋建筑施工面积 136.8 亿平方米。近年来，随着我国建筑业企业生产和经营规模的不断扩大，建筑业总产值持续增长，建筑行业整体发展呈现稳定态势。

2024 年，在国民经济总量大幅度提升的情况下，全国建筑业增加值 89949 亿元，占国内生产总值的比重仍保持在 6％以上，以国家重点建设项目、基础设施建设、房地产开发、交通能源建设、工业项目建设、美丽乡村建设为主体的建筑市场呈现勃勃生机，建筑业对相关的上下游产业，包括钢铁、水泥、机械设备制造、家具、家用电器，相关的研发、咨询服务以及各类新型建材产业的发展发挥着重要的拉动和辐射作用，建筑行业的支柱产业地位保持稳定并不断加强。

二、市场准入监管现状

建筑行业勘察、设计及施工所属行业的主要监管部门为住房和城乡建设部。其主要职责包括：组织制定工程建设实施阶段的国家标准，制定和发布工程建设全国统一定额和行业标准；组织实施房屋和市政工程项目招投标活动的监督执法；拟订勘察设计、施工、建设监理的法规、规章并监督和指导实施；拟订工程建设、建筑业、勘察设计的行业发展战略、中长期规划、改革方案、产业政策、规章制度并监督执行；拟订建筑工程质量、建筑安全生产和竣工验收备案的政策、规章制度并监督执行；拟订建筑业、工程勘察设计咨询业的技术政策并指导实施；等等。

建筑行业主要监管法律法规包括：《中华人民共和国建筑法》《中华人民共和国测绘法》《中华人民共和国招标投标法》《建设工程质量管理条例》《建设项目环境保护管理条例》《建设工程安全生产管理条例》《建设工程勘察设计管理条例》《建设工程勘察质量管理办法》《测绘成果管理条例》《测绘市场管理暂行办法》等。

建设工程企业资质审批管理是我国建筑市场监管的重要制度之一，是规范建筑市场秩序的重要抓手。党的十八大以来，我国不断完善建设工程企业资质审批管理，优化市场准入机制，规范建筑市场主体行为。从精简资质审批相关指标要求，到开展告知承诺制审批，再到加大事中事后动态监管力度，资质审批效率持续提升，建筑业营商环境不断优化，市场监管机制更加完善，对于激发市场主体活力、促进建筑业健康发展发挥了重要作用。相关部门不断完善建设工程企业资质审批管理，优化市场准入机制，规范建筑市场主体行为。住房和城乡建设部 2023 年印发《关于进一步加强建设工程企业资质审批管理工作的通知》，从审批效率、审批权限、业绩认定、动态核查、党风廉政建设等多个方面，就进一步加强建设工程企业资质审批管理工作作出部署。同时，我国大力推动建筑市场监管向"宽进、严管、重罚"转变，充分运用数字化手段优化营商环境，注重加强信用管理以规范建筑市场秩序。

三、建筑技术水平现状

党的十八大以来，我国建筑业步入新发展阶段，生产转向高质量发展，结构不断优化，支柱产业地位不断巩固，对经济发展和民生改善发挥了重要作用，我国正由"建造大国"向"建造强国"持续迈进。建筑业施工技术和装备水平显著提升，施工技术专业人才队伍不断壮大。1952 年末，全民所有制建筑施工企业工程技术人员仅有 2.7 万人；到 2023 年末，全国有资质的建筑业企业工程技术人员已达到 678 万人。建筑业企业技术装备率大幅提升。1953 年，全民和城镇集体所有制建筑施工企业年末自有机械设备净值仅为 0.3 亿元；1980年达到 116.1 亿元，技术装备率达到 2333 元/人；2022 年末，全国建筑业企业自有施工设备净值 3696 亿元，技术装备率达到 7188 元/人。与此同时，建筑业工程机械租赁市场规模也持续扩大，成为建筑业企业施工装备的有力补充。

从建设"一五"时期 156 项重点工程，到建筑业成为国民经济支柱产业，我国建筑施工技术持续进步，一批重大建筑技术实现了突破，具有世界顶尖水准的工程项目接踵落成。如标志着中国工程"速度"的高铁工程，标志着中国工程"跨度"的以港珠澳大桥为代表的中国桥梁工程，代表着中国工程"高度"的上海中心大厦，代表着中国工程"难度"的自主研发三代核电技术"华龙一号"全球首堆示范工程等。高速、高寒、高原、重载铁路施工和特大桥隧建造技术迈入世界先行列，离岸深水港建设关键技术、巨型河口航道整治技术、长河段航道系统治理以及大型机场工程等建设技术达到世界领先水平。城市信息模型（CIM）、建筑信息模型（BIM）、大数据、智能化、移动通信、云计算、物联网等信息技术集成应用能力不断提升。

从建筑施工技术的发展方向来看，信息技术的应用是一个重要的发展趋势。在建筑施工中，应用计算机技术、信息技术、网络技术等对于提高建筑施工技术的应用效果、保障建筑施工质量和效率有着重要作用。在未来一段时期内，建筑施工技术的信息技术应用范围必将更加广阔，不再局限于当前的制图等方面。因而对于我国建筑施工技术的发展来说，也应当充分认识到这一问题，积极重视在建筑施工技术中进行信息化建设，将各种信息系统应用到建筑施工中。新材料技术、信息化、大数据和人工智能等深刻影响建筑业未来变革。其中BIM技术和装配式技术发展迅速。BIM技术全称为建筑信息模型建造技术，需要综合各类建筑工程项目信息来建立三维建筑模型。应用BIM技术除能够建立建筑模型以外，更主要的是其应用会贯穿建筑工程项目的整个生命周期，并进行了信息集合。BIM技术拥有传统工作模式以及协同管理模式不具备的优势特点，其克服了传统粗放型施工的弊端，实现了向先进集约型施工方式的转变。其在施工控制和可视化模拟方面进行了创新，能够实现可视化效果设计，检验模型效果图，实现4D（四维）效果模型设计以及监控等功能。BIM技术的出现掀起了建筑行业的一场信息技术变革，从此建筑行业变得更加精细化、高效化和统一化。因此，BIM技术被誉为继CAD（计算机辅助设计）技术以后的最为重大的技术革新。装配式技术最近成为信息化助推器，装配式＋信息化快速发展推动行业大发展。政策支持叠加自身优势，使装配式技术在"十四五"期间增长空间巨大。而作为建筑信息化的天然应用场景，装配式技术的发展使建筑信息化迎来巨大发展契机。

当今中国社会经济发展迅速，人民生活水平不断提高，不断增加的能源需求要求建筑业做到可持续化、人性化发展。建筑施工的材料消耗数量巨大，节约建筑材料成为必然要求。建筑节能的观念应当深入到具体的建筑施工中，特别是要深入到建筑材料的使用中。在整个建筑施工过程中，从规划、设计之初，到最后的施工，都要把环保节能考虑在内。建筑企业要致力于践行绿色理念，并且将其视作根本性的施工理念。这是由于绿色环保融入现阶段的建筑行业有助于消除高污染并且杜绝资源浪费，确保其符合降耗以及节能的根本宗旨。

四、工程管理水平现状

在开展建筑工程建设的过程中，工程质量的控制与管理发挥着重要的作用，作为施工单位正常开展建筑工作的前提和基础，必须引起相关工作人员的重视。在建筑行业迅速发展的过程中，各种施工技术也得到了快速发展，并且被广泛应用到了各个工程项目中。在工程技术应用过程中，需要着重加强对施工质量的控制。在建筑竞争逐渐激烈的背景下，企业施工质量便成为社会重点关注的问题。

依据相关法律法规，住建部制定了一系列部门规章，明确实施资质许可的机关、程序、时限、法律责任等，建立完善的资质管理制度，并会同多部门开展建筑企业资质审批工作。2023年9月，印发《住房城乡建设部关于进一步加强建设工程企业资质审批管理工作的通知》（建市规〔2023〕3号），提出采取多项措施进一步完善和加强资质审批管理。

2017年，住建部印发《建筑市场信用管理暂行办法》（建市〔2017〕241号），明确建筑市场信用信息采集和交换规则，强化信用信息公开和应用，推动开展信用评价工作，完善信用监管体系。交通运输部、水利部等部门也开展了相关信用评价工作，建立诚信激励、失信惩戒机制。国家发展改革委牵头建立全国信用信息共享平台和"信用中国"网站，提供信用信息查询服务。

在建筑工程项目施工过程中，建筑施工单位必须具备健全的工程管理体制，才能为后期各项具体的质量监督管理工作提供有效的依据。与此同时，建筑施工单位和监理部门应该协同合作，共同就工程质量监督管理的法律制度展开研究，结合工程项目的具体质量要求不断调整执法方式，从而制定出高度符合建筑企业可持续发展理念的规章制度和技术标准，从制度方面为工程质量提供坚实的保障。近年来，政府部门出台的各项法规政策，对于现代建筑行业的发展均具有不同程度的指导意义，相关工作人员要对其展开深入分析，充分发挥法规政策以及机制体制的约束作用，从而保证施工质量监管环节的条理性和有序性。在不断完善工程管理体制的同时，建筑施工单位和监理单位的人员还要高度注重现代化管理理念的渗透，实现精细化的质量监督管理。

建筑工程质量监督管理人员的素质对于该项工作能否有效落实具有直接影响。随着我国建筑行业的迅猛发展，建筑工程逐渐呈现出多元化发展的特征，尤其是高层建筑的普及，更是大幅度提升了建筑工程的系统性和复杂性，对其监督管理工作的质量提出了新的挑战。所以，在新形势下，建筑工程质量的监管单位，必须强化彼此间的协调合作，强化对工程质量监管工作的重视程度。与此同时，任何一名从事工程质量监督管理工作的人员都必须充分履行自身职责，对日常的工程监督情况做好相应的记录，留存相应的纸质资料。这样一来，一旦后期排查出质量问题，也可实现有迹可循，为质量监督管理工作提供全面的、精准的指导。值得注意的是，建筑施工企业一直将工程造价管理作为一项重点内容，希望通过科学的工程造价管理，创造更高的经济效益。工程质量监督管理部门的人员也就需要具体情况具体分析，严格根据施工设计方案，对材料和设备进行合理选择，并对其质量进行严格把关，为企业经济效益的提升做好精细化管理工作。最后，在建筑企业发展运行的过程中，相应监管部门还应该结合施工质量及施工安全要求对监督管理手段进行适度强化，确保各道工序之间的顺利衔接，从而保证整个施工项目的进度。

第二节　我国建筑行业碳排放特点

建筑作为重要的能耗和碳排放行业，近年来受到了越来越多的关注。建筑全生命周期不同阶段的能耗和碳排放有各自不同的特点，将节能减排任务分配到各个阶段，针对每个阶段的特点进行深入分析，对建筑行业节能减排有重要意义。本书对建筑行业的碳排放分析中，对研究对象的范围界定参考《国民经济行业分类》（GB/T 4754—2017）中对建筑业的定义，即包括对各种建筑物和基础设施的建设、安装和拆除活动。

目前众多学者在界定建筑行业碳排放的概念时都认同建筑行业不仅本身活动产生 CO_2，还会使用其他行业产品从而产生间接碳排放效应的观点。建筑行业碳排放可以分成直接碳排放与间接碳排放两部分，其中直接碳排放包括建筑设计施工阶段以及拆除活动阶段消耗能源产生的 CO_2 总量，间接碳排放包括与建筑行业关联性较强的五大建筑材料（水泥、钢材、木材、混凝土、砖）在建筑行业中使用产生的 CO_2 总量（减去铝材与钢材回收利用部分）。

据 IPCC 在 2022 年发布的第六次评估报告统计，2019 年全球建筑业排放温室气体 120 亿吨，占总排放量的 21%。从能源角度看，全球建筑领域电力消费量占全球用电量的 18%，约为 43 EJ。联合国环境规划署发布的有关全球建筑和建造业现状的报告称，2022 年全球建筑运营能耗（供暖、制冷等）占终端能源需求的 30%，加上建筑材料生产能耗后升至 34%。过去十年，建筑行业能源需求年均增长略超 1%，建筑用电占比从 2010 年的 30% 升至 2022

年的 35％，可再生能源使用同步增长。2022 年建筑运营与施工相关的 CO_2 排放创历史新高，达近 100 亿吨，占全球能源与工艺排放的 37％。其中，电力间接排放增至 68 亿吨，建筑直接排放微降至 30 亿吨。国际能源署对不同经济部门的 CO_2 排放进行了统计，统计数据显示，建筑业、公共电力和热力、制造业和交通运输业是 CO_2 排放较高的行业。其中，建筑业的 CO_2 气体排放量占总排放量的 30％～50％，是节能减排的重点领域之一。

世界各国也对其国内各个经济部门的二氧化碳排放量进行测算，从各国统计数据来看，建筑业的二氧化碳排放量均位于前列。中国作为发展中大国，排放来源主要有建筑业、工业、交通运输业及化学工业等，其中建筑业、工业和交通运输业的二氧化碳排放量约占总排放量的 90％。2025 年 1 月 18 日，中国建筑节能协会和重庆大学发布了《2024 中国城乡建设领域碳排放研究报告》（简称《报告》）。《报告》基于最新的国家宏观统计数据，测算并分析了 2022 年我国建筑与建造、城市市政设施运行的能耗与碳排放。《报告》显示，2022 年全国建筑与建筑业建造碳排放总量 51.3 亿吨，占全国能源相关碳排放的 48.3％。

我国建筑业规模占全球的一半左右，所消耗的钢材、水泥等建筑材料约为全球总消耗量的 50％。加强房屋、道路、桥梁等设施的节能减排工作，是建筑业实现可持续发展的重要举措。建筑业不同阶段的二氧化碳排放量来源如图 11-1 所示。

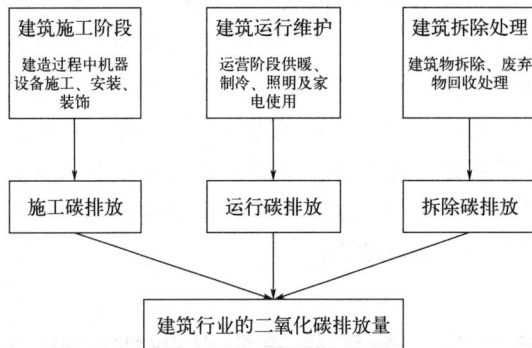

图 11-1　建筑业不同阶段的二氧化碳排放量来源

一、建筑物建造的碳排放

世界各国建筑物建造环节所消耗的能源和产生的碳排放总量一直在全世界建筑系统碳排放中占据主要地位。建筑的设计使用年限一般至少为几十年甚至上百年，但建造时间相对较短，通常只需要几年，能耗和碳排放集中，和使用阶段相比更容易测量和控制。据估计，建筑物在建造施工阶段的能耗可能占到全生命周期的 23％，在部分低能耗建筑中该比例可达 40％～60％。

一般而言，建筑物建造的碳排放主要来源于建筑材料和施工设备的运输、施工现场建筑物建造和建筑施工废弃物处理三个部分。其中，建材和设备的运输需要消耗汽油或者柴油等燃料，施工现场各种机械设备的运行需要消耗电力和化石燃料，是最主要的碳排放来源。建材运输阶段碳排放统计建材消耗量和建材运输距离，结合单位质量建材运输距离的碳排放因子进行核算。建筑建造阶段的碳排放应包括完成各分部分项工程施工产生的碳排放和各项措施项目实施过程产生的碳排放。建筑建造阶段碳排放统计建筑建造阶段各类能源消耗，结合相应碳排放因子进行核算。

二、建筑物运行的碳排放

不仅建筑产品生产环节所带动上游产业的碳排放量巨大，建筑物在运行过程中的碳排放量也很大，直接影响到全球碳排放总量的波动。根据二氧化碳信息分析中心（Carbon Dioxide Information Analysis Center，CDIAC）的报告，由于建筑物使用过程所产生的 CO_2 不断增加，其排放速度（包括在建筑中使用电力而产生的排放）几乎和全球 CO_2 增长的速度不相伯仲，每年平均递增 2%。其中位居榜首的是商业建筑，CO_2 的排放增速每年高达 2.7%；其次为居住建筑，增长速度接近 2% 的平均值。建筑物在全生命周期中都存在能源消耗问题，由此对环境造成了巨大的影响。随着中国经济的腾飞，人民的生活水平越来越高，对居住的要求也不断提高，无论是对量（人均居住面积）的增长还是对质（建筑的性能、居住环境、舒适程度）的提升都提出了较高的要求。为满足人们对建筑物质和量的日益增长的要求，同时控制碳排放总量，需要在扩大建设规模的同时完善用能标准。建筑使用阶段碳排放包括暖通空调、生活热水、照明及电梯、可再生能源、建筑碳汇系统在建筑运行期间的碳排放量。建筑使用阶段碳排放统计建筑运行阶段不同类型能源消耗量，结合相应的碳排放因子进行核算。

三、建筑物拆除的碳排放

建筑物拆除阶段的碳排放应包括人工拆除和使用小型机具机械拆除使用的机械设备消耗的各种能源动力产生的碳排放。建筑物拆除阶段碳排放量统计拆除阶段各行为和机械使用能源消耗总量，结合相应的碳排放因子进行核算。碳排放的计算过程分为两个步骤：一是对拆除管理过程中碳排放的来源和影响因素进行识别，对投入的所有产生温室气体排放的资源消耗量情况进行整理与汇总；二是对各项投入资源所对应的碳排放因子数据进行正确选取。对资源投入量与单位资源所产生的碳排放量的乘积进行汇总，即可得到最终的碳排放量结果。各阶段碳排放来源分析如下。

（一）建筑拆除阶段

废弃物是建筑拆除产生的，因此拆除废弃物的产生源于建筑拆除活动，而建筑拆除是对建筑物进行切割和破碎，并对废弃物进行清理的过程。建筑拆除的方式有人工拆除、机械拆除、混合拆除以及爆破拆除四种。对于拆除项目而言，选用不同的拆除方式所涉及的投入要素和资源消耗各有差异，因此碳排放的来源和影响因素也不尽相同：其中，人工拆除方式的碳排放来源为人工劳动力的消耗，其影响因素为工人的总工作时间，人工消耗量通过工日数来体现；机械拆除方式的碳排放来源主要为机械消耗，影响因素包括各机械设备的工作时间及耗油率，衡量指标为机械台班数和设备所需能源如电能、石油或柴油等的消耗量；混合拆除方式的碳排放来源为人工消耗和机械消耗，影响因素包含工人的总工作时间、各台机械设备的工作时间及耗油率，可分别通过工日消耗量、台班消耗量和能源消耗量来反映；爆破拆除方式包含的碳排放来源则由人工消耗、机械消耗和炸药消耗三部分构成，因此其影响因素除了工人总工作时间、设备工作时间和耗油率外，还应包括炸药的数量及种类构成，人工消耗体现为工日数量，机械消耗进一步体现为台班消耗量和设备能源消耗量，而炸药消耗可通过整个爆破过程所用到的炸药的数量来体现。

（二）现场管理阶段

现场管理是指建筑废弃物产生后在施工现场的收集、分拣、分类、预处理等作业活动和管理措施。一般而言，拆除建筑废弃物主要包含混凝土、砖、砌块、金属、砂浆、木材、玻璃和塑料等，由于种类和成分复杂，项目管理者都会按照废弃物材料的类型对其进行分类和分拣，这一方面是为了提高管理的效率，另一方面是为了便于对其中的金属、木材、玻璃和塑料等材料进行尽可能的回收并统一出售以获取最大的经济回报。而对于无法直接出售但具有再利用和回收利用价值的废弃物材料如混凝土和砖块等，为便于运输或者现场回填，往往需要在拆除现场对其进行适当的预处理，如破碎等。以上这些措施都需要人工和机械设备的投入。所以，在现场管理阶段主要的消耗有人工消耗和机械消耗。

（三）运输阶段

废弃物运输是指将建筑废弃物从施工现场运至填埋场、循环利用厂或其他运输终点的过程。在项目实践中，项目负责人可以委托专业的建筑废弃物运输公司进行运输，也可以选择由拆除企业自行负责运输。为了避免运输过程中产生的扬尘等对运输路线周边环境造成影响，通常会采用洒水的方式来进行缓解，或者选用密闭式的建筑废弃物运输车辆进行运输。废弃物运输阶段主要的碳排放来自运输工具在运输过程中消耗能源产生的能源碳排放和消耗机械台班所产生的人工碳排放。一般而言，废弃物的运输多为公路运输，运输过程中碳排放量的多少取决于运输距离、消耗的能源类型（如汽油、柴油等）和运输工具在单位运输距离内的能源消耗量。运输工具所需能源类型和单位运输距离内的能源消耗量可从运输工具的参数说明中取得，而所需要的机械台班数据可从项目的清单数据中取得。故此阶段碳排放评估的关键是确定拆除现场至填埋场或循环利用厂的总运输距离。

（四）处理处置阶段

处理处置是指废弃物被运输到回收厂、循环利用厂和填埋场或其他指定运输终点后被最终处理的过程。调研发现，在处理处置阶段的各项措施中，将废弃物运往填埋场是最常见的做法；对建筑废弃物进行基坑回填和用作路基作为废弃物理想的处理方式之一，目前仍未得到普及；而将惰性废弃物运往循环利用厂进行资源化回收利用正越来越受到项目管理者的青睐。无论对废弃物进行基坑回填、用作路基、资源化回收处理，还是填埋，都需同时消耗人工和机械资源，因此会产生人工碳排放和机械设备碳排放。但应当注意到，对废弃物在填埋场进行填埋时，废弃物自身也会释放温室气体，所以在进行废弃物填埋碳排放计算时，还应包括废弃物自身的碳排放。

第三节　建筑行业高质量发展导向

一、建筑业工业化升级导向

当前建筑行业正处在从高速发展转向中低速发展的转型调整期，建筑业企业要正确处理好技术创新与企业发展的关系，要紧扣工业化、数字化、绿色化发展方向，苦练内功，应对挑战，加快将技术成果转化为现实生产力。我国建筑行业每年都在创造大量的产值，但不难发现，同发达国家的建筑业相比，我国的建筑业还存在生产效率有待提高、技术水平较低、质量问题较多等情况。如何改善这一现状，使建筑行业改变过去的粗放式的发展方式，向高效、节约的形式转变是建筑行业面临的重大课题。根据国际上建筑行业的先进经验，发展建筑工业化能有效提高建设效率、改善建筑质量、促进技术改革和实现良好的经济效益。

为贯彻落实新发展理念，推动建筑业转型升级，国家提出加快发展新型建筑工业化，"新型"主要区别于以前的建筑工业化，"新"指从传统粗放建造方式向新型工业化建造方式转变。建筑工业化是指采用大工业生产的方式建造工业和民用建筑。它是建筑业从分散的、落后的、大量现场人工湿作业的生产方式，逐步过渡到以现代技术为支撑、以现代机械化施工作业为特征、以工厂化生产制造为基础的大工业生产方式的全过程，是建筑业生产方式的变革。新型建筑工业化是指以构件预制化生产、装配式施工为生产方式，以设计标准化、构件部品化、施工机械化为特征，能够整合设计、生产、施工等整个产业链，实现建筑产品节能、环保、全生命周期价值最大化的可持续发展的新型建筑生产方式。采用先进、适用的技术、工艺和装备，科学合理地组织施工，发展施工专业化，提高机械化水平，减少繁重、复杂的手工劳动和湿作业；发展建筑构配件、制品、设备生产并形成适度的规模经营，为建筑市场提供各类建筑使用的系列化的通用建筑构配件和制品；制定统一的建筑模数和重要的基础标准，合理解决标准化和多样化的关系，建立和完善产品标准、工艺标准、企业管理标准、工法等，不断提高建筑标准化水平；采用现代管理方法和手段，优化资源配置，实行科学的组织和管理，培育和发展技术市场和信息管理系统，适应发展社会主义市场经济的需要。加快新型建筑工业化发展，是在近年来装配式建筑长足发展基础上的进一步提升。装配式建筑、新型建筑工业化、建筑产业现代化一脉相承。装配式建筑是发展的驱动力，新型建筑工业化是发展的路径，建筑产业现代化是实现的目标。新时期我国经济社会发展正在面临的新形势为新型建筑化发展提供了前所未有的机遇。国家"十四五"规划的战略发展要求为发展新型建筑工业化提供了契机，大规模保障性住房建设带来了广阔的市场，而人口红利的淡出更提供了内部驱动力。可以说，通过建筑工业化才能实现建筑产业现代化。

二、建筑业数字化升级导向

数字化转型是推动传统产业转型升级、实现包容性增长和可持续发展的重要驱动力。我国经济正在向以新基建为战略基础、以数据为生产要素、以产业互联网为赋能载体的新经济迈进。新基建将推动整个国家从信息化走向全面数字化，抓住这个机遇，将加快中国建筑业的数字化转型和高质量发展进程。在建筑行业，数字建筑已经上升到战略性的重要地位，也将重塑企业的竞争力。建筑企业急需把握数字竞争力，优化经营管理模式，重塑业务模式，持续创新，迈入数字化的快车道。培育数字科技新动能，建筑业才能在时代大变局下实现突破。作为现代产业体系重要组成部分的建筑业，如何尽快运用建筑数字化促进企业转型和设计企业转型升级的路径是摆在面前的重大课题。固守僵化落后的施工生产模式，路必然越走越窄，而乐于拥抱科技成果，用新技术武装自己的企业，必然迈向高质量发展。

如今，装配式建筑在规划、生产、安装等方面的数字化应用已经越来越成熟，从传统粗放的建造方式到工业化智能建造方式，结合智慧规划、自动化生产、装配化施工、数字化管理等技术优势，围绕全生命周期提升管理水平，最大程度地提高效率、减少浪费、完善建筑品质，有利于建设绿色低碳、生态友好的居住环境，促进建筑产业转型升级和高质量发展。

建筑行业数字化的趋势是要实现施工企业的业务互联、数据互通。施工企业业务互联、数据互通是建筑行业数字化发展的趋势，围绕项目，将施工企业与项目部管理打通，将BIM与智慧工地各类硬件打通，实现互联互通，为施工企业提供"项企一体化"和"业财一体化"服务。虽然目前建筑数字化仍处于起步阶段，但数字化建设已成为建筑行业发展的必然趋势。无论是从建筑产业自身发展，还是从新型智慧城市的目标来看，建筑行业的数字化升级已经成为大势所趋，而如何顺利实现转型也是各方关注的焦点。智慧建造数字化管理平台在建筑行业整个价值链上发挥着巨大作用，它承载着建筑企业发展战略，助推建筑企业迈向数字化转型升级，将BIM、云计算、大数据、物联网、移动互联网、人工智能等信息技术融合，实现"数字建筑"的有效增值。

三、建筑业智能化升级导向

建造是建设工程项目的"制造"全过程，是基于全生命周期考虑的工程立项策划、设计和施工的总称。工程建造与其他工业产品制造一样，必须立足于产品全生命周期的经济技术性能和效益的最大化。智能建造是面向工程产品全生命周期，实现泛在感知条件下建造生产水平提升和现场作业赋能的高级阶段；是工程立项策划、设计和施工技术与管理的信息感知、传输、积累和系统化过程；是构建基于互联网的工程项目信息化管控平台，在既定的时空范围内通过功能互补的机器人完成各种工艺操作，实现人工智能与建造要求深度融合的一种建造方式。

基于目前我国建筑业的现状分析和政策导向，建筑业推进智能建造已是大势所趋，重点体现在以下方面。一是建筑业高质量发展要求的驱使。建筑业要走高质量发展之路，必须做到"四个转变"：从"数量取胜"转向"质量取胜"；从"粗放式经营"转向"精细化管理"；从"经济效益优先"转向"绿色发展优先"；从"要素驱动"转向"创新驱动"。实现这些转变，智能建造是重要手段。二是工程品质提升的需要。进入新时代，经济发展的立足点和落脚点是最大限度满足人民日益增长的美好生活需要，其中工程品质提升是公众的重要需求。工程品质的"品"是人们对审美的需求，"质"是工艺性、功能性以及环境性的大质量要求。推进智能建造是加速工程品质提升的重要方法。三是改变建筑业作业形态的有力抓手。建筑业属于劳动密集型产业，现场需要大量人工，如何坚持"以人为本"的发展理念，改善作业条件，减轻劳动强度，尽可能多地利用建筑机器人取代人工作业，已经成为建筑业寻求发展的共识。四是提升工作效率，推动行业转型升级的必然。目前建筑业劳动生产率不高，主因是缺少建造全过程、全专业、全参与方和全要素协同实时管控的智能建造平台的高效管控，缺少便捷、实用和高效作业的机器人施工。五是实现"零距离"管控工程项目的利器。推进智能建造充分发挥信息共享优势，借助于互联网和物联网等信息化手段，建造相关方可以便捷使用的工程项目建造管控平台，实现零距离、全过程、实时性的工程项目管控。

智能建造在我国起步较晚，但是目前已具备良好基础，应借助我国大市场的优势，扎实推进，务求实效，改变目前智能建造技术和管理碎片化的开发状态。第一，加快工程项目管理体制机制的变革，加速推进工程项目总承包模式。推进智能建造需要工程项目立项策划、设计、施工的建造全过程协同进行，呼唤"工程总承包＋全过程工程设计咨询服务"的工程项目管理体制机制的加速推进。工程总承包企业应承担"工程总承包负总责"的责任，管理触角向前后延伸；以注册建筑师为主导的工程设计咨询应对建筑全生命周期的运行质量、环境适宜性和功能性等承担相应责任。数字化协同设计是智能建造的基础，务必全力推进。建立"大设计"理念是智能建造推进的充分和必要条件，着力推进土建与机电设备的施工图与专项施工图设计及其深化设计、工程组织设计、工程施工组织设计、工程施工方案设计的"工程项目四个同步设计"。第二，智能建造应做好顶层设计。推进智能建造应做好顶层设计，整体规划，分步实施。一是研发具有自主知识产权的三维图形系统；二是研发 BIM；三是构建基于 BIM 的 EIM（工程建造信息模型）管控平台；四是研制人工智能设施，如智能监测设施、功能各异的机器人设施等。城市建设信息管控平台（CIM）应在城市规划的基础上，集成区域内的建筑、市政、铁路、公路、桥梁、水利等各类工程的 EIM 管控平台信息，通过 EIM 管控平台信息合成、累积和过滤而形成。智能建造是复杂的系统工程，应以行业"提质增效"为导向，整体规划，分步实施，秉承"不求一次成优，但求取得实效"的持续改进思路，为切实提高行业发展质量做出贡献。第三，鉴于工程建造的复杂性，应在工程建造服务、管理、场景和流程再造、创新和固化研究的基础上，会同软件开发商"化整为零"开发若干子系统，在推广应用的基础上持续改进，进而针对不同需求进行相应子系统的组合，实现若干子系统的集成"积零为整"，逐渐形成适应工程项目多方协同的系统化管控平台，实现对工程项目实施的全过程、全要素和全参与方管控，最终创建具有我国原创血统的工程项目建造的信息流、物资流、资金流实时管控和运行的系统化工作平台——EIM 管控平台。第四，创新开发思路，创建我国具有自主知识产权的图形系统。现行 BIM 三维图形输入的参数化设计方法，与我国技术人员熟悉的输入方法不相吻合，普及性差。应该凝聚优势资源，创新开发思路，在我国技术人员熟悉的平面设计方法的基础上开发系统的内设转换软件，自动生成三维空间图形，进行真实感表现，攻克"卡脖子"的三维图形系统的技术难关，研究形成我国具有自主知识产权的三维图形引擎、平台和符合中国建造需求的 BIM 系统。第五，加速研制和推广应用人工智能设施，如智能监测设施、功能各异的机器人设施等，特别应围绕工程建造的点多、面广、量大和劳动强度高、作业条件差的工艺工序，构建 EIM 管控平台与工艺技术联动联控的机器人作业环境，进行机器人研制。

　　智能建造是通过计算机技术、网络技术、机械电子技术、建造技术与管理科学的交叉融合，促使建造及施工过程实现数字化设计、机器人主导或辅助施工的工程建造方式，是加快建筑业转型升级、实现建筑业现代化的主导途径。智能建造以工程全生命周期综合效益最大化为目标，重点关注管理流程再造，重点强调建造过程的质量安全保障和资源系统管控、数字化设计和机器人作业的协同建造方式。未来应秉承原始创新、集成创新、引进消化吸收再创新的方法，注重实效，不懈探索，辛勤耕耘，扎实推进智能建造发展。

四、建筑业绿色化升级导向

　　绿色建造是按照绿色发展的要求，通过科学管理和技术创新，采用有利于节约资源、保护环境、减少排放、提高效率、保障品质的建造方式，实现人与自然和谐共生的工程建造活动。绿色建造统筹考虑建筑工程质量、安全、效率、环保、生态等要素，坚持因地制宜，坚持策划、设计、施工、交付全过程一体化协同，强调建造活动的绿色化、工业化、信息化、集约化和产业化的属性特征。绿色建造的主要技术要求有以下几个方面。一是采用系统化集成设计、精益化生产施工、一体化装修的方式，加强新技术推广应用，整体提升建造方式工业化水平。二是结合实际需求，有效采用 BIM、物联网、大数据、云计算、移动通信、区块链、人工智能、机器人等相关技术，整体提升建造手段信息化水平。三是采用工程总承包、全过程工程咨询等组织管理方式，促进设计、生产、施工深度协同，整体提升建造管理集约化水平。四是加强设计、生产、施工、运营全产业链上下游企业间的沟通合作，强化专业分工和社会协作，优化资源配置，构建绿色建造产业链，整体提升建造过程产业化水平。

第四节　我国建筑行业碳中和路径

一、提高建筑节能标准

研究表明，随着城市化进程的加快和人民生活质量的改善，我国建筑耗能比例最终将上升至 45% 左右。建筑耗能已经成为我国经济发展的软肋，如果再不开始注重建筑节能设计，将直接加剧能源危机。建筑能耗增长的速度远远超过我国能源生产可能增长的速度，如果这种高耗能建筑模式持续发展下去，国家的能源生产势必难以长期支撑此种浪费型需求，从而不得不组织大规模的旧房节能改造，这将要耗费更多的人力物力。据统计，我国每年老旧建筑拆除量已占新增建筑量的 40%，其中因规划调整、经济利益驱动等因素，远未到使用寿命限制的道路、桥梁、大楼拆除的现象多有发生。在建筑中积极提高能源使用效率，就能够大大缓解国家能源紧缺状况，促进经济建设的发展。因此，提高建筑节能标准是贯彻可持续发展战略、实现国家节能规划目标、实现温室气体减排的重要措施，符合全球发展趋势。

实现"双碳"目标，建筑节能是一道必须跨越的关口。为降低建筑能耗，20世纪80年代末我国开始推行建筑节能标准，目前很多地区已经大范围普及 65% 的节能设计标准，北方采暖区域基本进入 75% 节能标准阶段。

在提高建筑节能标准的基础上，近年来，超低能耗建筑建设的有关政策也陆续出台。住建部 2017 年印发《建筑节能与绿色建筑发展"十三五"规划》，提出"积极开展超低能耗建筑、近零能耗建筑建设示范"，"在具备条件的园区、街区推动超低能耗建筑集中连片建设"，"鼓励开展零能耗建筑建设试点"。2020 年 7 月住建部、国家发改委等七部门联合印发的《绿色建筑创建行动方案》明确提出，到 2022 年，当年城镇新建建筑中绿色建筑面积占比达到 70%，且鼓励各地因地制宜推动超低能耗建筑、近零能耗建筑发展。2021 年 3 月，《中华人民共和国国民经济和社会发展第十四个五年规划和 2035 年远景目标纲要》提出，开展近零能耗建筑、近零碳排放等重大项目示范。持续提高新建建筑节能标准，加快推进超低能耗、近零能耗、低碳建筑规模化发展。大力推进城镇既有建筑和市政基础设施节能改造，提升建筑节能低碳水平。逐步开展建筑能耗限额管理，推行建筑能效测评标识，开展建筑领域低碳发展绩效评估。

二、推动用能的电气化

根据《2024 中国城乡建设领域碳排放研究报告》，2022 年全国建筑运行碳排放中，化石能源直接排放 4.5 亿吨 CO_2，占排放总量的 19.5%；电力排放 14.4 亿吨 CO_2，占排放总量的 62.3%；热力排放 4.2 亿吨 CO_2，占排放总量的 18.2%。建筑电气化是建筑业实现碳中和的重要路径之一。

推动建筑业用能电气化和低碳化，需要加快优化建筑用能结构，深化可再生能源建筑应用。开展建筑屋顶光伏行动，大幅提高建筑采暖、生活热水、炊事等电气化普及率。实施供暖系统电气化改造，结合清煤降氮锅炉改造，鼓励因地制宜采用空气源、水源、地源热泵及电锅炉等清洁用能设备替代燃煤、燃油、燃气锅炉。在北方城镇加快推进热电联产集中供暖，加快工业余热供暖规模化发展，积极稳妥推进核电余热供暖，因地制宜推进热泵、燃气、生物质能、地热能等清洁低碳供暖。在长江中下游地区采暖问题上，可以采用分散的电动热泵代替燃气壁挂炉或大型燃气锅炉采暖方式，可以很好地满足居住建筑的空调和采暖需求，实现直接碳排放逐年下降。大力推广太阳能光伏光热项目，充分利用建筑屋顶、立面、车棚顶面等适宜场地空间，安装光电转换效率高的光伏发电设施。鼓励有条件的公共机构建设连接光伏发电、储能设备和充放电设施的微网系统，实现高效消纳利用。推广光伏发电与建筑一体化应用，推动太阳能供应生活热水项目建设，开展太阳能供暖试点。

三、推动原材料低碳化

全面推广绿色低碳建材，推动建筑材料循环利用。发展绿色农房。制造绿色建材的原材料多采用工业废弃物、生产生活垃圾等废弃资源，如用垃圾焚烧灰制作的绿色水泥以及用粉煤灰等制作的高强混凝土等，既节约天然资源，又消化处理废弃物，保护环境。"十四五"是我国推动经济高质量发展和生态环境质量持续改善的攻坚期，也是推进落实碳达峰目标的关键期，建筑原材料行业必须深入贯彻落实党的十九大、十九届历次全会、二十大精神，以推动安全发展、高质量发展为主题，以二氧化碳排放达峰目标与碳中和愿景为牵引，提前谋划与布局碳减排工作，要从自身实际出发，制定切实有力措施，推进建筑材料行业碳达峰目标的提前实现。

一是调整优化产业产品结构，推动建筑材料行业绿色低碳转型发展。要将与碳减排密切相关的能耗、环境排放、资源综合利用等作为约束性指标列入行业发展目标之中，加强对碳排放的源头控制，加快淘汰落后产能进程，严格执行减量置换政策，加大压减传统产业过剩产能力度，坚决遏制违规新增产能，推动建筑材料行业向轻型化、终端化、制品化转型。支持企业谋划发展绿色低碳新业态、新技术、新装备、新产品，有序安排生产，压减生产总量和碳排放量。鼓励行业领军企业开展资源整合和兼并重组，推进产业链、价值链向高附加值、高质高端迈进。

二是加大清洁能源使用比例，促进能源结构清洁低碳化。统筹推进产业结构与能源结构调整，进一步优化建筑材料行业能源消费结构，逐步提高使用电力、天然气等清洁能源的比重。鼓励企业积极采用光伏发电、风能、氢能等可再生能源技术，研发非化石能源替代技术、生物质能技术、储能技术等，并在行业推广使用。

三是加强低碳技术研发，推进建筑材料行业低碳技术的推广应用。开发和挖掘技术性减排路径和空间，探索建筑材料行业低碳排放的新途径，优化工艺技术，研发新型胶凝材料技术、低碳混凝土技术、吸碳技术，以及低碳水泥等低碳建材新产品。发挥建筑材料行业消纳废弃物的优势，进一步提升工业副产品在建筑材料领域的循环利用率和利废技术水平，替代和节约资源，降低温室气体过程排放。着力推广窑炉协同处置生活垃圾、污泥、危险废物等技术，大幅度提高燃料替代率。推广碳捕集、碳封存及碳利用等碳汇技术，通过采取矿山复绿等有效措施，积极推进碳中和。

四是提升能源利用效率，加强全过程节能管理。坚持节约优先，加强重点用能单位的节能监管，严格执行能耗限额标准，树立能效领跑者标杆，推进企业能效对标达标。建立企业能源使用管理体系，利用信息化、数字化和智能化技术加强能耗的控制和监管。在水泥、平板玻璃、陶瓷等行业，开展节能诊断，加强定额计量，挖掘节能降碳空间，进一步提高能效水平。

五是推进有条件的地区和产业率先达峰。积极推进建筑材料行业在经济发展水平高和绿色发展基础好的地区和产业率先实现碳达峰。重点行业自觉压减产量，不新增产能，率先落实二氧化碳强度和总量"双控"要求，推进大气污染物与温室气体的协同减排、协同治理。

六是做好建筑材料行业进入碳市场的准备工作。全力做好建筑材料行业碳排放权交易市场建设基础性工作，逐步完善建筑材料各产业碳排放限额与评价工作，进一步推进与扩展建筑材料各主要产业碳排放标准的研发与制订。水泥和平板玻璃行业要率先做好进入全国碳市场准备，提前谋划和组织好有关企业参与碳交易方案制定、碳交易模拟试算、运行测试等前期工作。

四、建筑绿色节能运行

在建筑节能设计中，应合理开发、科学使用自然资源，利用太阳能、风能等自然资源实现建筑内部供暖、照明等，提高建筑取暖、采光、保温性能，净化建筑室内空气，改善空气质量。太阳能在建筑节能中的应用主要是利用太阳光产生热量，引发化学反应，将太阳能转变为热能或者电能，为建筑运行提供能量。太阳能集热器能够收集太阳产生的热量，并将其转变为热能，在寒冷的冬季可以给建筑供暖；在炎热的夏季，太阳能集热器能够设计成空调，给人们提供舒适、凉爽的生活环境。太阳能设备运行过程中无须燃烧燃料，不会给生态环境带来任何影响，满足国家提出的节能环保发展战略。风能则是空气流动过程中产生的能量，风能供电能够为建筑内部提供充电、照明、无线电通信的电压，以降低对电力资源的消耗，节约不可再生资源。

提高建筑用能管理智能化水平。鼓励对楼宇自控、能耗监管、分布式发电等系统进行集成整合，实现各系统之间数据互联互通，打造智能建筑管控系统，实现数字化、智能化的能源管理。通过运用物联网、互联网技术，实时采集、统计、分析建筑用能数据，优化空调、电梯、照明等用能设备控制策略，实现智慧监控和能耗预警，提高能源使用效率。推动有条件的公共机构建设能源管理一体化管控中心。

思考题

1. 试述我国建筑行业的碳中和目标。
2. 建筑行业节能减碳有哪些路径？

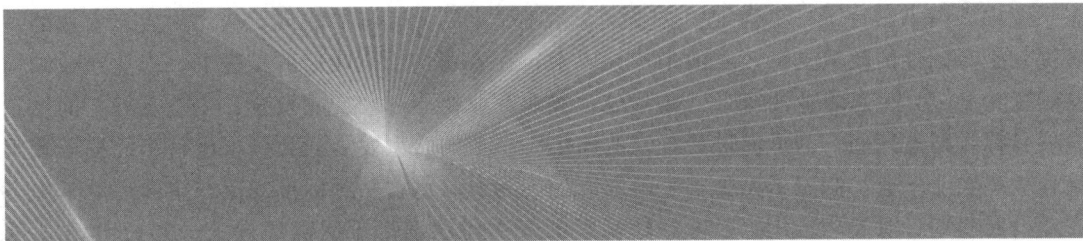

第十二章

农业的碳排放及碳中和

农业的碳源作用主要源自化肥、农药、塑料薄膜等农用物资的使用，机械作业产生的柴油燃烧，农地的翻耕、灌溉，反刍动物肠胃中饲料发酵和粪便管理，畜禽饲养、畜禽产品加工等几方面。农业的碳汇作用则表现为植树造林生成的森林植被系统功能以及农田土壤自身所具备的碳汇功能。

第一节　我国农业的发展现状

一、农业制度现状

我国自古以来就是一个崇尚农业的国家，早在原始农业时期就有讨论如何改良土地的记载，并且还通过政令让老百姓按照一定的密度精耕细作。到了汉代更是从政府层面扶持农业生产，降低税负，放宽土地政策，推行屯田制度。新中国成立以来，通过土地制度改革以及一系列行之有效的政策措施，我国农民实现了耕者有其田，提升了生产积极性。特别是改革开放以来，我国农业真正实现了由粗放式经营向集约式经营，由传统农业向现代农业的根本性转变，农业生产力得到了极大提高。农业是我国国民经济的重要支柱行业，且农村人口一直占我国总人口的半数以上，在任何时期，农业制度的制定和实施都是关系国计民生的重点工作，历来备受党中央、国务院的重视。在我国只有解决好农业、农村、农民的问题，整个国家才能真正意义上实现高质量发展。经过几千年的发展，我国的农业生产已经积累了丰富的经验，取得了举世瞩目的成绩，对世界农业发展做出重要贡献。自新中国成立以来，为了促进农业的发展，我国颁布了一系列政策。

（一）我国农业制度发展状况

新中国成立以来，我国农业产业进入了一个快速发展期，尤其是在改革开放之后，农业生产力得到了进一步解放，与此同时，农业生态失衡问题也开始逐步凸显出来。为了缓和农业生产与生态环境之间的矛盾冲突，生态农业法律政策体系逐步开始形成。实际上，早在改革开放之初通过的《中华人民共和国环境保护法（试行）》就提出了农业生产不得破坏自然生态环境的原则。进入20世纪90年代，由于工业生产所造成的污染问题开始延伸到农业生态系统中，国家出台了一系列维护农业生态系统稳定的配套法律法规，从而为生态农业的发展提供了基础性的政策支持。党的十八大以来，在农业供给侧改革的推进下，农业产业结构持续优化升级，生态农业的雏形开始形成，农业产业树立起"产品安全、生态友好"的生态发展目标。在这期间，为了促进传统农业向生态农业的转型发展，我国也出台了一揽子政策培育生态农业产业，制定了无公害生鲜农产品、有机绿色食品等标准规范，全面启动了生态农业发展规划，对农药、化肥、生产环境等细节性问题进行了明确的规定。2012 年农业部颁布了《农产品质量安全监测管理办法》（已于 2022 年进行了修改）。2018 年生态环境部、农业农村部联合印发的《农业农村污染治理攻坚战行动计划》明确提出，要按照乡村振兴的战略部署强化对农业生产全过程的污染治理与生态保护，补齐生态农业发展的制度短板。2018 年的中央一号文件强调了农业生态补偿的重要性，同年下发的《农业绿色发展技术导则（2018—2030 年）》对农业生态补偿中的各方主体职责进行了明确的划分，同时要求各级地方政府对生态补偿主体给予相应的财政补贴以弥补农业生产的额外支出。党的二十大报告提出到 2035 年"基本实现新型工业化、信息化、城镇化、农业现代化"的发展总体目标，同时提出"全面推进乡村振兴"，"坚持农业农村优先发展，坚持城乡融合发展，畅通城乡要素流动"，"加快建设农业强国，扎实推动乡村产业、人才、文化、生态、组织振兴"。2023 年的中央一号文件强调全面推进乡村振兴，提出推进绿色农业发展，加快农业投入品减量增效技术推广应用，推进水肥一体化，建立健全秸秆、农膜、农药包装废弃物、畜禽粪污等农业废弃物收集利用处理体系。

（二）农业碳中和相关政策

2021 年 3 月 15 日，习近平总书记在中央财经委员会第九次会议上强调，要把碳达峰、碳中和纳入生态文明建设整体布局，拿出抓铁有痕的劲头，如期实现 2030 年前碳达峰、2060 年前碳中和的目标。农业部门是重要的温室气体排放源。同时，绿色低碳循环农业是乡村振兴的应有之义。

近年来我国逐渐意识到农业碳排放问题的重要性，加强制定低碳农业发展的相关政策，在农业生产化学原料、机械化设备使用、基础设施建设等方面制定了涵盖执行、监督、评价等环节的碳减排制度，已初步形成政策法律体系。

我国出台了多部涉及农业碳减排的法律和文件。针对气候变化，2007 年，我国响应政府间气候变化专门委员会号召，制定《中国应对气候变化国家方案》，提出到 2010 年时单位国内生产总值能源消耗比 2005 年降低 20% 左右，相应减缓二氧化碳排放的目标。2008 年中央一号文件提出大力发展节约型农业。2011 年 11 月，国务院新闻办公室发表的《中国应对气候变化的政策与行动（2011）》白皮书强调，要完善农林生物质发电价格政策，加强农村沼气建设，加快畜牧业生产方式转变。2012 年，党的十八大提出"坚持节约资源和保护环境的基本国策"。党和政府大力推进绿色、循环、低碳发展，给农业留下优质良田，完善生态补偿制度，加大农业碳排放权交易工作力度。2014 年国家林业局出台的《关于推进林业碳汇交易工作的指导意见》提出积极探索推进碳排放权交易下的林业碳汇交易模式，并出台了相关的具体保障措施。2016 年印发的《"十三五"控制温室气体排放工作方案》提出，要大力发展低碳农业，坚持减缓与适应协同，推进标准化规模养殖和畜禽废弃物综合利用，降低农业领域温室气体排放。在其他领域，2015 年修订的《中华人民共和国大气污染防治法》增加了"大气污染物和温室气体实施协同控制"条款，这是控制温室气体减排首次被纳入法治轨道；2018 年修订的《中华人民共和国农产品质量安全法》明确要求，农产品生产者应当合理使用化肥、农药、兽药、农用薄膜等化工产品，防止对农产品产地造成污染；2021年我国相继发布《关于完整准确全面贯彻新发展理念做好碳达峰碳中和工作的意见》《2030年前碳达峰行动方案》《"十四五"推进农业农村现代化规划》《"十四五"节能减排综合工作方案》，在全面总体部署碳减排战略的同时，狠抓重点领域和行业的减排工作推进。2022 年农业农村部、国家发展改革委联合印发《农业农村减排固碳实施方案》，对推动农业农村减排固碳工作作出系统部署。2023 年中央一号文件明确提出"推进农业绿色发展"的目标。一系列文件的出台，说明了我国政府对环保领域的重视程度逐年加深，对碳减排的投入力度也逐渐增大，着重强调减少农业碳排放的必要性，并明确了农业农村领域在落实国家"双碳"目标中的主攻方向和重点领域。

二、农业技术现状

改革开放以来，我国通过多种渠道、采取各种措施引进了大量国外先进农业技术，并有组织、有计划地开展了对外科技交流与合作，初步形成了全方位、多层次的农业技术引进与开发的格局。通过对引进技术的消化、吸收、创新、示范和推广，有力地推动了我国农业科技进步，为促进农业持续发展作出了重要贡献。

国内在农业各个生产环节的碳源和碳汇方面做了大量研究工作，例如开发了保护性耕作方式。保护性耕作方式主要以机械为动力源，采取少耕地或免耕地的方法，将耕作减少至保证种子发芽即可，保护性耕作具有许多传统耕作或者深度耕作无法比拟的优势。之后还出现了膜下滴灌的栽培技术、测土配方施肥技术、农膜回收技术、生物农药等，这些技术发展都有利于在农业领域实现碳中和。《2006 年 IPCC 国家温室气体清单指南》指出，农业的生产活动、机械化载具、灌溉、农资投入、农业废弃物（农膜、农药、化肥等）等均会产生碳排放。因此，在规划农业园区时，统筹设计好农业生产等各个环节，对于农业园区实现碳中和目标具有积极而有效的作用。

进入 21 世纪以来，为缓解全球气候变暖趋势，应对日趋严峻的环境污染和资源短缺等全球性问题，绿色低碳已成为未来农业发展的潮流。农业是重要的温室气体排放源，同时具有巨大的碳汇潜力。生物育种技术作为农业科技领域最具引领性和颠覆性的战略高新技术，可以通过创制高产、优质、高效新品种和开发节能减排安全新工艺，培育细胞农业、低碳农业和智能农业等新业态和新动能，为世界农业碳达峰与碳中和目标的实现提供不可替代的科技支撑。有助于碳减排和碳增汇的生物育种技术及产品详见表 12-1。

表 12-1　有助于碳减排和碳增汇的生物育种技术及产品

技术途径	作用机制	相关产品
植物基因工程	减少农药使用和碳排放；免耕增加土壤碳储量；高效利用土地和水资源	抗除草剂、抗虫和耐旱节水等转基因作物
人工高效固碳途径	直接利用二氧化碳合成生物大分子；大幅度提高光合效率；增加碳汇	单细胞固碳；C_4 水稻；人工叶片等
人工高效固氮途径	克服铵抑制、氧失活等天然固氮体系缺陷；节能节肥；减少碳排放	固氮微生物肥料；人工结瘤固氮粮食作物；自主固氮真核生物
生物质转化工程	将生物质转化为生物炭并应用于土壤改良；增加土壤碳储量；生物质饲料化或肥料化	生物炭；生物饲料；生物肥料

续表

技术途径	作用机制	相关产品
动物基因工程	抗重大畜禽疫病;节省饲料;减少药物使用和碳排放	节粮高产抗病养殖动物;抗生素替代产品
农业细胞工厂	节能;高附加值;减少用水量、土地需求和碳排放	人造肉汉堡、人造奶冰淇淋等未来合成食品

数据来源:林敏.农业生物育种技术的发展历程及产业化对策[J].生物技术进展,2021,11(4):405-417。

农业碳中和并不意味着要为了达到减排目标而缩小农业规模、改变农业结构、降低机械化水平、改变生产方式,而是要寻求农业布局优化、农业现代化与减排固碳、气候适应的协同效应,重点考虑降低农业生产排放强度,尤其是那些可以在减排的同时提高粮食产量和质量的措施,比如品种改良、绿色高效种植和养殖技术等。表12-2列举了农业低碳发展的主要领域和技术途径,在各个行动领域都强调减少损耗浪费,针对具体农业部门和排放类型,要进行品种和技术改良、提升单产、发展绿色循环农业和立体农业等。这些技术途径的科学推广不仅有利于温室气体减排,也将有利于增产增收,提高农业发展总体水平。

表 12-2   农业低碳发展的主要领域和技术途径

领域	技术途径
种植业	减少农产品损耗浪费; 推广优良品种和绿色高效栽培技术; 推广降低稻田甲烷排放的水分灌溉管理技术; 促进化肥减量增效; 发展秸秆综合利用
畜牧业	减少畜禽产品损耗浪费; 优化城乡居民膳食,畜禽肉消费调减到推荐水平; 支持降低反刍动物肠道甲烷排放的品种改良、精准饲喂技术; 提升畜禽养殖粪污资源化利用水平,推广种养结合等绿色低碳循环农业技术
渔业	减少水产品损耗浪费; 持续推进休渔政策、限额捕捞等养护措施,提高渔业生产效率; 发展多营养层次综合养殖等生态健康养殖模式,加强粪污残饵收集,减少甲烷排放
林业	减少木材、林产品浪费; 严防森林火灾,全面保护森林资源,防止火灾、林地流失等产生的排放
农业机械用能	加快智能、高效农机化技术和装备的普及和替代,提高农业机械化的使用效率和用能效率; 推动电动、氢能、生物质等清洁农业机械产品研发和技术应用

数据来源:RMI(落基山研究所),中国科学院生态环境研究中心.乡村碳中和公平转型:现状与展望暨乡村碳中和发展指数报告。

三、农业市场现状

近年来,中国国民经济运行总体平稳,发展质量稳步提升,主要预期目标较好实现;农业发展稳中有进、稳中向好。

《中国统计年鉴2024》显示,2023年全国粮食总产量6.95亿吨,比上年增加0.08亿吨,增幅为1.30%,粮食产量再创新高,连续9年保持在6.40亿吨以上。其中,棉、油、糖生产保持稳定,果、菜、茶供应充足。稻谷、小麦和玉米产量分别达到2.07亿吨、1.37 亿吨和 2.89 亿吨。其他作物产量基本保持稳定。受自然灾害等不利因素影响，棉花总产量下降 6.10%。茶叶、水果产量稳定增长。2023 年度，木材产量增长明显，达 12700.9 万立方米，较上一年增长 4.02%；橡胶产量达 89.73 万吨，较上一年增长 4.13%。2023 年度，猪肉产量提升，猪肉产量 5794.3 万吨，同比增长 4.56%。牛肉产量同比增长 4.78%，牛源供求依然趋紧，犊牛价格不断上升；肉羊养殖积极性高，生产规模持续扩大；禽蛋产量由降转升，产量同比上升 3.08%；奶业生产结构逐步优化，奶类产量保持增长。2023 年度，渔业产品产量稳步上升，总产量达 7116.2 万吨，7 大重点流域禁渔期实现全覆盖。近 5 年农林牧渔业总产值稳步增长，2023 年达 15.85 万亿元，创历史新高。

2019—2023 年农林牧渔业主要产品生产情况见表 12-3，产值情况见表 12-4。

表 12-3　2019—2023 年农林牧渔业主要产品生产情况

指标	2019 年	2020 年	2021 年	2022 年	2023 年
粮食/10^4 t	66384.3	66949.2	68284.7	68652.8	69541.0
棉花/10^4 t	588.9	591.0	573.1	598.0	561.8
油料/10^4 t	3493.0	3586.4	3613.2	3654.2	3863.7
木材/10^4 m³	10045.9	10257.0	11589.1	12210.0	12700.9
橡胶/t	809859	826348	871600	861675	897323
大牲畜年底头数/万头	9877.4	10265.1	10486.8	10859.0	11115.4
肉类产量/10^4 t	7758.8	7748.4	8990.0	9328.4	9748.2
水产品总产量/10^4 t	6480.4	6549.0	6690.3	6865.9	7116.2

数据来源：国家统计局. 中国统计年鉴 2024 [M]. 北京：中国统计出版社，2024。

表 12-4　2019—2023 年农林牧渔业产值情况

指标	2019 年	2020 年	2021 年	2022 年	2023 年
农林牧渔业总产值/亿元	123967.9	137782.2	147013.4	156065.9	158507.2
农业总产值/亿元	66066.5	71748.2	78339.5	84438.6	87073.4
林业总产值/亿元	5775.7	5961.6	6507.7	6820.8	7006.1
牧业总产值/亿元	33064.3	40266.7	39910.8	40652.4	38964.6
渔业总产值/亿元	12572.4	12775.9	14507.3	15468.0	16116.2
农林牧渔专业及辅助性活动	6489.0	7029.8	7748.1	8686.2	9346.9

数据来源：国家统计局. 中国统计年鉴 2024 [M]. 北京：中国统计出版社，2024。

四、农业投入现状

近年来，我国农业各个方面均获得了较快的发展，粮食生产能力不断提升，农民生活水平也不断提高。随着农业科技的进步、农业生产效率的提高以及农业总产值的不断增加，除农作物播种面积外，其他农业物质投入呈逐年递减趋势。农业投入包括农作物播种面积、化肥使用量、农用柴油使用量、农药使用量、农用塑料薄膜使用量。

《中国农村统计年鉴 2024》显示，近年来我国农作物总播种面积基本保持平稳增长，2023 年达 17162.4 万公顷。目前我国农作物生产中肥料施用的主体仍然是氮肥、磷肥、钾肥等无机化学肥料，我国农用化肥年施用量在 5000 万吨以上。随着化学肥料减量增效技术的推广，近年来我国农用化肥年施用量正逐年递减。统计数据显示，我国农用柴油使用量呈下降趋势，2023 年为 1751.4 万吨，较 2019 年下降 9.4%；农药使用量 2023 年为 115.5 万吨，较 2019 年下降 17.0%；农用塑料薄膜使用量在 2022 年和 2023 年较之前略有增长，2023 年农用塑料薄膜使用量为 241.6 万吨。2019—2023 年农业投入情况见表 12-5。

表 12-5　2019—2023 年农业投入情况

指标	2019 年	2020 年	2021 年	2022 年	2023 年
农作物总播种面积/10^4 hm^2	165931	167487	168695	169991	171624
农用化肥施用量/10^4 t	5403.6	5250.7	5191.3	5079.2	5021.7
农业柴油用量/10^4 t	1934.0	1849.2	1802.3	1769.0	1751.4
农药使用量/10^4 t	139.1	131.3	123.9	119.0	115.5
农用塑料薄膜使用量/10^4 t	240.8	238.9	235.8	237.5	241.6

数据来源：国家统计局. 中国农村统计年鉴 2024［M］. 北京：中国统计出版社，2024。

第二节　我国农业碳排放特点

农业碳排放，是指在农作物栽培、畜禽养殖、水产养殖与捕捞、林木培育、农副产品加工等农业生产活动过程中产生的温室气体排放。农业本身对于气候变化十分敏感，气候变化将使农业面临更多的不确定性。农业是我国碳排放重要来源之一，农业生产活动产生的温室气体排放占全国总量 1/3 左右，碳排放占全国 10% 左右。

我国近半数省份的农业碳排放呈现种植业主导型，主要集中在东北和长江中游综合经济区，农业生产排放的占比大多在 62%～77% 之间，黑龙江则高达 89%。另一半的省份则呈畜牧业主导型，主要集中在大西南和大西北综合经济区，农业排放占比普遍在 66%～80% 之间，青海高达 87%。

2003—2022 年中国农业碳排放总量变化趋势如图 12-1 所示。总体上看，中国农业碳排放总量呈波动起伏而后缓慢上升的趋势，从 2003 年的 3185.09 万吨增加到 2022 年的 4299.73 万吨，增加了 1114.64 万吨，年均增长率为 1.59%。其中，农业碳排放总量在 2008 年出现较大幅度的下降。此后，中国农业碳排放总量于 2017 年达到区间峰值（4184.06 万吨），随后有所下降。

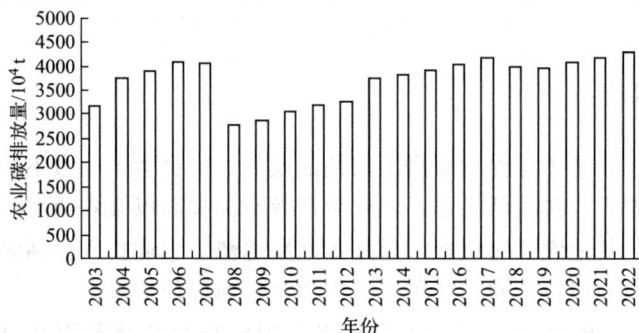

图 12-1　2003—2022 年中国农业碳排放总量变化趋势

（数据来源：毛诗雨. 水-能-粮-土-人-碳关联下中国农业碳排放演变的驱动因素研究［J］. 人民珠江）

农业排放受到农业生产规模、生产结构、农业集约化水平、生产模式等综合因素的影响，因此，对于各省农业排放的指标表现，必须因地制宜地解读，科学制定低碳发展目标。整体来看，耕种面积大、存栏量大、农业机械化水平高的省份农业排放更大，但也取决于产品结构。比如，由于水稻的单位面积排放较高，同为种植业排放主导型地区，水稻种植面积占比较大的江西、湖南等地的单位产值排放强度也较高；在畜牧业排放主导型地区，由于牛的单位存栏量排放因子比其他牲畜高得多，因此养殖结构中牛的比例较高的青海、宁夏等地的排放强度也更突出。

中国农业净碳排放结构见图 12-2。从碳源来讲，1997—2008 年间，畜牧业碳排放占比呈波动下降趋势但仍占比最大；2009—2021 年间，畜牧业碳排放和农作物种植碳排放占比较为接近且变化都不显著，均在 30％上下浮动，原因在于随着农业机械化的普及，役畜逐渐被淘汰，畜禽养殖规模逐年减少，而农作物种植面积并无明显变化；以 2019 年为节点，占比最小的碳源为农业能源碳排放和农地利用碳排放，这是农机的大规模使用造成农业能源消耗增加、农业物资投入量随着政策管控以及绿色农业等概念的提出逐年减少导致的。从碳汇来讲，1997—2021 年农业碳汇能力显著增强，2021 年农业碳汇已经可以中和 91.11％的农业碳排放，这主要得益于农业科技水平提高、单位面积粮食产量增加。

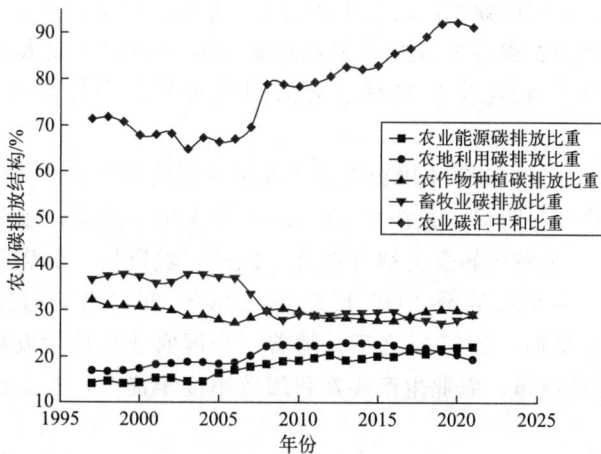

图 12-2　中国农业净碳排放结构

（数据来源：郑雨潮. 双碳目标下农业净碳排放时空演变及趋势预测研究 [J].
农业与技术，2025，45（1）：102-109）

一、种植业碳排放

种植业是最易遭受气候变化影响的产业，我国作为一个发展中种植业大国，种植业可持续发展和粮食安全面临着气候变化的严峻挑战；同时种植业也是温室气体排放源，快速发展的种植业也是加速气候变暖的重要诱因。发展低碳种植业，推行碳减排，提高种植业应对气候变化的能力，将是促进种植业可持续发展的一个重要途径。

种植业是非二氧化碳温室气体（N_2O 和 CH_4）的主要排放源，在 100 年时间尺度上，N_2O 和 CH_4 的全球增温潜能值分别是 CO_2 的 298 和 34 倍。全球人为温室气体排放量在过去几十年显著增加，其中种植业 N_2O 排放占全球人为 N_2O 排放总量的 60％以上，种植业 CH_4 排放贡献了全球人为 CH_4 排放量的 10％左右。N_2O 是硝化和反硝化作用的主要产物。硝化作用是指还原态氮［铵离子（NH_4^+）、氨气（NH_3）和有机氮（RNH_2）］在微生物作用下变为氧化态氮［硝酸根（NO_3^-）和亚硝酸根（NO_2^-）］的过程。N_2O 是还原态氮在硝化微生物作用下被氧化为氧化态氮过程中产生的副产物。通常情况下，反硝化作用是指在厌氧条件下，NO_3^- 或 NO_2^- 被反硝化微生物还原为一氧化氮（NO）和 N_2O，然后进一步被还原为氮气（N_2）的过程。反硝化过程是将自然界的活性氮转变为惰性氮的过程，因此反硝化过程对维持大气氮素平衡具有很重要的意义。农田土壤是最大的 N_2O 排放源。过量施用氮肥造成土壤 N_2O 排放增加，是导致大气 N_2O 浓度上升的主要因素。过量施用氮肥导致的土壤 N_2O 排放量约为 4.3 Tg/a，占全球人为 N_2O 排放总量的 65%。同时，土壤 N_2O 排放受土壤水分状况的影响，淹水稻田在中期烤田期会强烈刺激 N_2O 的排放。近年来，随着全球水资源短缺以及节水灌溉措施的快速发展，节水灌溉稻田成为农业 N_2O 新的排放源。此外，农作物秸秆不完全焚烧也会产生 N_2O，但数量极少。

CH_4 主要在厌氧环境条件下产生，它的种植业排放源主要包括两个。一是长期处于淹水条件下的稻田，土壤中的产甲烷菌利用有机物料（如根系分泌物、动植物残体以及有机肥等）产生 CH_4，进而排放到大气中。稻田 CH_4 排放量受到土壤水肥管理措施以及土壤有机质的影响。在一定范围内，稻田淹水高度越大，土壤中有机质越多，CH_4 排放量越大。二是作物秸秆不完全焚烧也会产生 CH_4。

除了上述直接排放，种植业生产过程中还会有大量的间接碳排放。农作物种植过程中使用的农机、农药、化肥和农膜等农业投入品在制造过程中也会排放大量温室气体。农用柴油、农药、化肥和农膜等农业生产资料引起的间接排放占中国农业温室气体排放总量的 34%。

图 12-3 显示了 2000—2021 年中国粮食种植业碳源结构演化特征。作物种植与秸秆燃烧在总碳源中的占比趋势分化明显，并在 2010—2011 年发生了交叉，表明我国粮食种植业最大碳源已由 2000 年的作物种植转变为秸秆燃烧。此外，农资投入的碳源占比最低，其碳排放量与占比均呈现出较为平缓的倒"U"形趋势：2000—2015 年，过度使用化肥导致了粮食种植业碳排放量日益增加；2015 年之后，随着《全国农业可持续发展规划（2015—2030年）》等纲领性文件陆续颁布，农业生产要素利用效率逐步提升，农资投入的碳排放量得到了有效控制。

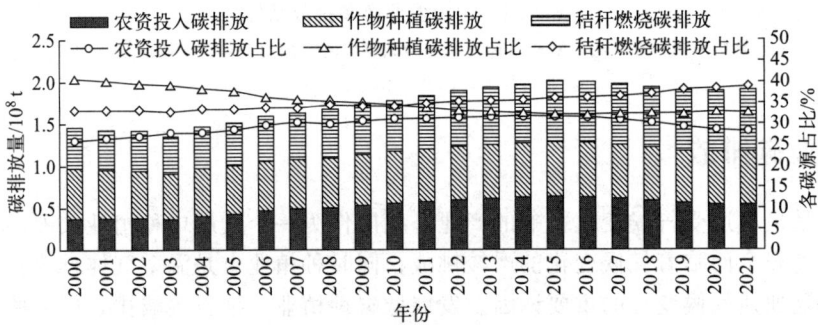

图 12-3 2000—2021 年中国粮食种植业碳源结构演化特征
（数据来源：赵玉，陈霖波，张玉，等．中国粮食种植业碳效应时空演化及碳排放公平性［J］．生态学报，2024，44（12）：5059-5069）

图 12-4 显示了 2000—2021 年中国粮食种植业碳汇结构的演化特征。三大主粮作物碳汇量均持续增加，但增速不同。其中，玉米碳汇量增速最高，年均增速达到 4.60%，2005 年

之后玉米成为粮食碳汇最主要的来源；小麦的年均增速为 0.15％，其碳汇量由 2000 年的 0.98×10^8 t 增加到 2021 年的 1.34×10^8 t；水稻碳汇量增速最低，年均增速仅为 0.60％。

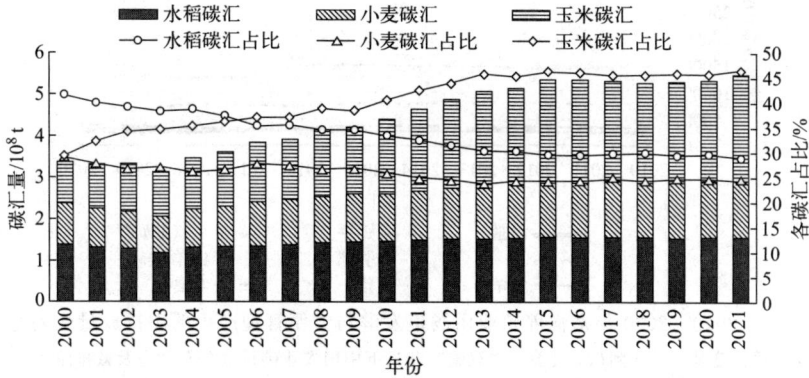

图 12-4　2000—2021 年中国粮食种植业碳汇结构演化特征
（数据来源：赵玉，陈霖波，张玉，等.中国粮食种植业碳效应时空演化及碳排放公平性 [J].
生态学报，2024，44（12）：5059-5069）

二、养殖业碳排放

（一）畜牧养殖业碳排放

畜牧养殖业碳排放是指各种畜禽在整个养殖过程中所产生并排放到大气中的甲烷、氧化亚氮等温室气体的总和。畜禽排放的温室气体主要集中在 CH_4 和 N_2O，其中甲烷主要来自各类畜禽肠胃道发酵以及排泄物在无氧状态下的分解，氧化亚氮则由堆肥产生。从排放量来看，反刍动物最多，猪次之。

早在 2013 年，联合国粮食及农业组织（FAO）就发表了名为《通过畜牧业解决气候变化问题：排放与减排机遇全球评估》的报告。该报告表明，与畜牧业供应链相关的温室气体年排放量总计 71 亿吨二氧化碳当量，占人类造成的温室气体总排放量的 14.5％。该报告同时表示，通过更广泛地采用规范管理和先进技术，畜牧业的温室气体减排比例可高达 30％。这意味着，养殖业不仅拥有体量巨大的碳排放量，同时拥有较大的碳减排潜力可以挖掘。

但是，养殖业由于散养户居多、养殖规模随意性大，碳排放统计往往采取"统计加估计"的方式，导致养殖业的碳排放统计摸底工作难以掌握准确数据，难以对症下药、精准施策。在千难万难的局面下，有些养殖企业通过饲料减量、集中养殖、无害处理、有机堆肥等多种方式，尝试碳循环模式并探索养殖业碳减排的道路。

如图 12-5 所示，我国农业养殖产业中，肠道发酵与粪便管理所产生的碳排放呈先增后减的趋势，在 2015 年达到最高点 3.63 亿吨，并在 2020 年下降到 3.48 亿吨。养牛（非奶牛）与养猪作为养殖业中的主要组成部分，其碳排放量在养殖业碳排放中所占比重超过60％。2016 年养殖业碳排放下降的原因主要是牛与猪数量锐减，相比 2015 年，养牛数量与养猪数量分别减少了 370 万头、2342 万头。家禽数量则由 2010 年的 110 亿只增加到 2020年的 159 亿只，其产生的碳排放也增加了 1167 万吨 。此外，羊、马以及其他畜禽养殖数量则波动较小，对整个农业碳排放的影响也较小。

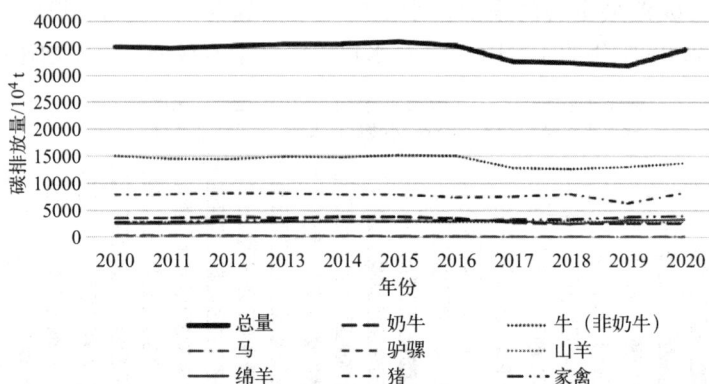

图 12-5　2010—2020 年畜禽养殖业由肠道发酵与粪便管理产生的碳排放量变动趋势
（数据来源：葛继红，孔阿敬，王猛."双碳"背景下中国农业碳排放分布动态及减排路径［J］.
新疆农垦经济，2023（4）：44-52）

（二）水产养殖业碳排放

海洋是公认的地球最大体量碳库，固碳能力是陆地生态系统的 20 倍。自古以来，中国先民们对水域资源的开发利用都以食品生产为导向，从而形成"以水为田，耕海牧渔"的开发传统。从秦汉开始，我国就已有贝类等水产养殖，但规模化水产养殖主要是新中国成立后，以多快好省提供优质水产动物食品为目标，在政府主导下迅速发展起来，水产养殖产量目前已超过捕捞渔业产量。根据 FAO 的统计报告，1991 年起中国水产养殖规模已居世界第一，高于其余国家和地区的合计产量。然而，养殖产量高增长亦引发人们对环境问题的担忧。由此，利用海洋的碳泵功能对抗温室效应，发展环境友好型渔业在学界获得了理论支持，由此形成了"碳汇渔业"的概念。

"碳汇渔业"主要是指通过渔业生产活动促进水生生物吸收水体中的 CO_2，并通过收获水生生物产品，把这些碳移出水体的过程和机制。更具体地说，是指通过养殖和收获贝类、藻类、滤食性鱼类、甲壳类、棘皮类等水产品将碳移出水体，使碳被再利用或被储存。从碳汇的可养殖品种以及经济效益来看，目前的碳汇渔业实际上主要针对海水养殖。按现有产量比例计算，通过贝类和藻类养殖、鱼类养殖和捕捞，全球的碳汇渔业每年固碳量约为 2658 万～2760 万吨，我国的渔业固碳量为 632 万～789 万吨，大约占全球渔业碳汇的 20％。预计到 2030 年我国海水养殖产量将达到 2500 万吨；到 2050 年，我国海水养殖总产量预计达到 3500 万吨，海水养殖碳汇总量可达到 400 多万吨。因此，碳汇渔业将成为未来我国碳汇潜力的重要来源。

三、林业的碳排放

森林是全球环境和人类福祉的有机组成部分，在应对气候变化、保护生物多样性、降低灾害风险等方面具有重要作用，森林资源的多寡在某种程度上还表征了生态环境的优劣。森林还是陆地生态系统的重要组成部分以及地球碳循环的重要汇合库，木材生产作为森林经营的主要活动，其作业过程不仅会削弱森林的碳汇作用，还会额外增加 CO_2 排放量。

木材生产包括采、集、运、贮四大工序，完成从立木到原料木材的转变过程，其中采伐、打枝、造材改变木材的形态，集材、装车、运材、卸车等工序实现木材的位移。这些工序可连接成不同类型的流水作业线，从而形成不同的木材生产工艺类型，其中原木工艺类型在我国目前生产中应用最广泛。木材生产作业系统包括输入、处理、输出三个流程，影响因素主要有自然条件（坡度、土壤和气候等）、森林状况（林相、树种等）以及市场情况等。目前，在木材生产的机械化方面，采伐设备多使用油锯进行伐木、打枝、造材；集材设备主要为拖拉机、索道，装车机械多使用绞盘机，运材设备为汽车，贮木场（或木材物流集散中心）则主要完成木材的生产及销售。基于单位木材产品的机械化作业系统流程如图 12-6 所示。

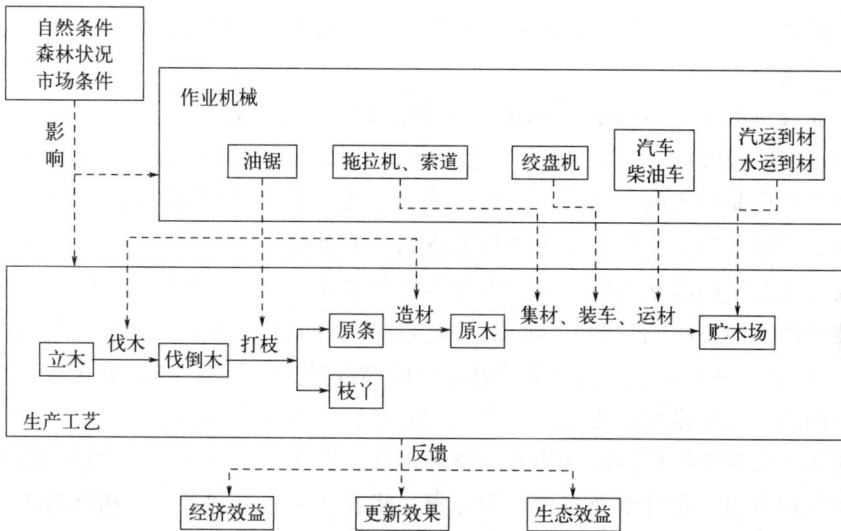

图 12-6　木材生产作业系统流程（以原木为例）

（数据来源：周媛. 基于行业标准的木材生产作业系统碳排放［J］.
北华大学学报（自然科学版），2014，15（6）：815-820）

森林作为地球碳循环的汇合库，每立方米木材的碳汇量可达 0.21～0.34t。机械化木材生产的碳排放量总和为 10.3050～13.3488kg/m³，占其固碳能力的 2.8%～5.9%，其中运材的碳排放最大，占 66.2%～74.7%，且随着运距的增加，运材产生的碳排放占总碳排放的比例也在增加。其次分别为集材段（拖拉机 13.2%～15.7%，索道 11.0%～15.3%）、贮木场生产（水运到材 9.2%～10.6%，汽运到材 10.3%～13.1%）、油锯伐木（4.2%～5.2%）、绞盘机装车（2.6%～4.4%）。

碳排放作业过程还受气温、海拔及林型、蓄积量等因素的影响，尤其是采伐工序，在平均条件下产生的碳排放为 0.8697kg/m³。拖拉机集材、索道集材、运材在平均条件下产生的碳排放分别为 0.6393kg/m³、0.5295kg/m³ 和 0.5883kg/m³。由于运材碳排放所占比例最大，因此，为实现木材生产作业系统的生态平衡，合理选择运材作业机械是森工作业减排的有效手段，主要可从提高车辆使用率、提升驾驶员技术及减少尾气排放、优化木材的运输过程以及采用新能源等方面入手。

从碳排放角度看，油锯采伐-索道集材-绞盘机装车-柴油车运材-水运到材模式所产生的碳排放最少，为最优作业模式。应因地因林根据林业机械化生产管理模式、生产规模、生产任务、林机化基础及经济条件的不同，选择适宜规模化、机械化生产的作业模式。

四、废弃物处置碳排放

农业是废弃物产生的主要源头，也是废弃物资源化利用的难点。人类生产和生活中产生的生物质废弃物直接或间接来自农业，常见的生物质废弃物主要是生物体死亡、收获、加工利用后残余的生物质。根据生物质废弃物的来源，可以分为原生生物质废弃物、次生生物质废弃物和处理（加工）生物质废弃物。原生生物质废弃物是植物有机体残余，主要包括农作物秸秆、林木修剪残余、尾菜等；次生生物质废弃物是生物质经动物或微生物取食转化后的剩余物，主要包括畜禽粪便、生活污泥等；处理（加工）生物质废弃物是农产品、食品加工处理产生的残渣，主要包括药渣、酒糟、果渣、屠宰废料等。此外，病死畜禽遗体也是重要的农业生物质废弃物。

根据农业农村部发布的数据，2024年我国畜禽粪污产生量为30.5亿吨，其中直接排泄的粪便约18亿吨。2022年，我国秸秆产生量为8.65亿吨，约有1.03亿吨没有得到综合利用。每年产生农产品加工废弃物约2亿吨。这些未实现资源化利用的农业废弃物量大面广，若乱堆乱放、随意焚烧，会给城乡生态环境造成严重影响。

农业废弃物产生的温室气体主要为畜禽粪便产生和管理过程排放的CO_2、CH_4和N_2O，以及秸秆焚烧产生的CO_2等。2024年12月发布的《中华人民共和国气候变化第一次双年透明度报告》显示，2021年中国农业活动温室气体排放量为9.31亿吨二氧化碳当量，其中动物粪便管理的温室气体排放量为1.65亿吨，较2020年增长了6.3%。

畜禽粪污、农作物秸秆等废弃物养分资源丰富。农作物秸秆中含有大量的有机物，可为草食动物提供粗蛋白、粗纤维及多种矿物元素。将农作物秸秆制备成动物饲料进行利用，不仅能为草食性牲畜提供充足的粗饲料，还能科学有效提高秸秆资源利用率，减少秸秆焚烧释放的CO_2，保护生态环境。如果将秸秆全量还田，带入农田的平均养分相当于化肥用量的39.3%（氮）、18.9%（磷）和85.4%（钾），而畜禽粪便中的养分分别占同年氮、磷、钾化肥施用量的410.1%、139.2%和381.1%，表明我国农业秸秆、畜禽粪便的数量和养分资源量巨大，充分合理利用这些资源，可有效替代化肥施用并减少化肥生产引起的碳排放。不同生物质废弃物中碳、氮、磷和钾的含量详见表12-6。

表 12-6　不同生物质废弃物中碳、氮、磷和钾的含量　　　　　单位:%

原料	碳	氮	磷	钾
小麦秸秆	42.96	0.64	0.33	0.65
水稻秸秆	39.05	0.62	0.39	1.05
稻壳	41.73	0.48	0.31	0.35
玉米秸秆	43.15	0.68	0.41	1.01
玉米芯	43.67	0.38	0.30	0.59
芦苇	43.76	0.31	0.33	0.84
花生壳	45.73	0.83	0.33	0.45
油菜秸秆	42.07	0.80	0.29	0.50
木屑	46.27	0.24	0.24	0.07
竹片	45.88	0.46	0.38	0.41

续表

原料	碳	氮	磷	钾
甘蔗渣	44.20	0.32	0.26	0.18
中药渣	36.92	1.92	0.38	0.61
鸡粪	31.69	1.79	1.24	0.70
猪粪	37.41	0.88	0.88	0.74
污泥	13.27	1.29	3.36	1.16

数据来源：卞荣军，李恋卿. 生物质废弃物处理与农业碳中和 [J]. 科学，2021，73（6）：22-26。

第三节　农业高质量发展导向

一、科技创新的发展导向

"科技创新"价值对于农业产业政策来说主要是指国家通过科学技术进步，带动农业技术革新，转变农业产业发展方式，实现农业产业生产力的全面提升，从而推动农业产业的增值增效。

科技创新是当前我国农业发展的主要动因，要发挥"科技创新"的价值导向作用，政府继续加大农业科技投入，建立和完善农业技术推广体系，为农业经济高质量发展提供技术保障。一是要继续增加对科研院校和涉农企业的相关经费支出，鼓励农业科技成果的研发。高校和科研院所应该持续保持对农业的研究热情，鼓励对农业热点、重点、难点问题的理论和实证研究，创新低碳农业生产技术，改进化肥、农药等农业生产资料的配方，用生物能源替代化石能源，减轻对农业生产环境的破坏，创新农业废弃物的回收再利用机制，减少农业污染物排放。二是要建立低碳农业技术推广体系，加快农业科技成果从实验室走向田间地头。各地政府可以设立专项奖励资金，奖励实用性农业绿色生产技术的创新行为，激励研究人员将科研成果应用于实践。还可以建立农业示范园区，通过培养典型，示范推广，带动农户应用新型农业生产技术，促进农业生产质量的提高。在全国范围内，东部地区是我国农业科研力量的中心，应该发挥好优质、高效农业示范作用，积极创新农业绿色生产技术并试验推广。中部地区是科技成果转化最先受益的地区，应该对农户形成有效激励，鼓励农户大胆尝试，积极运用新技术，发展绿色、低碳、环保农业，长期可持续地提供优质农产品。西部地区则是先进农业生产技术的重点应用地区，农业发展模式应该由主要依靠化肥、农药等化石能源转变为主要依靠生物质能源，通过种植绿肥作物、秸秆粉碎还田等方式，在减少农业生产对脆弱生态环境的影响的同时，实现农业经济的发展。

二、产业升级的发展导向

中国农业产业升级非常关键，是新时代保障国家粮食安全以及人民安居乐业的重要举措之一。农业产业升级的重要性不言而喻。习近平总书记一直强调：保障好初级产品供给是一个重大战略性问题，中国人的饭碗任何时候都要牢牢端在自己手中，饭碗主要装中国粮。这一方面是说，我们的粮食要主要依赖于自己生产，不能完全指望国际贸易，即我们要保障一定的粮食自给率；另一方面实际上也暗含了对供给优质农产品的期望。目前的农业产业升级思路主要是从生产端着手的。从近些年来的中央一号文件中，我们也可以看到这种趋势，比如对现代农业产业发展园区的重视。现代农业产业园区以技术密集、资本密集为主要特点，以科技开发、示范、辐射和推广为主要内容，以促进区域农业结构调整和产业升级为主要目标。

三、绿色农业的发展导向

党的十八大以来，党中央、国务院高度重视农业绿色发展，将其摆在生态文明建设全局的突出位置。2017 年 9 月，中共中央办公厅、国务院办公厅印发了《关于创新体制机制推进农业绿色发展的意见》（简称《意见》），明确指出"把农业绿色发展摆在生态文明建设全局的突出位置"。绿色农业内涵丰富，是农业生产生态生活的全过程全方位绿色化。《意见》指出，农业绿色发展实现的主要目标包括资源利用更加节约高效、产地环境更加清洁、生态系统更加稳定、绿色供给能力明显提升。发展绿色农业是实现碳中和、应对全球气候变化的必然要求。甲烷、二氧化碳和氧化亚氮是导致全球气候变暖最主要的温室气体，也是我国实现碳达峰、碳中和的核心减排目标。推进农业绿色发展，有助于推动农业部门温室气体减排，进而为我国推进碳达峰、碳中和进程贡献力量。

发展绿色农业是促进社会经济与生态环境协调发展、实现联合国 2030 年可持续发展目标的重要举措。2015 年，在纽约召开的联合国发展峰会正式通过了包括"零饥饿""良好健康与福祉""体面工作和经济增长"及"陆地生物"等在内的 17 项 2030 年可持续发展目标。除了提供食物以外，农业还为人类尤其是弱势群体提供就业机会，并维系生物及生态系统的多样性。我国虽然摆脱了饥饿，但仍面临着营养不良的挑战。2018 年我国人口营养不良比例为 2.5%，其中妇女、儿童等弱势群体营养不良比例更高。农药、化肥使用对我国农民及农产品消费者身体健康带来的不良影响已被证实。此外，农业部门为我国一半农村劳动力提供就业机会。随着农药、化肥技术的推广，生物多样性锐减、生态系统失衡问题日益突出。农业绿色生产是食物安全与营养的根本保障，是维护劳动力在农业部门体面就业的重要措施，也是缓解生物多样性锐减、维持生态系统平衡的重要途径。

发展绿色农业是传承我国农耕文明、实现农业现代化的必然选择。从历史实践来看，我国农业在长期发展进程中，形成了趋时避害的农时观，辨土施肥、用养结合的地力观，化害为利、变废为宝的循环观等，为推动农业绿色发展提供了重要思想文化资源。从全球现代农业发展的要求来看，绿色、可持续是必然选择。发达国家和部分发展中国家在农业可持续发展方面的经验与教训，为我国丰富农业绿色生产的理论内涵提供了充分条件，而信息技术、生物工程技术、新材料技术、新能源技术、现代农业技术、环保技术等的发展又为我国农业绿色生产实践提供了必要保障。

发展绿色农业是促进乡村振兴、推动城乡融合发展的重要路径。党中央对实施乡村振兴战略提出了总要求，即"产业兴旺、生态宜居、乡风文明、治理有效、生活富裕"。要实现这个总要求，关键要在产业振兴、人才振兴、文化振兴、生态振兴、组织振兴"五个振兴"上进行突破。农业作为乡村产业、文化、生态的综合载体，无疑是乡村振兴的"先手棋"。此外，农业绿色生产是新发展理念在农业生产领域的运用。除了传承传统农业生产的优秀文化外，还需要投入新的绿色元素，以发展农业绿色生产为契机，将优质资源引入农村，进而推动城乡融合发展。

四、基础设施现代化导向

改革开放以来，我国设施农业得到快速发展。以塑料拱棚为主的设施生产迅速发展，使设施作物周年供应状况得到明显改善；大力推广的节能日光温室和遮阳棚生产技术，攻克了北方地区冬春季和南方地区夏秋季"两个淡季"的生产技术难题，使得全国广大地区实现了周年生产。设施农业技术的发展，不仅解决了作物周年均衡供应的问题，也在促进农民增收和高效利用农业资源等方面做出了历史性贡献。

我国是全球设施农业面积最大的国家。设施农业是一种典型的农业生产管理模式，因其特有的生产环境条件和高度集约利用等特点，会对农业碳循环产生影响。深入分析设施农业碳排放驱动因素可以发现，对设施农业碳排放影响最大的两个因素是科技资金配置率和设施农业规模，也就是说提高设施农业的科技投入、物质消耗利用率、设施面积利用率是有效降低设施农业碳排放的关键路径。

现代设施农业要求相关农户能够综合应用现代化工业手段，推动农业生产建设工作，在控制部分条件的情况下实现收益最大化，达成集成、高效的发展目标。设施农业是新时代背景下的新兴产业，并会成为未来农业发展的核心特征，能够全方位地推动设施农业的建设和发展，切实促进其现代化进程，这是提升我国农业生产水准的重要支撑，同时也是增加我国经济生产收益的前提支柱。设施农业的深度应用还能够有效解决生态环境问题，增加农户收益。

现代设施农业就是在人造环境当中开展各种农业生产工作。与传统的人力资源为主体的农业生产方式相比，其更注重实现现代化和自动化的目标，以此来解决各种传统大棚生产存在的问题。比如，生存空间相对狭窄和内部空气不流通会引发各种问题，此类问题将会给农作物的生长带来巨大的影响。鉴于此，有必要在农业生产过程中全面发展现代设施农业，通过装备化、集约化、现代化以及科学化的管理，切实有效地提升农业生产水平。就目前来看，我国的现代化设施农业主要包含设施园艺、设施水产以及设施畜牧等，这对于促进经济建设、提升农户经济收益而言具有重要意义。

第四节 我国农业碳中和路径

农业是温室气体排放的主要源头之一，农业节能减排是发展低碳农业的关键。农田生态系统是最重要的农业生态系统，应加强其固碳功能，减少外部能源投入使用，减少温室气体排放；建立生态补偿机制，达到促进农业碳减排的目的；调整农地利用方式和结构，加强固碳技术，有效减少农田碳排放量。

农业碳中和是指农业生产过程中净碳排放为零的状态。农业碳中和是一个新兴概念，与发展成熟的绿色农业、循环农业、低碳农业等既有相似之处，又存在本质区别。绿色农业以保护生态环境为宗旨，追求经济发展和环境保护协同推进。循环农业则在促使利益最大化的基础上，通过升级技术来保障较少的资源消耗，通过废弃物再利用的方式，实现经济与环境的双赢。低碳农业聚焦通过农资产品的科学高效施用、农业产业规模和结构的优化等来减少农业的碳排放。农业碳中和则要充分发挥其碳汇功能，通过改善农业生产的外部环境、提升主体的认知水平、宏观布局种养结构、使用清洁能源等手段，尽可能减少农业生产活动过程中的碳排放量，对于已经产生的碳排放要借助各类补偿手段予以吸收、固定，以期实现农业生产过程净碳排放为零。

一、全面提高农业生产效率

传统农业生产方式一般都是使用人力或畜力，但随着科技的发展，现在已经利用各种机器来从事相关的生产，这就是农业的机械化。随着现代机械不断应用在各种农业生产活动中，农业生产效率得到了很大程度的提高，并且解放了劳动力，给农民的生活带来了便捷。我国的农业生产机械化需要向更加精细化、更加科技化的方向转变。

农业生产效率提高是低碳农业的重要推动力量，新型节能农机应该具有低耗少排的特征，用电量少，用天然气等清洁能源代替柴油等化石能源，减少温室气体排放。首先，政府应持续增加涉农创新研究投资，鼓励科研机构、农业机具企业引进人才，研发新能源农机，并尽量降低生产成本，通过降低售价和政府补贴的方式，让农民都能用得起、用得上新型农机，促进农业生态环境的改善和农业生产效率的提高。其次，要建立健全农用机具流通交流市场，保证相关信息的畅通。当前农民获取农机资讯的途径有限，主要通过熟人介绍或之前购买过的途径。可以在村镇密集的地方建立大型农用机具交流市场，通过定期举办宣传或促销活动、新型农机展览等形式促进农机相关信息的推广。在西部区域较为偏远的农村，可以派农业科技人员定期走访，通过印刷宣传单、举办讲座等形式推广节能农机，并为购买农户提供一定的优惠，通过农民之间口口相传等形式，促进农业机械化的推广。

二、化肥-农药-薄膜源头减量

农业是非二氧化碳温室气体（主要指甲烷和氧化亚氮）的主要排放源，排放量占全球人类源温室气体排放总量的 $10\%\sim12\%$。农作物种植过程使用了大量的化肥、农药、农膜，这些农业生产资料在生产过程中也会排放温室气体，例如，生产 1 千克的尿素，会排放温室气体（以 CO_2 当量计）约 16 千克。

化肥是中国种植业第一大碳源，其对中国种植业碳排放量贡献最大。因此，减少种植业碳排放的关键是减少化肥的使用量。政府要制定和实施严厉的政策来控制化肥的使用，并且提升化肥使用技术水平，提高化肥使用效率，推广使用有机肥料，大力发展循环农业等，从而遏制化肥绝对使用量的增长。引导传统种植业向气候智慧型种植业发展，提升种植业产出效率，减少化肥、农药等碳源的投入。

农业生产过程中使用农药，对于控制病虫害具有重要意义。但农药过量使用，不仅会造成土壤和环境污染，还会导致病虫害产生抗药性，加速生物的变异，严重威胁农业生产活动的进行。因此在农业生产中应加快推广农药减量措施，开展重大病虫害航化作业，推进农药减量控害。

棚膜作为设施农业一种重要的农膜投入类型，也在一定程度上提高了农业投入碳排放。提高棚膜质量，延长棚膜使用寿命，减少棚膜更换频率，可有效降低棚膜投入碳排放。

科学制定肥料和农药、农膜等使用方案，采用高效、环保的新型农业生产资料，既有助于农业碳减排，也可通过倒逼农资产业结构改革和生产优化，减少乃至避免生产过程的温室气体排放。

三、节地-节水-节能模式推广

2021 年 10 月国务院印发《2030 年前碳达峰行动方案》，提出推进农村建设和用能低碳转型。推进绿色农房建设，加快农房节能改造。持续推进农村地区清洁取暖，因地制宜选择适宜取暖方式。发展节能低碳农业大棚。推广节能环保灶具、电动农用车辆、节能环保农机和渔船。加快生物质能、太阳能等可再生能源在农业生产和农村生活中的应用。加强农村电网建设，提升农村用能电气化水平。

将光伏发电技术应用在设施农业中，可以大大减少对化石能源的需求，达到节能减排的效果。因此，以改善耕作管理措施为目标的科技投入十分必要。

滴灌方式可以有效降低生长期土壤碳排放，还可以降低灌溉能耗。保护性耕作在有效保持作物产量的同时可以显著降低温室气体排放。将间歇淹水等节水灌溉措施与优化施肥措施相结合，可减少稻田温室气体总排放量，同时还可提高水分和养分利用效率。对水旱轮作农田，如水稻-小麦、水稻-油菜等轮作农田，在非稻季施用有机肥，在提升土壤碳库储存量的同时，还可避免有机肥施用造成的甲烷排放。筛选低排放高产水稻品种、添加甲烷抑制剂等新型材料、施用生物质炭等稳定性高的有机物料，也是降低稻田甲烷排放的有效途径，是新型固碳减排协同技术的发展方向。

一是发展无土栽培等设施农业，综合使用水、热、光等条件，减少对土地的使用，增强植被光合作用，促进农业固碳、吸碳；发展低碳农业，即充分利用光照、积温、土地、水等农业资源条件，尽可能地同化二氧化碳，转换光能，实现农产品产量的增加。二是要减少农业生产中的碳排放。通过节约或替代化石能源的使用，减少化肥、农药等物资的使用，采用可降解的农膜，利用秸秆还田、施农家肥、生物杀虫剂等方式，减少农作物对化石能源的惯性使用；通过推广测土配方施肥、精准施肥、平衡施肥的科学施肥方式，提高对农用化学品的利用率，从而减少其使用量，达到减少农业碳排放的目标。三是要转变传统发展观念。通过充分利用沼气，采用有机肥及科学的施肥管理技术，对秸秆实现综合利用，尽最大可能减少农业生产对化石能源的依赖。同时辅以少耕、免耕等水土保持栽培技术，农田水分管理技术，病虫害低碳防控技术，选育优良品种等，在农业生产的方方面面转变固有的粗放生产观念，促进农业的低碳发展。

四、农业废弃物的资源化利用

农业废弃物的资源化利用对农业固碳减排也有着潜在的巨大贡献。我国农作物秸秆年产量巨大，秸秆露地焚烧一度十分普遍，21 世纪初以来我国一直实行严厉的秸秆禁烧管控。2018 年 12 月发布的《中华人民共和国气候变化第三次国家信息通报》显示，2014 年之前秸秆焚烧导致每年约 900 万吨的温室气体排放。2015 年以来，农业部通过财政专项支持，鼓励在华北、东北、西北等地区发展秸秆的"五料化"（能源化、肥料化、基质化、材料化和饲料化），利用率已达 80% 以上，避免或者抵消排放的贡献十分显著。虽然我国秸秆利用率已经较高，但是其深度农业利用仍然有待推广。我国目前有约 20% 的秸秆被废弃，被利用的部分中还有 40% 的秸秆被直接还田。为避免秸秆还田的病虫害残留和对下茬作物生长的不利效应，并考虑到农民实施还田的实际困难，秸秆离田碳化——生物质炭还田技术应运而生。我国的秸秆碳化工程技术，以及生物质炭土壤改良和炭基肥生态农业技术已处于全球领先地位。含生物质炭 15%～20% 的炭基肥，可以减少化肥使用量 15%，实现农作物产量和品质的双重提升，减少农田温室气体排放 20% 以上，并且有利于改善耕地生态。

当前，农民生产生活中产生的农业废弃物处理粗放、综合利用水平不高的问题日益突出，已成为农村环境治理的短板。这些未实现资源化利用和无害化处理的农业废弃物，实际是放错了地方的资源，其乱堆乱放、随意焚烧，给城乡生态环境造成了严重影响。2016 年农业部、国家发展改革委、财政部、环境保护部、住房和城乡建设部、科学技术部六部委联合发布了《关于推进农业废弃物资源化利用试点的方案》，指出开展农业废弃物资源化利用试点工作，要贯彻党中央、国务院有关决策部署，围绕解决农村环境脏乱差等突出问题，聚焦畜禽粪污、病死畜禽、农作物秸秆、废旧农膜及废弃农药包装物等五类废弃物，以就地消纳、能量循环、综合利用为主线，坚持整县统筹、技术集成、企业运营、因地制宜的原则，采取政府支持、市场运作、社会参与、分步实施的方式，注重县乡村企联动、建管运行结合，着力探索构建农业废弃物资源化利用的有效治理模式。

农业废弃物是农业生产与加工过程中产生的副产品，数量巨大，具有可再生、再生周期短、易生物降解、环境友好等优点，是重要的生物质资源。2025 年中央一号文件明确提出，推动农村生活垃圾源头减量、就地就近处理和资源化利用，加强畜禽粪污资源化利用，支持秸秆综合利用。因此，做好农业废弃物的再利用，加快推进农业农村现代化，统筹推进科技农业、绿色农业、质量农业、品牌农业，是今后农业农村工作中的关键环节。

思考题

1. 试述我国农业碳达峰、碳中和的主要目标。
2. "双碳"目标下，我国农业发展面临哪些问题和挑战？

第十三章

碳中和管理的国际经验借鉴

截至 2024 年，全球已有 151 个国家提出碳中和目标。中国承诺力争于 2030 年实现碳达峰，2060 年前实现碳中和。目前全球主要的发达国家基本实现了碳达峰，这些国家应对气候变化的历程以及为实现碳中和目标采取的政策对中国实现"双碳"目标具有重要的借鉴意义。

第一节　美国的碳减排政策及成效

一、美国的碳中和政策

2021 年 11 月 1 日美国国务院与白宫总统办公室联合发布了《美国长期战略：2050 年实现净零温室气体排放的路径》，该战略表示美国将在 2035 年前实现无碳发电，2050 年前达成净零排放目标。美国作为全球最发达的国家之一，早在 2007 年就实现了碳达峰。

（一）美国碳排放的基本情况

为履行《联合国气候变化框架公约》下的年度承诺，美国政府逐年发布《温室气体排放和碳汇清单》。该清单显示，从 1990 年到 2007 年，美国温室气体排放量处于上升阶段，并于 2007 年达到峰值 74.6 亿吨二氧化碳当量。2007 年后，美国温室气体排放开始稳定下降，而美国国内生产总值稳定上升，温室气体排放与经济发展呈现相对"脱钩"趋势。

2024 年美国环保署发布的《美国温室气体排放和碳汇清单：1990—2022》显示，2022 年，美国温室气体总排放量为 63.4 亿吨二氧化碳当量，扣除碳汇后，净排放量为 54.9 亿吨二氧化碳当量（图 13-1）。从 1990 年到 2022 年，美国总排放量下降了 3.0%，比 2007 年高点低 15.2%，其中 2021 年和 2022 年美国总排放量持续上升 5.4% 和 0.2%，主要是由于经济复苏，化石燃料燃烧产生的二氧化碳排放量增加，与 2020 年相比，2022 年能源部门产生的二氧化碳排放量增加了 6.9%，运输部门的排放量增加 11.3%，电力部门的排放增加 6.4%。

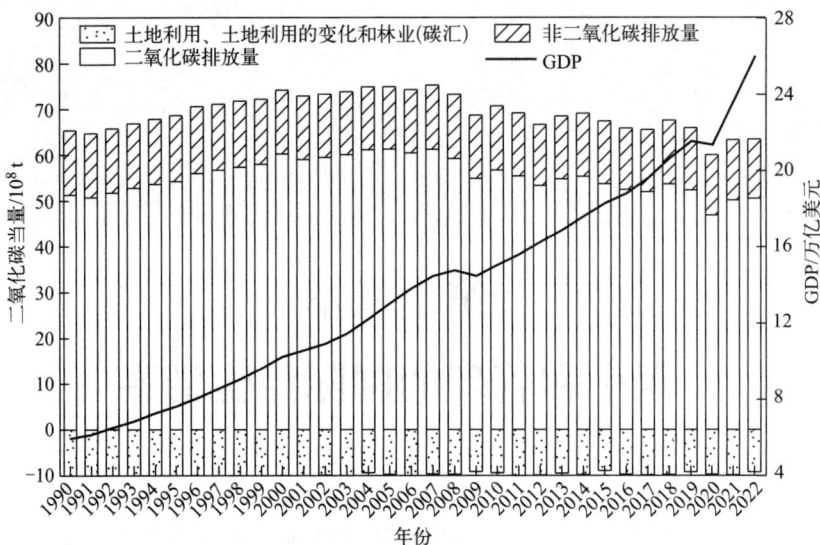

图 13-1　美国温室气体排放、碳汇和美国国内生产总值

总体而言，从 1990 年到 2022 年，电力部门的排放量有所下降，这反映了许多因素的长期趋势的综合影响，例如包括人口、经济增长、能源市场、能源效率在内的技术变革以及能源燃料的碳强度等。

(二) 美国的碳减排行动

1. 美国应对气候变化的历程

第二次世界大战后，美国的科技得到快速发展。由于科技先进，美国是最早关注到温室气体会对气候变化产生影响的国家之一，但是美国政府对于气候变化的政策是不断变化的，根据《京都议定书》可以将美国应对气候变化的历程分为三个阶段。

（1）第一个阶段：1997 年以前

1938 年，科学家乔治·卡伦德在一篇题为《人为生成的二氧化碳及其对气温的影响》的文章中提到地球的气温已经升高了 0.55℃，在未来，如果二氧化碳的排放量不受到限制，地球的温度将会持续上升。1956 年，美国科学家查尔斯·基林公布大气层中的二氧化碳浓度约为 315×10^{-6}。同年，美国白宫收到了一份有关环境问题的报告，其中指出了全球变暖可能引发的后果。1975 年哥伦比亚大学的华莱士·E. 布勒克尔在《科学》杂志上预测，未来全球变暖的程度会进一步增加。1977 年，威廉·凯洛格和玛格丽特·米德发表了《大气：已经并正处在危险中》，倡导制订一部空气法。1988 年，世界各地遭遇了前所未有的酷暑，全世界多个城市创下了最高的单日高温纪录。同年，联合国环境规划署在加拿大多伦多召开会议，成立了政府间气候变化专门委员会。1992 年美国成为第四个签署《联合国气候变化框架公约》的国家，1994 年该公约正式生效。在这段时间，美国积极推动气候变化科学和国际合作。

（2）第二个阶段：1997—2004 年

1997 年 12 月在日本京都举办的《联合国气候变化框架公约》参加国第三次会议通过了具有法律约束力的《京都议定书》。然而在京都谈判的关键时刻，美国参议院以 95 票赞成、

0 票反对通过了伯瑞德-海格尔决议，该决议的核心内容是发展中国家必须承担同样义务，以及美国经济绝对不能受损。紧接着 1998 年克林顿以《京都议定书》"有缺陷的和不完整的"为由，宣布不会将其送参议院批准。小布什上任后，认为"发展中国家也应当承担减排义务"并且"减少温室气体排放会影响美国经济发展"，从而正式宣布美国退出《京都议定书》。在这一阶段，美国应对气候变化的态度是消极的，很少有法律和政策的行动，只有部分地方政府和企业为减少温室气体排放而努力。

（3）第三个阶段：2005 年至今

美国的退出使《京都议定书》生效的前景变得更加不确定，直到 2005 年俄罗斯签署了《京都议定书》，《京都议定书》达到了 55 个签署国的生效条件，从此正式生效。各成员国都根据履约情况采取了一系列各具特色的措施，并且酝酿进入"后京都时代"的谈判，这也对美国社会产生了影响。

美国政府对《京都议定书》态度虽未改变，但是美国各界对气候变化的态度发生了转变。2005 年美国南方遭遇了一场极其严重的自然灾害——卡特里娜飓风。这场飓风直接或间接造成了 1836 人的死亡，造成的经济损失则高达 1250 亿美元，这使得更多的美国人认识到气候变化带来的负面影响，美国开始更加重视应对气候变化，并且出台一系列政策以实现温室气体减排、提高能源利用率、建立碳交易市场机制以及发展清洁能源等。尽管特朗普在任期间奉行"美国优先"原则，消极应对气候变化，并于 2017 年 7 月宣布美国退出《巴黎协定》，但其反气候治理的政策受到国内外大量人士的反对，美国极端天气事件频繁发生，进一步推动美国政界以及民众认识到气候变化。拜登总统更是把应对气候变化的政策作为竞选纲领，拜登政府通过的《通胀削减法案》将应对气候变化作为关键支柱。

2. 美国的政策与行动

（1）将碳中和融入国家经济战略

① 投资绿色基建。2021 年 3 月 31 日，美国政府公布了总规模高达 2.3 万亿美元的《美国就业计划》，并称其为"一代人仅有一次的投资"。该计划试图在未来 8 年改善美国的基础设施，并使美国转向更环保的能源。

一是振兴制造业，美国计划投入 5800 亿美元用于前沿技术、振兴制造业以及为工人提供劳动培训。加大对国内制造商尤其是与清洁能源相关的企业的投资力度，完成汽车行业供应链的现代化，如扩展 48C 税收抵免计划。

二是更新美国交通运输系统，投资总额 6710 亿美元。其中 6210 亿美元用于改善落后基础设施，包括修缮道路和桥梁、促进公共交通系统现代化、投资客运和货运铁路服务、促进电动汽车业发展、改善港口和水路与机场以及解决不平等问题，建立未来运输设施。促进桥梁、高速公路以及街道现代化，提供便利的交通服务；将联邦政府用于公共交通的资金增加一倍，对现有公交系统进行现代化改造；对拥挤的美国东北地区走廊进行现代化改造，通过赠款和贷款，加强铁路安全性，提高效率和电气化水平。促进电动车业发展。若消费者购买美国制造电动车，给予其销售折扣和税收优惠；为州和地方政府及企业提供补助和奖励，从而到 2030 年在全美建立 50 万个充电桩；替换 5000 辆柴油校车，并将 20% 的校车电气化；加大对内河航道、沿海港口、陆路入境港和渡轮的投资，实施"健康港口计划"以减少空气污染和改善环境。另外有 500 亿美元用于建立更具韧性的基础设施，加强投资以应对山火、飓风等灾害，支持农业资源管理和气候智能技术，保护和恢复主要土地和水资源。投资节水和循环利用计划，应对西部干旱；通过提高土地和水资源的复原力，保护社区和环境。

三是振兴美国电力基础设施。投资 1000 亿美元用于建立更具韧性的电力传输设施、发展清洁电力、处理废弃油气井以及在落后地区发展新兴产业等。为清洁能源发电和电力存储提供长达 10 年的直接投资和生产税收抵免，利用联邦政府采购，为联邦政府建筑提供清洁能源；治理废弃和孤立油气井以减少甲烷的排放；加快落后地区向清洁能源转型，如在落后地区投资 15 个去碳化项目并附带税收减免，对 10 个大型钢铁、水泥和化工生产设施进行碳捕集改造，力争美国在 2035 年实现无碳发电。

2021 年 11 月美国国会通过了《基础设施投资和就业法案》，这是美国半个世纪以来最大规模的基建法案。该法案用于基础设施投资的金额为 5500 亿美元，主要聚焦于交通运输基础设施投资。其中，投资 1100 亿美元改善道路和桥梁状况，重点关注气候变化等带来的影响；投资 660 亿美元改善铁路基础设施，建立安全、高效和气候友好型的铁路运输系统；投资 420 亿美元用于机场和港口设施建设，加强供应链管理、减少港口和机场附近的拥堵和排放问题，并推动电气化和低碳技术的应用；投资 390 亿美元用于改善公共交通系统，改善数百万美国人的交通选择并减少温室气体排放，包括更换 24000 多辆公共汽车、5000 辆轨道车、200 个车站以及数千英里的轨道、信号和电力系统，实现交通现代化；投资 150 亿美元推动美国电动汽车的发展，建立全国电动汽车充电器网络，以加快电动汽车的普及，减少温室气体排放，改善空气质量，并在全国创造高薪就业机会。此外，投资 1150 亿美元用于清洁能源转型和电力基础设施升级改造，以及 1520 亿美元用于改善环境污染问题、提供清洁水资源及改造宽带设施。

② 发展清洁产能。美国政府主张提升清洁制造产能。汽车业是美国制造业的核心，对美国经济发展发挥着至关重要的作用。大力发展电动汽车，不仅可以更好地应对气候变化，还可以带动产业更新、提供就业岗位。美国政府推出了一项 2 万亿美元的清洁汽车提案，要在全美增加 50 万个充电站，停止对化石能源提供补贴，鼓励民众将燃油车换购为美国生产的电动汽车并提供现金补贴。美国政府提出"电动汽车的转换将有助于政府实现在美国汽车产业创造 100 万个工作岗位的目标"，并出台了多项针对新能源汽车的支持政策。《美国供应链行政令》要求多部门协商，就包括电动汽车电池在内的高容量电池产业链风险进行全面评估，在 100 天内提交相关报告。提出到 2030 年，美国所有市场上销售的乘用车和轻型客车有 50% 为零排放汽车。2022 年 9 月，美国政府宣布计划通过《两党基础设施法》提供 50 亿美元，为美国 35 个州的 5.3 万英里高速公路上建设电动汽车的充电基础设施，从而推动电动汽车的发展。

③ 倡导清洁能源革命。美国政府大力倡导"清洁能源革命"，希望美国实现由化石能源向清洁能源的转型。2021 年 5 月，美国国会通过《美国清洁能源法案》，该法案涉及清洁电力生产、能源效率激励措施、清洁能源债券以及废除化石燃料的税收优惠等，极大地促进了清洁能源发展。2021 年 10 月的《重建美好未来法案》框架表明将投资 5550 亿美元为清洁能源发展和应对气候变化提供支持，涉及建筑、交通、工业、电力等多部门的气候智能型实践。2022 年通过的《通胀削减法案》希望通过大规模产业补贴政策引导未来十年投入 3690 亿美元用于能源安全和气候变化领域投资，推动太阳能、风能等清洁能源设施的生产，加速

推进清洁能源的使用。

（2）推出系列行政措施推动减排

① 减少对化石能源的依赖。化石燃料燃烧排放出大量的二氧化碳，加剧了全球气候变暖进程。2021 年 1 月的《应对国内外气候危机的行政命令》撤销了从加拿大边境蒙大拿州到内布拉斯加州的"拱心石 XL"输油管道许可证，迈出了限制美国页岩油生产的第一步。同时对现有的联邦石油和天然气许可和租赁进行全面审查，并暂停在联邦土地和近海水域签订新的石油和天然气租赁协议。除此之外，提出取消化石燃料补贴，并将这部分资金用于奖励生产清洁能源。2021 年 4 月正式宣布取消对化石燃料公司的补贴，并希望世界上的其他国家也可以取消对于化石燃料的补贴。

② 加强环境保护力度。2021 年 5 月美国政府发布了《美丽美国倡议》，并作为政策建议提交至国家气候工作组。该倡议支持地方作为主导力量开展自愿保护和恢复工作，包括对参与者提供激励措施以及增加保护区面积和数量等。其目的是发挥协同作用，保护和恢复土地、水域和野生动植物，增强生物多样性和自然的调节力。暂停在北极国家野生动物保护区开展的沿海平原油气租赁项目，从而保护北极海域的生态系统，并且对汽车实施更严格的尾气排放标准，以实现对空气质量的改善。

（3）积极参与国际合作

① 在全球多边平台发起气候合作倡议。2021 年 4 月 22 日，美国在"领导人气候峰会"上呼吁全球需要增加应对气候的行动规模和速度，并率先做出承诺，到 2030 年美国的温室气体排放水平与 2005 年相比下降 50%～52%。

② 高度重视区域合作。在碳中和的背景下，美国政府着力打造绿色联盟体系。由于地理位置，印太地区成为推进区域气候合作的重点，美国积极构建"印太绿色联盟"，通过气候合作将印度洋和太平洋连接起来；将清洁经济作为"印太经济框架"的四大经济支柱之一，力促实现印太地区净零经济；推动美日印澳四方气候合作；为东盟应对气候变化提供援助。美国还将欧盟作为重要伙伴开展气候合作，双方在应对气候变化和绿色贸易领域提出了多项合作议程，包括美欧峰会确立了美欧跨大西洋可持续贸易倡议、提出了《可持续钢铝全球安排》；重启美欧能源理事会作为跨大西洋战略能源问题的主要协调论坛。

二、美国碳中和政策取得的成效

1. 能源系统变革

第一，美国能源结构得到改变。在过去几十年间，化石燃料始终是所有能源类型中占比最高的。煤炭消费占比持续下降，美国煤炭消费占比已经从 2003 年的 24.47% 降至 2021 年的 11.37%，根据美国能源署报道，2023 年，美国煤炭消费量同比下降 17.17% 至 3.87 亿吨。相比之下，新能源得到快速发展，预计在 2035 年前将超过煤炭成为美国的第三大消费能源。

第二，天然气和可再生能源成为电力生产供应的主要来源。在美国倡导清洁能源和零排放电网建构背景下，煤炭发电的占比发生显著下降，作为可再生资源的风能和太阳能占比稳步上涨。美国能源情报署发布报告宣布，2022 年，风能和太阳能贡献了美国发电量的 14%，可再生能源的比例达到 21%，首次超过了煤炭发电量的 20%，并第二次超过了核能的发电量。2035 年前后，太阳能发电和风能发电有望成为发电的主要方式，从而实现无碳发电。

2. 气候立法

美国通过一系列应对气候变化的法案推动国内碳中和进展。2021 年 11 月签署《基础设施投资和就业法案》，以加强国内基础设施建设清洁化。根据白宫的数据，截至 2023 年 8 月，该法案已支持超过 10500 个项目，资金使用规模超过 2570 亿美元。大多数项目目前处于规划阶段，少部分重点基建项目已经投入生产建设。2022 年签署《通胀削减法案》，旨在遏制通胀，并激励发展清洁能源。根据白宫的报告，截至 2023 年 8 月 16 日，该法案已经创造了超过 17 万个清洁能源就业岗位，各公司已宣布了超过 1100 亿美元的清洁能源制造投资，对于清洁能源项目的投资规模超过了 2017 年至 2021 年间的总投入。

3. 鼓励低碳技术利用

美国是最早提出并应用 CCUS 的国家，为了促进 CCUS 技术的发展，美国出台了大量的激励措施，其中《国内税收法》中的 Form45Q 政策被认为是当前最有激励性的 CCUS 政策之一，该政策最初在 2008 年由国会在《能源改进与扩展法案》中提出，该法案规定：将捕集的二氧化碳用于驱油，捕集企业可获得 10 美元/t 免税补贴；对捕集的二氧化碳进行地质封存，捕集企业可以获得 20 美元/t 免税补贴。由于封存的成本远远高于补贴力度，这一政策还没有发挥显著的促进作用。2018 年《两党预算法》将驱油捕集和地质封存抵免金额分别增加至 35 美元/t 和 50 美元/t，该政策开始引起相关企业的注意。直到 2022 年通过了《通胀削减法案》，该法案对 45Q 政策进行了更新，不仅将驱油捕集和地质封存的抵免金额进一步提高，分别达到 60 美元/t 和 85 美元/t，还降低了设施能力的申请门槛并支持现金退税，极大地促进了 CCUS 技术的发展。美国能源部还大力支持研发 CCUS 新技术。1997 年起，美国能源部开始系统性布局 CCUS 技术。美国能源部投入了大量的资金，极大推动了美国 CCUS 技术的发展以及相关项目的部署。截至 2022 年底，美国在运营中的 CCUS 项目年二氧化碳捕集量超过 2050 万吨，约占全球运营项目碳捕集总量的 45%。预计到 2030 年，美国 CCUS 项目的年碳捕集能力将达到 2.5 亿吨 CO_2。

三、美国碳中和的实现路径

（一）强化政策法规延续性

为推动全球气候变化行动，美国政府出台了一系列气候政策，如《美国气候变化行动计划》《2009 美国清洁能源与安全法案》《总统气候行动计划》《清洁电力计划》《迈向 2050 年净零排放的长期战略》等等，上述政策在推动美国能源生产及消费结构调整、碳减排方面发挥了重要作用。

在推动碳中和这一复杂且长期的转型进程中，美国制定的政策计划的最终成效从根本上取决于能否长期、稳定地贯彻落实。碳中和目标的实现并非一蹴而就，它要求对能源结构、工业体系、交通模式乃至生活方式进行深刻、系统性的变革。这种变革涉及巨额投资、技术研发、基础设施更新和市场规则重塑，其周期往往跨越数十年。因此，政策法规的延续性与可预期性就显得尤为重要。频繁的政策摇摆、目标重置或支持力度的波动，将严重挫伤投资者信心，导致企业难以制定长期研发和投资规划，甚至引发"投资寒蝉效应"。历史经验表明，缺乏延续性的环境政策往往导致前期投入浪费、市场信号混乱，最终延缓甚至阻碍转型进程。制度化的延续性保障，可以为市场注入长期信心，引导资源持续流向低碳领域，最终将碳中和蓝图转化为切实可见的减排成果。

（二）推动清洁能源替代

美国通过清洁能源替代推动碳中和，主要涉及两个方面：一是电力系统脱碳化，加速向清洁电力转型；二是终端用能电气化，推动航空、海运和工业过程等清洁燃料替代。

聚焦电力系统脱碳，美国政府从联邦和各州两个层面设定了目标。2021 年美国政府发布了《迈向 2050 年净零排放的长期战略》，承诺在 2035 年前实现电力完全脱碳，在 2050 年前达到碳净零排放，实现 100％ 的清洁能源经济。有些州（如加利福尼亚州、纽约州）制定了更激进的可再生能源配额制（RPS），要求 2040 年前实现 100％ 清洁电力。同时，美国政府制定具体配套措施推动清洁电力的生产。通过《两党基础设施法》投入 200 亿美元升级输电网络，提升跨州清洁电力输送能力，并推动智能电网技术应用。以《通胀削减法案》为核心，提供约 3690 亿美元清洁能源税收抵免和补贴，加速可再生能源部署、核能保留、碳捕集与电网现代化。

推动终端用能电气化，美国政府从交通、建筑、工业领域深入推进电气化改革。聚焦交通领域，美国政府以行政令形式设定 2030 年电动汽车占新车销量 50％ 的目标，配套《两党基础设施法》拨款 75 亿美元建设全美充电网络，承诺到 2030 年在全美建成至少 50 万座电动汽车公共充电站；《通胀削减法案》为每辆电动车提供最高 7500 美元的税收减免，并扶持本土电池供应链。聚焦建筑领域，为热泵购置提供 30％ 税收抵免（上限 2000 美元），推动电热替代燃气锅炉。此外，能源部严控燃气灶、暖通设备排放，多州（如加利福尼亚州）已立法禁止新建住宅接入天然气管道。聚焦工业领域，美国能源部宣称为 20 多个州的 33 个项目提供 60 亿美元资金，以推动能源和排放密集型行业脱碳。

（三）加强低碳技术创新及应用

加大清洁能源创新，将低碳技术创新视为脱碳核心驱动力，大力推动储能、绿氢、核能、CCS 等前沿技术研发，努力降低低碳成本。

美国通过一系列战略规划和立法举措大力推动低碳技术创新，通过税收抵免、直接补贴、研发资助和贷款担保等组合政策工具，重点支持清洁能源（如光伏、风电、先进核能）、绿氢产业、碳捕集与封存技术、电动汽车及电池制造、建筑能效提升以及关键矿物供应链本土化。2021 年美国发布了《迈向 2050 年净零排放的长期战略》，将技术创新作为实现 2050 年碳中和的重要支柱，并宣布自 2024 年开始每个财年提供 30 亿美元。2021 年《两党基础设施法》投入 210 亿美元设立"清洁能源示范办公室"，支持碳捕集、长时储能和氢能枢纽中试项目。2022 年，美国颁布《通胀削减法案》，拨款超 630 亿美元用于清洁技术税收抵免与研发，覆盖下一代光伏、地热、小型模块化核反应堆及绿氢生产。

第二节　欧盟和英国的碳减排历程

在全球变暖的背景下，环境问题对人体健康的影响越来越突出，资源短缺问题也逐渐引起重视，世界各国都在积极寻求可持续发展的有效措施。对各国来说，发展低碳经济是应对气候变化、加强环境治理的必然选择。欧盟一直以来都是碳中和行动的主要推动者、低碳发展的先行者，"碳达峰""碳中和"等概念也都起源于欧洲。

一、欧盟碳减排历程

（一）欧盟碳减排的历史进程

1. 萌芽时期——1990 年之前

欧盟最初的环境政策主要关注污染防治，同时进行了能源结构的调整。欧共体最早讨论并推动气候变化问题的公约谈判始于 1990 年，该计划的目的在于在 2000 年之前将二氧化碳的排放量保持在 1990 年的水平。在环境行动计划中，欧盟制定了排放标准和"污染者付费"原则，促使企业采取减排措施以降低成本。这种奖励和惩罚相结合的政策推动了环保技术的发展。

2. 发展阶段——1991 年至 1997 年

从 1991 年开始，碳减排成为国际关注的焦点。欧盟在这一时期实施了一系列政策来应对气候变化和能源依赖问题，包括发展新能源、建立碳排放交易市场和采取财政措施。1992 年签订的《马斯特里赫特条约》正式确立了涵盖能源、土地管理和水资源管理等多个领域的环境政策重点。《京都议定书》通过后，欧盟保证在 1990 年的基础上，整体上采取措施削减 6 种温室气体，将排放量降低 8%，同时，欧盟 15 个成员国也将通过"责任共担协定"来实现自己的减排目标。该阶段主要的减碳政策见表 13-1。

表 13-1　发展阶段主要的减碳政策

年份	政策
1992 年	《马斯特里赫特条约》
1995 年	《欧盟能源政策白皮书》
1997 年	《未来能源:可再生能源-社区战略与行动方案》

3. 积极治理阶段——1998 年至 2007 年

2000 年，欧盟推出了第一个欧洲气候变化计划，并于 2007 年提出了"20-20-20 计划"，旨在减少碳排放、提高可再生能源比例以及提升能源效率。主要目标是应对气候变化，同时将能源改革置于重要位置，推动各个部门的节能减排。在财政措施方面，基于"污染者付费"原则，各成员国实施了环境税，如碳税和能源税，同时对减排产品和服务提供税收优惠，推动企业自愿采取减排措施。在实际执行中，一些国家如丹麦、芬兰、德国和荷兰已经成功征收了碳税，并取得了一定减排效果。此外，欧盟还将补贴奖励措施用于发展和应用新能源项目和碳减排项目。针对绿色能源开发与利用，一些国家制定了补贴政策，鼓励企业投入碳减排行动，推动低碳发展模式。欧盟还资助了多个减排技术项目，以减少碳排放。在碳排放权交易方面，欧盟限制了碳排放，并对碳排放配额进行交易，使其成为稀缺资源。这种机制调动了企业的积极性，在减排责任与企业利益之间建立了联系，通过奖惩机制推动企业开发减排项目，以达到减少碳排放的目标。该阶段的主要政策见表13-2。

表13-2　积极治理阶段的主要政策

年份	政策	年份	政策
1998年	《能源行动框架计划》	2006年	《欧洲能源战略可持续竞争与安全绿皮书》
2000年	第一个欧洲气候变化计划	2007年	《2020年气候和能源一揽子计划》

4. 主动作为时期——2008年至2018年

由于推出了一系列积极减排政策，欧盟在过去几年取得了显著的减排效果，2018年的碳排放量较1990年减少约22%。各国的能源结构逐步向清洁能源转变，化石燃料占比逐渐降低，然而，交通运输部门的碳排放并未明显下降，且在2014年之后呈上升趋势。在2015年和2016年，欧盟面对难民危机和债务危机，减碳政策推进也受到一定影响，导致化石能源使用出现反复，碳排放小幅反弹。该时期的主要政策见表13-3。

表13-3　主动作为时期的主要政策

年份	政策	年份	政策
2011年	"2050年低碳经济走向有竞争力路线图"《2050年能源路线图》	2014年	《2030年气候与能源政策框架》
2012年	第七个环境行动计划	2017年	《强化欧盟地区创新战略》

5. 成型时期——2018年至今

2018年11月，欧盟委员会发布《2050战略性长期愿景》，首次提出构建"气候中性经济体"的蓝图，标志着欧盟气候治理从单领域政策向系统性战略转型，该文件也为后续政策奠定了系统性战略框架。

2019年12月，欧盟委员会公布《欧洲绿色协议》，作为碳中和政策总纲，覆盖能源、工业、交通、建筑、农业、生物多样性及污染防治等七大领域，明确2050年碳中和目标及2030年减排55%的中期目标。协议提出通过清洁能源转型、循环经济、生物多样性保护等路径实现经济与资源消耗脱钩。为保障协议的落实，欧盟在2020年提出《欧洲气候法》草案，并提出"可持续欧洲投资计划"，又名《欧洲绿色交易投资计划》。欧盟承诺将长期预算的25%专门用于气候行动。欧洲投资银行也启动了相应的新气候战略和能源贷款政策，到2025年将把与气候和可持续发展相关的投融资比例提升至50%。

2021年，《欧洲气候法》立法通过，将2030年减排55%、2050年实现碳中和的目标纳入法律体系。同年欧盟委员会提出"Fit for 55"一揽子计划，该计划是对《欧洲气候法》的一种补充，主要包括强化碳排放交易体系、实施碳边境调节机制、2035年停止内燃机车销售、替代燃料基础设施、航运中的绿色燃料、建立社会气候基金等12项具体内容，该计划在 2023 年正式通过。2024 年 2 月，欧盟委员会建议到 2040 年将欧盟的温室气体净排放量较 1990 年减少 90%，强调需加速能源系统脱碳、发展碳捕集技术及核能，该提案计划于 2024 年 6 月后提交立法审议。

当前，面临东欧国家产业转型阻力、能源危机下煤电重启与气候目标的矛盾，以及绿氢供应链建设滞后等诸多问题，欧盟碳中和政策体系虽已成型，但需持续平衡经济、社会与技术创新的多维挑战。

该阶段的主要政策见表 13-4。

表 13-4 成型时期欧盟的主要政策

年份	政策	年份	政策
2018 年	《2050 战略性长期愿景》	2021 年	《欧盟适应气候变化战略》
2019 年	《欧洲绿色协议》	2021 年	《欧洲气候法》立法通过
2020 年	《欧洲气候法》草案	2021 年	"Fit for 55"计划（2023 年获批）
2020 年	《欧洲绿色交易投资计划》	2024 年	减排 90%目标提案

（二）《欧洲绿色协议》与"Fit for 55"计划

在全球气候治理格局中，欧盟始终扮演着先行者角色。

自 2019 年欧盟委员会提出气候与能源政策体系重构以来，绿色转型已成为欧盟战略议程的核心议题。为兑现《巴黎协定》承诺，欧盟推出了《欧洲绿色协议》及其配套的"减碳 55"（Fit for 55）一揽子计划，标志着气候治理从政策倡议向法律约束的实质性跨越。该体系包含十余项法律修订与创新机制，覆盖能源、交通、建筑等关键领域，在基础设施、社会转型基金保障等领域提出了新的发展规划，彰显了碳中和政策的持续完善，构建起全球最完整的气候政策框架之一。欧洲委员会强调，相关措施将在价格机制、减排目标、监管规则和公平支持政策上保持"审慎的平衡"。

上述提案通过三大核心方向推动欧盟能源系统向碳中和转型，主要内容如下：

一是要大力发展可再生能源。根据"Fit for 55"计划，到 2030 年，可再生能源比例从 32%提升到 40%（后因 REPowerEU 计划进一步上调至 45%），能效目标则从目前的 32.5%强化为具有约束力的 36%和自愿性的 39%。此举要求成员国在最终能源消费中履行年度节能义务，并确保公共部门每年节能达到 1.7%。

二是将重点放在公平过渡上，要求各成员国向那些因能源匮乏或潜在能源危险而需要进行能效改进的消费者提供提高效率的改善措施。

三是针对排放交易和交通运输领域采取的补充措施。欧盟提议对机动车和货车实行更为严厉的二氧化碳排放标准，并提出一系列交通排放建议，以回应交通部门目前温室气体排放量占欧盟排放总量四分之一的问题。

此次欧盟委员会发布的《欧洲绿色协议》以及迅速推出的一系列绿色新政，相较于以往呈现出新的特点。

首先，欧盟将气候和绿色转型放在首要政策领域。2019 年 12 月，欧盟委员会通过《欧洲绿色协议》。为落实该协议，欧盟于 2020 年 1 月提出了旨在吸引包括"公正转型机制"在内的 1 万亿欧元公私投资的"可持续欧洲投资计划"，以应对气候变化带来的经济和社会冲击。此外，《欧洲气候法》进一步将 2050 年实现净排放"清零"和 2030 年减排 50%～55%

的目标纳入法律强制约束范围。

其次，欧盟经济和产业政策正深化绿色取向。绿色新政以低碳、绿色为核心驱动力，在经济、能源、产业转型等多个方面全面发力。"欧洲新工业战略"致力于实现碳中和目标，构建绿色可持续产业体系，这在传统行业的新发展路径规划、清洁技术整合传统产业以及对新兴可再生能源技术和低碳化发展的战略支持方面已经有所体现。在数字经济的发展战略中，人工智能与大数据技术是应对气候变化、建设节能经济的重要手段。

最后，加强对新兴绿色工业的支持。欧盟通过"电池2030＋"计划支持本土供应链，德国和法国联合推动电池项目已吸引超60亿欧元公共投资。欧盟支持氢能产业发展，氢能领域依托"欧洲清洁氢能联盟"协调技术研发，并向15国氢能项目注资54亿欧元。此外，欧盟将绿色技术纳入"经济安全战略"，限制关键原材料（如锂、稀土）对外依赖。

近年来，欧盟一直把重点放在"绿色新政"上，"绿色新政"的理念符合欧盟的长期目标，即应对气候变化和促进可持续发展。与此同时，欧盟也在努力寻找走出发展困境的出路。为了实现"欧洲主权"，欧盟今后必然会在数字和网络产业、欧元国际化和国防一体化等方面做出努力。

二、英国低碳政策与倡议

在应对全球气候变化问题上，作为西欧老牌工业化国家的英国表现出了积极的姿态。早在脱欧之前，英国就详细设定了自己的目标和路径。20世纪70年代初，英国碳排放达到峰值，一半以上的电力供应来自煤电。2003年，英国发布的《我们的未来能源：打造低碳经济》能源白皮书在全球范围内备受瞩目。英国于2008年率先通过气候变化立法，将减排目标法制化，并推动"碳预算"机制。在国际上，英国在各种多边和双边场合中都一如既往地推动全球应对气候变化进程，在适应、减缓气候变化以及低碳技术的国际交流与合作等多方面均有积极表现。尽管受到脱欧和俄乌冲突等事件影响，英国在实现2050年净零排放目标方面仍然态度坚定，其相关政策也为全球低碳转型提供了经验。英国应对气候变化的相关政策见表13-5。

表 13-5　英国应对气候变化的相关政策

发布时间	政策	发布时间	政策
2020年11月	《绿色工业革命十点计划》	2021年8月	《国家氢能战略》
2020年11月	《国家基础设施战略》	2021年10月	《净零战略》
2020年12月	《能源白皮书：推动零碳未来》	2021年10月	《供热与建筑战略》
2021年3月	《北海过渡协议》	2022年4月	《英国能源安全战略》
2021年3月	《工业脱碳战略》	2022年4月	《可持续和气候变化战略》
2021年7月	《交通脱碳计划》	2023年3月	《"能"动英国》（新净零战略）

作为工业革命的主要策源地，早在快速工业化进程中，英国便开始关注环境和气候问题。1952年伦敦烟雾弥漫后，英国倡导了"绿色工业革命"，以统筹国内经济发展，应对气候变化。英国政府在2008年11月正式通过《气候变化法案》，作为全球首个气候立法的国家，此举也推动更多国家将应对气候变化的目标法制化，从而避免政府换届造成全球气候治理工作放缓。在英国《气候变化法案》通过后的第二年，英国成立了气候变化委员会，其主要职责是向议会汇报在温室气体减排方面取得的进展，并向英国和地方政府提出适应

气候变化的排放目标。根据这一法案，英国提出的目标是，与 1990 年相比，到 2050 年温室气体排放量要减少 80%。

在过去 30 年中，英国在经济发展与低碳转型方面一直走在全球前沿。英国对各产业部门进行了系统的减排部署，推出了一系列减缓温室气体排放的政策，以达到 2050 年温室气体"净零排放"的目标，成效显著。近些年，英国 GDP 增长了 78%，但温室气体排放量下降了 44%，展现了发展与减排的双赢之路。特别是在 2008—2018 年全球经济增速放缓的情况下，英国不仅实现了 13% 的经济增长，而且温室气体排放量下降了 30%，延续了自 1990 年以来持续减排、GDP 持续增长的趋势。目前，英国人均温室气体排放量已接近全球平均水平，2008 年则是全球人均排放量的 1.5 倍。气候变化委员会在 2019 年 5 月向英国政府提交了一份《净零排放建议报告》，通过情景分析指出英国有望在 2050 年实现在现有技术发展趋势下的"净零排放"，届时需要支付约占国内生产总值 1%～2% 的减排成本。这意味着，英国完全有能力在不增加额外成本的情况下，将 2050 年的温室气体减排目标由此前的 80% 上调至 100%（相对于 1990 年）。然而，由于各产业部门减排的进展和难度不同，实现净零排放目标需要各种常规减排技术和政策支持，也需要更具挑战性、成本较高或在公众接受度方面具有挑战性的低碳技术的支持。

针对不同的产业部门，英国也推出了一系列脱碳策略，以更好地实现减排目标。在工业部门的除碳战略中，主要围绕提高生产效率和能源利用效率，提高氢能源、电力和生物质能的利用，减少甲烷的逃逸排放，利用 CSS 技术加速整合工业部门的零碳和负碳排放四个方面展开。在住宅建筑的脱碳方面，采取的措施包括提高建筑用电设备的能效水平、部署低碳供热，以及减少其他一些环节的二氧化碳排放。交通部门是英国温室气体排放量最大的部门，其脱碳措施包括推广新能源交通工具、推广慢行交通工具，以及开发替代燃料技术。为实现农业部门的净零排放目标，英国采取的措施包括提高氮肥利用效率、进行牲畜育种管理，以及改变社会对碳密集型食品的消费。对于温室气体排放和去除所带来的用地类型和用途的变化，林业部门都有考虑。鉴于林业部门的排放特点，英国的减排措施包括提高森林生产力、种植能源作物，以及修复和管理泥炭地。在废弃物减排方面，除了采取措施减少可生物降解的废弃物填埋，英国还积极推动再循环、堆肥管理等相关措施。这些综合性的举措将有助于英国在不同产业部门实现可持续发展和减缓气候变化的目标。

在国际舞台上，英国扮演着气候治理引领者的角色。十多年来，全球气候变化进程加速，低碳技术突破和成本降低使得全球碳排放增速减缓。新形势下，英国认为有必要更新长期减排目标，使其与国家发展阶段和特征相适应，继续在全球应对气候变化进程中发挥引领作用。为此，英国更新了 2050 年前温室气体"净零排放"目标。原本计划于 2020 年年底在英国格拉斯哥举行的《联合国气候变化框架公约》第 26 次缔约方大会（COP26），延期至 2021 年 11 月初举办，该会议形成的《格拉斯哥气候协定》为全球气候治理的进一步推进奠定了新的基础。尽管英国本土经济一定程度上受到脱欧等的多重影响，但并没有动摇其应对气候变化的决心和信心。英国在 COP26 中发挥主席国作用，努力促成《巴黎协定》实施细则并达成共识，维护全球气候治理多边机制，为全球减缓排放作出重要贡献。2024 年 COP29 期间，英国首相基尔·斯塔默宣布，英国将在促进增长的清洁能源转型中引领全球，并提出一系列支持清洁供应链投资的政策，旨在将英国打造为清洁能源超级大国。此外，英国政府将致力于宣布新的减排目标，推动达成全球气候目标，并通过解锁数十亿英镑的气候融资，为未来十年的清洁能源项目提供支持。这一举措展现了英国在全球气候领导力方面的承诺，并为世界各国提供了合作和创新的典范。

从发展阶段来看，英国已经成功跨越了碳排放的峰值阶段，目前正积极加速迈向实现碳中和的目标。在这一减排进程中，英国所遇到的问题和找到的解决方案对其他国家具有重要的参考价值。这种经验分享有助于推动全球范围内的气候行动，共同应对环境挑战。

三、欧盟绿色发展的前景分析

（一）欧盟实现碳中和的潜在优势

实施"绿色新政"、推进绿色发展，既是欧盟在国际竞争中强大的表现方式，也是其潜在的优势。在欧洲，绿色发展已经被认为是一种"核心价值观"。即便在经济挑战下，欧盟也始终坚定地推动"绿色新政"，而不像过去在金融危机来临时那样放松对气候能源议题的关注。德国、法国和欧盟委员会提出的一系列绿色政策均强调了《欧洲绿色协议》对促进经济增长的关键作用。这一协议将"绿色化"和"数字化"视为推动欧盟经济转型、升级和现代化的动力。欧盟在规划中意识到经济复苏不仅仅是简单的恢复，更是借助大规模财政支持来重塑欧盟经济结构和发展模式的机会。

欧盟制定了 2030 年"碳中和"路线图，其重点是基于《欧洲绿色协议》，进一步实现 2030 年的减排目标。在基础设施、社会转型基金保障等领域，欧盟提出了新的发展规划，彰显了碳中和政策的持续完善，并在贸易、基础设施和社会政策领域实现了协同和融合。与此同时，欧盟自身不断加大推进碳中和政策落地的力度。2021 年 2 月，欧盟委员会发布适应碳中和战略文件，提出加强应对气候变化影响的各项措施，包括科学研究、培训、数字化改造、收集和分析气象信息、金融和文化支持以及国际合作等。同年 4 月 21 日，为共同支持 2030 年减排 55% 的目标，欧洲理事会与欧洲议会达成了一项临时政治协议，标志着欧洲气候法案的实施和推进过程已经基本确立。这一立场表明欧盟坚定不移地通过增强气候承诺来引领气候变化领域的发展与影响力。

事实上，欧盟在碳中和建设方面已经具备相当成熟的基础，特别是在能源和经济绿色可持续发展方面取得了长足进展，这为下一步完成 2030 年、2050 年的奋斗目标奠定了坚实的基础。欧盟在碳中和方面拥有显著优势。欧盟绿色发展起步早、基础好、发展潜力大，在绿色技术的选择与运用方面有自己的特色与优势。在技术创新上，欧盟起步较早，有良好的工业基础，只要能做出突破性的科技创新，或是走出一条属于自己的迭代路线，便可以迅速与已有的绿色产业链对接，迅速抢占全球绿色发展的"制高点"，并在全球范围内取得新的竞争力。同时，欧盟正朝着脱煤、减油、削核、稳中有降的方向调整能源消费结构，不断推动新能源的应用。在绿色产业和绿色金融方面，欧盟均表现出强大的发展动力。尤其是在可再生能源方面，欧盟在某些领域已走在全球前列。举例来说，在氢能产业方面，由比利时、丹麦、法国、德国、荷兰、挪威和英国组成的西北欧地区占据了欧洲氢能消费的 60%，全球氢能消费的 5%。依托成熟的可再生能源发电、密集的港口和工业布局、大量运输需求以及发达的天然气管网等条件，这一地区有望成为欧洲乃至全球较为成熟的氢能产业集聚地。

（二）欧盟碳中和目标面临多重挑战

首先，成员国在碳中和方面存在立场分歧。"超国家"化的区域特性，给各成员国带来了许多困难，协调成本较高。虽然《共同行动纲领》明确了"共同责任"，但各国在绿色发展理念、面临的两难选择、未来发展方向等方面存在差异，从而造成了欧盟"绿色发展差距"的问题。以德国、荷兰为例，这些国家已经制定了本国的燃煤淘汰方案，而波兰、捷克等中东欧国家表示，它们的发展程度与本国的发展程度并不相符。此外，欧洲的环保协议导致大量的转变代价，这给煤炭行业和制造业带来了沉重的打击，因此波兰寻求过渡赔偿且放宽资金使用限制。虽然德国和法国都对气候变化采取了支持态度，但是出于自身的经济利益，它们很难全面接纳"绿色新政"。相对于德国的弃核，波兰、捷克、法国都在积极地开发新的核能。有些国家因环境保护政策而引起国内反对，有些则在氢能策略及使用上存有分歧，有些国家及环境保护主义者则想要更积极的能源转变。这种差异制约着碳中和的进程，并在一定程度上阻碍了欧盟的团结。

其次，在国际层面，碳中和也面临阻力。主要大国纷纷追求碳中和，可再生能源引领能源转型，成为地缘政治和经济的关键。虽然欧盟称雄再生领域，但是中国的崛起让欧盟在这一领域的竞争中显得异常惨烈。2022年，中国在全球可再生能源投资中占比达55%（欧盟占比18%），光伏组件产量占全球80%，动力电池产能占76%。欧盟对华绿色技术逆差达420亿欧元，本土电池企业Northvolt等面临宁德时代、比亚迪的碾压式竞争。此外，欧盟努力在国际舞台上推动环保和碳减排责任，制定"碳排放税"等规则。然而，这些做法被视为贸易保护主义，难以获得广泛支持。其中，"碳边境调节机制"遭指责，欧盟被指损害贫困国家利益。欧盟在国际贸易中推动环保规则单边行动，与其气候变化立场矛盾，引起国际社会的质疑。

最后，能源安全与气候目标冲突。欧盟作为全球化石能源储备相对稀缺的地区，其能源对外依存度高达近60%。欧盟在提出宏伟的碳中和计划的过程中，接连发生的能源危机对目标的顺利实现产生很大的冲击。首先是2021年的欧洲能源危机。在欧洲国家，过早弃用化石能源、清洁能源供应不稳定等成为能源危机的主要原因之一，同时拉尼娜年异常寒冷的冬季导致欧洲居民对天然气的取暖需求和价格双双激增。雪上加霜的是，由于俄乌冲突和出口引发的双边制裁，欧盟面临着严重的能源短缺，而本已高涨的能源价格也进一步飙升，给生产和生活带来了极大的不利影响。全球能源市场受到严重冲击，油气市场一体化程度下降且价格波动剧烈，引发了全球范围内的大宗商品价格飙升和通货膨胀问题，由此产生的影响在全球范围内是极其深远的。

四、碳中和目标下的中欧气候合作

在双方关系中，中欧在能源和气候领域的合作被视为一大亮点。中欧在气候与能源领域的战略沟通与合作不断增强。未来，中欧携手共进，将在推进全球应对气候变化、实现碳中和等重大战略任务方面发挥重大作用。

（一）中欧在气候领域的竞合关系凸显

在全球碳中和的大趋势下，国家为了维持经济发展，在全球绿色产业链和供应链中保持优势，就必须发展出一套具有自主知识产权的绿色技术创新体系。俄乌冲突加剧了欧洲的能源供应缺口，同时，地缘政治的紧张和能源供需的紧张，也促使欧盟想要尽早实现自身的能源自治。更好地开展与欧盟的国际合作，不仅符合中国应对气候变化的实际需求，也符合中国未来绿色发展的战略需求。其中，中欧之间开展绿色、低碳的国际合作最引人注目的原因在于欧洲走在了解决气候变化问题的前沿。从长期来说，中国应对气候变化，必须加速"双碳"目标的实现。欧洲是解决气候变化问题的领导者，与中国进行绿色和低碳科技的合作，也是一个重要的合作伙伴。中欧是全面战略合作伙伴，在环境保护和低碳发展领域具有显著互补性。随着欧洲在减排方面的领先地位日益显著，欧盟也需要寻找与中国类似的减排主体，以配合减排。中国在实现"双碳"目标的同时，必须加强对绿色低碳技术的研发，并加强国际合作。在气候问题上，中欧合作具有越来越重要的战略意义。

中欧两国在气候、能源等方面具有广阔的合作空间，但竞争也将加剧。中国在新能源领域已经成为欧洲最大的竞争对手，同时中国新能源产业的迅速发展对欧洲工业形成了严峻的挑战，这种情况很有可能引发贸易争端，为此，欧盟已经采取一系列措施来维持企业的竞争力。欧盟委员会于 2023 年 9 月启动对中国电动汽车的反补贴调查，调查范围涵盖原材料价格、土地补贴等全产业链。此外，欧盟碳边境调节机制（CBAM）于 2026 年全面实施，覆盖钢铁、铝、水泥、化肥、电力和氢气等六大行业，要求进口商购买与欧盟碳价（约 65 欧元每吨）相当的排放证书。中国钢铁行业首当其冲，2026—2040 年对欧出口预计达 8.69 亿吨，其中 42％为钢铁产品，需承担 85％的碳关税成本。以当前中欧碳价差距（中国约 12 欧元每吨）计算，每吨钢铁出口成本将增加 53 欧元。

（二）中欧能源与气候合作前景展望

中国与欧盟作为应对气候变化的主要力量，加强双方合作，对推动多边气候治理、推进能源体系低碳转型、推动绿色经济发展都有着十分重要的现实意义。中欧在能源转型、气候治理、低碳发展、绿色金融等方面具有广阔的合作空间以及良好的合作前景，因此双方应在应对气候变化问题上加大合作力度，维护公平多边的气候治理体系，并通过发表联合声明和协定等形式，让世界看到双方共识与合作精神。此外，中欧应在应对气候变化方面发挥主导作用，通过第三方市场的合作，为发展中国家在能力建设、绿色金融等领域提供支持，构建多层面的合作机制，促进第三国的技术转让和应用，为发展中国家的可持续发展做出贡献。同时，双方要加强交流，积极推进全球碳交易体系的建设，保持公平、公开的国际贸易环境，不让二氧化碳成为贸易障碍。在此基础上，开展能源转型、气候治理、低碳发展、绿色金融等方面的合作，以达到协同应对气候变化的目的。

中欧在绿色转型方面志同道合，绿色合作大有可为。中欧都提出了要打造绿色发展伙伴关系的目标，双方在绿色领域的合作具有广阔的发展空间。欧盟非常重视顶层设计，在可持续发展制度方面有比较完善的法律法规和框架体系，有利于推动各成员国的可持续发展。中国有很大的市场规模，也有较低的劳动力成本和原料成本，这为实现绿色技术的规模化生产提供了有利条件，有利于减少对环境的污染。中欧合作能够极大地促进绿色技术进步，刺激相关市场发育和扩大应用规模，从而加速推动全球气候治理行动进程。

第三节　日本碳减排的目标与举措

自 2013 年达到二氧化碳排放峰值以来，日本已成为全球第五大排放国。2020 年 10 月，日本宣布到 2050 年实现碳中和目标。2021 年 4 月，日本又宣布 2030 年较 2013 年实现减排 46％。这一系列减排目标的提出标志着日本在全球气候治理中的角色逐渐由被动向积极转变。日本计划加速扩大对清洁能源的利用，推动国内产业的"电动化"转型，以及构建更为健全的绿色金融体系。尽管如此，日本仍然面临能源结构制约、产业转型困难、技术遭遇瓶颈等问题，这些难题将考验日本如何如期达成减排目标。

一、碳中和目标的演变与设定

（一）20 世纪 70 年代初的环境保护运动

在 20 世纪 60 至 70 年代，日本以 GDP 为导向的产业政策使其取得了经济繁荣，但这一时期也伴随着严重的公害问题。其中包括水俣病、富士山骨痛病、四日市哮喘病等事件，这些问题的根源在于政府支持的大企业，如钢铁、矿山和化工企业造成的污染。这些企业在推动 GDP 增长的同时，也成为危害当地居民生命和健康的污染源。

日本民众逐渐意识到他们的工作和生活并没有因这些企业的繁荣而改善，反而成为这些发展的受害者。这导致了 20 世纪 60 至 70 年代初，以当地民众为主体的反公害运动的兴起。这些运动迫使政府采取措施，最终通过《公害对策基本法》，对公害问题进行治理。这一时期为日本环境保护奠定了基础，标志着民众对环境问题的关注和对政府采取行动的呼声。

为了解决经济高速发展时期产生的公害问题，日本国会通过了包括《公害对策基本法》在内的十几部法律。日本早期制定的主要政策见表 13-6。这一系列环境法律的制定和修订，标志着日本政府在环境保护方面采取了初步措施。这些法律为后来日本提出碳中和目标奠定了基础，反映了政府在面对环境挑战时的行动。

表 13-6　日本早期主要政策

年份	政策	主要内容与作用
1970 年	《公害对策基本法》	推动污染治理，使日本向可持续发展模式转变
1972 年	《自然环境保全法》	
1973 年	《公害被害健康补偿法》	
1973 年	《石油紧急对策纲要》	促进新能源的开发利用、能源使用效率提高、调整产业结构
1979 年	《节约能源法》	
1979 年	《再生资源利用促进法》	
1979 年	《合理利用能源法》	

（二）日本 90 年代环境外交：气候挑战与国际妥协

在 20 世纪 90 年代初，日本社会深陷"失落的十年"经济停滞的泥沼，迫切需要新的发展动力和国际竞争优势。在经济挑战和国内保守化的背景下，环境问题成为社会思考和政策调整的焦点。同时，国际社会对气候变化的关注不断升温，促使联合国启动了《联合国气候变化框架公约》的谈判。1992 年，日本参与联合国环境与发展大会，积极签署了该公约。该公约强调"共同但有区别的责任"原则，要求各缔约方按照实际情况编制温室气体排放清单，并共同制定应对气候变化的措施。

为了在国际气候变化问题上发挥更大的作用，日本政府成立了政府间谈判委员会。日本政府将气候变化问题视为提升国际影响力的重要手段，而非仅仅是环境保护的一部分。日本政府通过积极参与国际合作，制定并落实了一系列的环境政策，在国际社会树立了良好形象，并在全球事务中获得了有力的支持，成为环境领域的领导者。

然而，在 90 年代末，国际气候谈判仍面临挑战。1997 年，日本主办了第三次缔约方会议（COP3），并在会上提出了将其温室气体排放量比 1990 年水平减少 6％的目标，后来在国际压力下不得不将其减排目标降至 5％。COP3 通过了《京都议定书》，但是，美国作为当时最大的温室气体排放国却拒绝批准《京都议定书》，并在 2001 年正式退出了该协议。这一举动极大地削弱了《京都议定书》的效力和影响力，也给全球气候治理带来了巨大的挑战。在这种情况下，日本继续坚持其减排承诺，并积极推动其他国家加入《京都议定书》，尤其是俄罗斯等关键国家。2005 年，俄罗斯正式批准了《京都议定书》，使之达到了生效的条件。

1993—2016 年日本主要政策见表 13-7。

表 13-7　1993—2016 年日本主要政策

年份	政策	主要内容与作用
1993 年	《环境基本法》	倡导可持续发展模式,推动构建环境负担小、能够可持续发展的社会
1994 年	《第一次能源基本计划》	通过提高能源效率、改进生产技术、降低交通排放、明确各社会主体职责等途径推动可持续发展
1997 年	《新能源法》	推动新能源发展
1998 年	《全球气候变暖对策推进法》	对日本社会各主体的职责进行明确,将应对气候变暖作为国家基本对策
2002 年	《地球温室化对策推进大纲》	要求从节能、新能源、交通、建筑、居民生活方式、碳交易等途径应对气候变化
2003 年	《环境教育法》	利用法律法规帮助企业、居民树立起环保理念
2005 年	资源排放交易计划	搭建排放权交易系统,利用财政补贴手段推动企业参与减排项目
2006 年	《新国家能源战略报告》	制定了核电、节能、新能源和能源运输计划,从能源供给与需求两端推动日本的能源结构调整
2008 年	核证减排计划	构建碳信用交易系统,鼓励企业参与碳汇、减排项目
2010 年	《气候变暖对策基本法案》《2010 新成长战略》	利用可再生能源、技术开发、国际合作等方面的措施推进碳减排
2012 年	《低碳城市法》	推动地方政府制定城市低碳发展规划,从交通能源、建筑、碳汇等方面推动城市低碳发展
2012 年	《绿色增长战略》	推动环保产业发展,推进蓄电池、环保汽车、海上风能发电发展,推动能源从核能转向绿色能源
2014 年	《战略能源计划》	发展新能源,使能源供给结构多元化
2016 年	《全球变暖对策计划》	规定了温室气体的减少和消除目标,企业和市民、国家和地方自治团体的义务与责任

《京都议定书》于 2005 年正式生效，日本坚持其减排承诺。但是，2011 年日本发生了历史上最严重的地震和海啸，导致福岛第一核电站发生了核泄漏，日本关闭了大部分核电站，增加了对化石燃料的依赖，使得温室气体排放量出现了反弹。在 2013 年，日本政府提出以 2005 年为基准年的减排目标，这一目标遭到环保组织的抨击。2015 年第 21 届联合

国气候变化大会通过了《巴黎协定》，但日本迟迟未能批准，最终在其生效后才批准。2020年3月，日本决定保持"国家自主贡献目标"的现有水平，这一决定再次引起了国际舆论的批评。2019—2023年日本出台的主要政策见表13-8。

表 13-8　2019—2023 年日本出台的主要政策

时间	政策
2019 年	《2019 综合技术创新战略》《氢能与燃料电池技术开发战略》《碳循环利用技术路线图》《2019节能技术战略》
2020 年	《2050 年碳中和绿色增长战略》
2021 年	《第六次能源基本计划》《2050 年碳中和绿色发展战略规划》
2022 年	《新资本主义总体规划及行动计划》
2023 年	《促进向脱碳型增长型经济结构顺利转型法》

2020 年 9 月，日本政府将气候问题作为国家重要战略，予以高度重视，开始着手气候政策的改革。2020 年 10 月，日本宣布要在 2050 年实现碳中和。这一举动标志着日本政府在气候政策上的转变。2021 年 4 月，日本政府提出了 2030 年要比 2013 年减少 46% 的排放量的目标。这一目标旨在创造新的经济增长点。但是，日本政府的气候政策也面临着挑战。日本的能源结构依然高度依赖于从海外进口的化石能源，这导致了在能源和产业技术转型方面政策实施的困难。2022 年，日本继续推进能源结构转型。2 月，日本政府着手制定《清洁能源战略》。该战略提出，到 2030 年，日本的电力中清洁能源的使用比例要达到 36% ～ 38%，同时将化石燃料的能源占比设定为约 41%，其中液化天然气 20%、煤炭 19%、石油 2%。这体现了日本在能源转型中的矛盾，一方面要提高清洁能源的利用，另一方面仍认为化石燃料在过渡时期发挥着重要作用。此外，日本还积极参与国际合作，与其他国家共同应对气候变化。例如，在亚洲地区，日本通过亚洲零排放共同体（AZEC）框架，与东南亚国家合作，推动该地区的脱碳进程。

二、日本碳排放现状

日本的碳排放量与其经济发展和能源结构密切相关，大致经历了三个阶段：同步增长、震荡波动和脱钩下降。1990 年至 1996 年，日本碳排放量与 GDP 总量保持同步增长，主要受到经济增长和化石能源消耗的影响。然而，1996 年至 2012 年，由于经济危机和福岛核事故的双重冲击，碳排放与 GDP 之间出现了波动，关系变得不稳定。特别是 2011 年的大地震及福岛核电站泄漏事故，导致日本关闭大量核电机组，转而使用化石燃料，使得当年碳排放量达到了 12.92 亿吨，虽然相较 2013 年峰值下降了 13.50%，然而，相对于 1990 年仅下降了 2.82%。2020 年，日本碳排放量进一步下降至 10.27 亿吨，比 2013 年峰值下降了 20.5%。这一成功主要归功于核电的重启和可再生能源的快速发展。在这一时期，碳排放量下降了 2.06 亿吨。核电和可再生能源的广泛应用降低了二氧化碳排放因子，全面大节电行动和能源节约有效降低了能源消耗系数。日本二氧化碳排放量与 GDP 的变化见图 13-2。

综合而言，日本的碳减排历程充满曲折变化，经历了稳定期、波动期和积极减排期。尤其是在 21 世纪初，日本通过采取积极的措施，成功实现了碳排放量的下降，为应对气候变化和可持续发展做出了显著的贡献。

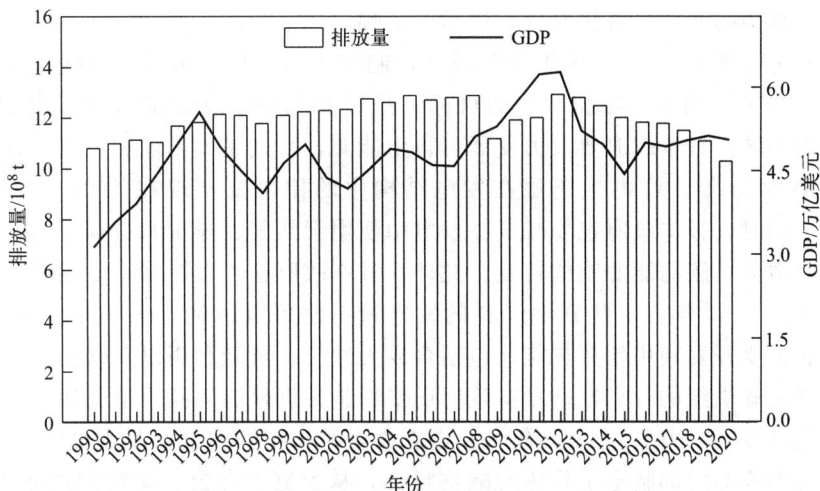

图 13-2　日本二氧化碳排放量与 GDP 的变化

（数据来源：CO₂ 排放数据来源为日本环境省的公开报告，GDP 数据来源为日本内阁府经济社会综合研究所公开的数据）

三、日本碳中和的实现路径

（一）加强政策保障

日本在实现工业化和经济快速发展的过程中，曾带来了严重的环境污染。同时，作为一个岛国，日本自然资源匮乏，必须确保本国能源安全。日本的绝大部分产业政策都是以法律形式出台的，法律成为直接干预和间接诱导产业发展的主要依据，在此基础上，政府通过行政法规的形式把法律的规定具体化并落到实处。日本的制造业从劳动驱动型向创新驱动型转型，能源消耗也明显改善。

（二）推进绿色金融

日本政府在 2020 年 10 月 25 日发布了《2050 年碳中和绿色增长战略》，这是实现 2050 年"碳中和"目标的具体方案。该战略不仅重申了"2050 年日本净零排放"的承诺，还针对日本海上风能、电动汽车、氢燃料等 14 个重点领域制定了明确的计划和期限。实施绿色增长战略的目的是通过技术创新和绿色投资的方式推动日本向低碳社会转变。

税收方面，日本建立碳中和投资促进税制（税收减免或特别折旧），为从事业务重组等工作的公司设立一个特殊上限，同时积极研发税制。这样的税收制度有利于促进生产脱碳化和企业短期与中长期的脱碳化投资。为支持碳中和投资，日本政府建立了合适的金融体系。政府将对海上风电等可再生能源业务提供风险资金（比如 800 亿日元的"绿色投资促进基金"）。金融机构和资本市场则适当利用碳中和的融资资金，帮助日本的高科技和有潜力的公司发展。同时，要通过公司债券市场推动 ESG❶ 投资。

（三）能源结构调整

日本的能源结构以化石能源为主，其中化石燃料在整体能源消费中占比超过 87%。化石燃料的燃烧成为人为排放二氧化碳等温室气体的主要方式。为了实现碳中和的目标，必须

---

❶ E，environmental，环境；S，social，社会；G，governance，公司治理。

积极推动能源结构的调整，减轻对化石燃料的依赖。

日本政府为实现 2050 年"碳中和"目标，制定了《2050 年碳中和绿色增长战略》。该战略提出了"2050 年日本净零排放"的目标，并对 14 个重点领域制定了具体计划和期限。其中，在电力领域，日本政府要大力发展可再生能源，特别是太阳能和风能。日本政府设定的目标是，到 2030 年，可再生能源在发电结构中的比例要从现在的 22%～24% 提高到 36%～38%。同时，日本政府也要减少在发电中使用天然气、煤炭和石油等高碳化石燃料的比例，加快向清洁低碳的能源结构转变。此外，日本政府还要发展新型零碳燃料，比如氢能和氨能。预计到 2050 年，这些新型燃料的发电量占比可以达到 10% 左右。在热能供应方面，日本政府也要开发利用新型热能，包括合成天然气、氢能利用以及碳捕集等新技术。同时，为了保证能源供给的可靠性，日本政府还要稳步推进核能的高质量利用，发展小型模块化反应堆等先进技术，力争到 2030 年，核电在发电结构中的比例恢复到 20%～22%。在非电力领域，日本各部门都制定了具体的减排目标，从家庭、办公、运输到产业等各个领域，都要采取措施，大幅减少温室气体排放。此外，日本政府还要加强对塑料焚烧、农用肥料等领域的管理，减少非能源类二氧化碳的排放。

（四）产业结构调整

加快汽车和蓄电池、半导体等制造行业"碳中和"步伐。工业排放在全社会总排放中占比较大，在关键制造行业实现低碳发展对实现"碳中和"目标有决定性作用。一是汽车行业将加快电动汽车和高性能电池的开发与应用，实现汽车全生命周期碳中和。在车辆能效和燃油指标方面，日本制定了更严格的标准，将加大对电动汽车的公共采购规模，扩大充电基础设施部署。同时，还将大力推进电化学电池、燃料电池和电驱动系统技术等领域的研发与供应链构建，降低碳中性替代燃料研发成本，开发性价比更高的新型电池技术。二是在半导体行业扩大可再生能源电力应用，打造绿色数据中心。降低数据中心能耗，扩大可再生能源电力的应用。推动下一代云软件、云平台的开发应用，减少实体半导体芯片的使用，研发先进的低功耗半导体器件及封装技术，并进行产业化推广。

加快二氧化碳回收、封存、利用的碳循环技术的大规模商用，降低二氧化碳回收制品的成本。除降碳外，实现"碳中和"更要促进碳捕集、封存和利用等相关脱碳技术发展。日本发展碳循环技术的重要目标是降低碳回收制品价格，实现碳循环技术产业化发展，包括2030 年实现二氧化碳回收制燃料的价格与传统喷气燃料相当，同时，日本政府还设定了到2050 年实现二氧化碳制塑料品与现有塑料制品价格相同的目标。日本将重点发展二氧化碳封存进混凝土技术、二氧化碳氧化还原制燃料技术、二氧化碳还原制备高价值化学品技术，同时研发先进高效低成本的二氧化碳分离和回收技术，计划到 2050 年实现从大气中直接回收二氧化碳技术的商用普及。

第四节　国际碳减排管理经验借鉴

一、美国碳减排的经验与启示

美国是一个拥有丰富资源和强大经济的大国，面对气候变化与碳中和的挑战和机遇，美国制定了以创新清洁能源技术为主线的碳中和政策，旨在推动循环经济发展，建设低碳社会。美国利用法律法规、财政补贴、碳交易等政策管理手段，激励各级政府、企业和个人参与碳减排，取得了一定的效果。美国在电力、交通、建筑、工业等重点领域，发展了可再生能源、电气化、绿色建筑、低碳工业等新兴技术，提高了能源效率和环境性能。

（一）美国碳减排的政策管理手段和发展方式

制定和完善法规政策，明确碳中和的目标、时间表和路线图，建立温室气体减排的法律制度和责任机制。美国在不同的政府层级和部门，出台了一系列的法律法规、行政命令、政策计划等，规范和指导碳中和计划的实施。例如，2021 年 1 月，美国政府签署了《关于应对气候危机的行政命令》，要求联邦政府制订一项全面的碳中和战略以应对气候危机，同时将碳中和战略纳入国家安全、外交、财政、能源等各个领域的决策中。此外，美国还通过《清洁空气法》《能源政策法》《能源独立与安全法》等法律，设定了温室气体减排的标准、目标和措施。

循环经济是一种减少资源消耗和废弃物排放的经济模式，它要求对工业和民用领域的废品进行回收再利用。美国在循环经济方面有着丰富的经验，它制定了一系列的法律，规范了废弃物的管理、回收利用和污染控制。美国还通过财政、税收、技术等方面的支持，激励企业和居民参与循环经济的活动，如使用可再生材料、开展再制造业务、实施绿色采购等。

健全和完善碳交易市场，推进碳金融产品创新，利用市场价格机制激励企业自愿减排。美国是碳交易的先驱，早在 1990 年就建立了二氧化硫排放许可交易制度，有效地控制了酸雨的形成。美国还在加利福尼亚、东北部九州等地区建立了区域性的碳交易市场，涵盖了电力、工业、交通等部门的温室气体排放。美国还在碳金融方面开展了创新探索，如发行碳债券、开展碳衍生品交易、设立碳基金等，为碳中和提供资金支持。

（二）美国碳减排的重点领域和新兴技术

在电力行业，大力发展可再生能源，如风能、太阳能、水能等，提高清洁能源的比重，减少对煤炭发电的依赖，实现电力行业的脱碳。同时，利用电气化、氢能、生物质能源等技术，配合 CCUS 技术，减少电力行业的碳排放。美国的可再生能源有着很大的发展空间，预计到 2030 年，可再生能源在总发电量中的比例达到 38%，到 2050 年达到 90%。美国还在 CCUS 技术方面占据领先的地位，已经建成或在建的 CCUS 项目达到 28 个，总捕集能力超过 2.5 亿吨。

在交通运输行业，推动交通领域的结构性减排，发展公共交通和轨道交通，减少私人汽车的使用，提高交通运输的效率和便利性。同时，发展低碳交通工具，如电动汽车、氢能汽车、混合动力汽车等，提高交通工具的能源利用效率，降低碳排放强度。美国在交通领域制定了一系列的规划和政策，如《美国交通未来计划》《美国交通基础设施法案》等，这些规划和政策的目的是改善交通基础设施，提高交通服务水平，推动交通模式转型。美国还在低碳交通工具方面有着较大的市场需求和技术优势，预计到 2030 年，电动汽车将占新车销量的 50%，到 2050 年将达到 100%。

在建筑行业，推动建筑领域的电气化，减少建筑物的化石能源消耗，提高建筑物的能源效率和舒适度。同时，积极发展绿色建筑，利用可再生材料、节能设备、智能系统等技术，降低建筑物的碳足迹，提高建筑物的环境友好性。美国在建筑领域有着较为丰富的经验和实践，如制定《能源政策法》《能源独立与安全法》等法律，设定了建筑物的能源效率标准和目标。美国还在绿色建筑方面有着较高的认证水平和市场占有率，如通过 LEED 认证（美国绿色建筑委员会建立并推行的"能源与环境设计先锋"认证体系）的建筑物已经超过 7 万座，占全球的 40%。

在工业行业，推动工业领域的节能降耗，提高工业生产的能源利用效率，降低工业产品的碳排放强度。同时，发展低碳工业，利用清洁能源、先进技术、循环材料等，降低工业生产的碳排放量，提高工业产品的环境性能。美国在工业领域有着较为完整的政策和措施，如制定《能源政策法》《能源独立与安全法》等法律，提供财政补贴、税收优惠、技术支持等，鼓励工业企业开展节能减排活动。美国还在低碳工业方面有着较为先进的技术和应用，如利用氢能、生物质能、CCUS 等技术，实现钢铁、水泥、化工等重点行业的脱碳。

二、欧盟碳减排的经验与启示

欧盟是全球应对气候变化的领导者，其碳中和的目标、政策和措施有很多值得学习和借鉴的地方。欧盟的碳中和战略是基于其经济发展水平和环境责任感，以绿色转型为核心，推动可持续发展。欧盟通过制定统一的碳中和法律和路线图，为各成员国提供了清晰的指引和要求，同时也考虑了各国的能源结构和发展水平的差异，给予了一定的灵活性和自主性。欧盟还通过财政支持、技术创新、碳市场等手段，帮助各部门和领域实现低碳转型，建设气候中和社会。欧盟的碳中和战略展现了其全球领导力和影响力，具体经验和启示如下。

第一，建立高效的碳治理体系，实现中央和地方的协调和平衡。欧盟的《欧洲气候法》将到 2050 年实现气候中和的目标写入法律，使其具有法律约束力，这是欧盟碳治理体系的核心。我国也应尽快出台相关的法律法规，为实现碳中和目标提供法律保障。

第二，采取分类的碳减排策略，重点推动能源、交通、建筑和工业等领域的低碳转型。欧盟通过提高能源效率、发展可再生能源、淘汰煤炭和其他化石燃料、推广电动汽车和公共交通、促进建筑节能和电气化、实现工业循环经济等措施，有效地降低了各个领域的碳排放强度和碳足迹。我国也应根据各个领域的碳排放特点和潜力，制定具体的碳中和行动方案，加快能源结构的优化，推动交通、建筑和工业等领域的绿色发展，实现碳排放的结构性减少。欧盟的《欧洲绿色协议》规划了未来五年在能源和能效、循环经济、农业、交通等八大领域的低碳转型政策和措施，这是欧盟碳减排策略的具体体现。

第三，建设和运行好碳市场，让市场机制在碳减排中发挥作用。欧盟建立了较成熟的碳排放交易体系，通过不断完善的规则和机制，稳定了碳市场的运行，提高了碳价水平，激励了企业和个人减少碳排放，同时也将碳交易的收益用于低碳技术的研发和创新。我国也应该加快推进全国碳市场的建设，完善碳市场的法律法规和监管制度，扩大碳市场的覆盖范围和参与主体，提高碳市场的流动性和透明度，发挥碳市场在碳减排中的价格信号和激励作用。欧盟的"碳边境调节机制"将对欧盟贸易伙伴形成"碳价胁迫"，要求进口欧盟的商品按照欧盟的碳排放标准缴纳相应的碳税，这是欧盟碳市场的重大创新。

第四，积极发展和应用新兴低碳技术和产业，提高碳中和的技术支撑能力。欧盟通过加大对氢能、CCUS、生物质等新兴技术和产业的研发和投资，打造了一批具有全球竞争力的清洁技术和产品，为碳中和提供了技术保障和创新动力。我国也应该加强对低碳技术和产业的创新和发展，培育一批具有国际影响力的低碳技术和品牌，提高碳中和的技术水平和产业实力。欧盟的《氢能战略》和《能源系统整合战略》将氢能作为欧盟能源转型的重要支柱，规划了欧盟氢能产业的发展目标和路径，这是欧盟低碳技术和产业的代表。

三、英国碳减排的经验与启示

英国积极应对气候变化，在碳中和方面有着清晰的目标、完善的法律、创新的技术和多元的工具。英国的碳减排经验和启示可以从以下几个方面来看。

一是确立长期的碳中和目标和路线图，以法律形式固化并进行监督和评估。英国是全球第一个以法律形式确定碳中和目标的国家，制定了《气候变化法案》，设立了国家气候变化委员会，制定了每五年的碳预算，规定了各部门和行业的减排任务和措施。这为英国的碳中和提供了强有力的政策保障和执行力。中国也已经提出了到 2060 年实现碳中和的目标，需要进一步细化和完善相关的法律法规，明确各方的责任和义务，建立有效的监测和评估机制，确保碳中和目标的落实。

二是推动能源转型，发展清洁能源和电能替代，淘汰煤炭等高碳能源。英国在能源领域进行了许多深刻的改革，如大力发展风能、太阳能等可再生能源，提高清洁电力的比重，同时推动工业、交通、建筑等领域的电气化，以减少对煤炭、石油、天然气等化石能源的依赖。同时英国还制定了煤电淘汰的时间表，并于 2024 年关闭了最后一座煤电厂。我国作为世界上最大的能源消费国，也需要加快能源转型，大力发展清洁能源，优化能源结构，降低能源消费强度，减少对煤炭等高碳能源的使用。

三是创新绿色金融，支持绿色技术的研发和应用，提高碳中和的经济效益。英国通过设立碳基金、碳信托公司等方式，为节能减排项目提供资金支持，同时通过碳税、碳交易等市场化手段，调节碳排放的成本和收益，激励企业和个人参与碳中和行动。此外，英国还重视绿色技术的创新，如氢能、CCUS、生物质能等，以提高碳中和的技术水平和效率。我国也需要加强绿色金融的体系建设，为低碳项目提供更多的融资渠道和优惠政策，同时完善碳市场的运行机制，扩大碳交易的覆盖范围和深度，促进碳价格的形成和反馈。此外，我国还需要加大绿色技术的研发和推广，提升碳中和的技术能力和竞争力。

四是注重农业碳减排，实现农业的绿色发展和可持续发展。英国在农业领域也采取了一系列的碳减排措施，如改善土壤管理、提高肥料利用率、增加林地面积、减少畜牧排放等，以降低农业对环境的负面影响，同时提高农业的生产效率和经济收益。我国作为一个农业大国，也需要重视农业碳减排的工作，制定农业碳减排的顶层设计和行动方案，开发和推广有利于减排的农业技术和工具，提高农业生产者的减排意识和能力，实现农业的绿色转型和可持续发展。

四、日本碳减排的经验与启示

日本是一个资源匮乏、经济发达的岛国，在应对气候变化和实现碳中和方面有着自己的特点和优势。日本的碳中和政策是基于其资源条件和技术优势，以能源转型为核心，推动绿色产业发展。日本通过法律法规、税收补贴、碳交易等手段，激励各级政府、企业和个人参与碳减排，建设低碳社会。日本的碳中和政策取得了一定的成效，也为我国提供了一些借鉴和启示，主要有以下几点。

一是要加强政策引导和市场激励，促进企业创新绿色技术，发展绿色产业，提高新能源、低碳技术等领域的竞争力和影响力。日本在绿色技术创新方面有着丰富的经验并占据领先地位，通过税收、补贴、绿色金融等多种手段，积极鼓励企业投入研发，致力于开发海上风电、氢能、碳循环等新兴技术和产业，为实现碳中和目标提供了强有力的技术支持。我国在绿色技术领域也应继续充分发挥企业的主动性与主导作用，加快绿色技术创新步伐；进一步开发具有自主知识产权的核心技术，并加大对知识产权的保护力度；不断完善政策体系，合理调整税收和补贴政策，以市场机制引导企业更积极地投身绿色技术创新。以上举措将为企业提供持续的创新与变革动力，有助于增强我国相关产业的竞争力。

二是要明确各方责任和目标，动员全社会参与碳减排，特别是要加强低碳城市的建设，优化城市结构和功能，提高城市能源效率和碳汇能力。日本在早期减碳政策制定中就有意识地明确各社会主体职责，调动全社会积极性，以社会力量共同应对全球气候变化。在各级政府层面，日本积极推动低碳城市建设，推出环境示范城市和环境未来城市项目，对每个城市开展绿色低碳发展规划，从清洁能源、低碳交通、低碳建筑、低碳生活、低碳产业等方面推进低碳城市的建设。日本还利用市场化机制引导政府、高校、企业等多方面合作，为低碳城市发展注入内生动力。

三是要根据国情制定能源发展战略，逐步减少对化石能源的依赖，增加清洁能源的比重，特别是要发展氢能、CCUS、生物质等新兴能源和技术，为碳中和提供技术支撑。日本的能源结构受到其资源禀赋和地理位置的限制，长期依赖进口化石能源，导致其能源安全和碳排放面临挑战。这些限制与挑战使得日本在能源转型方面有着明确的目标和路径，日本通过提高可再生能源的使用规模、重启核能发展、重点发展氨燃料和氢能等新型燃料等一系列措施来实现能源结构的多元化和低碳化。我国的能源结构也存在类似的问题，化石能源占比过高，碳排放压力巨大，能源安全受到威胁。我国需要根据自身国情，制定合理的能源发展战略，加快推进风电、光伏、氢能、储能等清洁能源的发展，逐步降低对煤炭的依赖，提高能源效率和清洁度，为如期达成碳达峰和碳中和目标提供坚实的能源基础。

思考题

1. 简述美国和欧盟的碳减排历史进程。
2. 如何理解碳中和目标下中国和欧盟的气候合作关系？

附录

附录一　附图

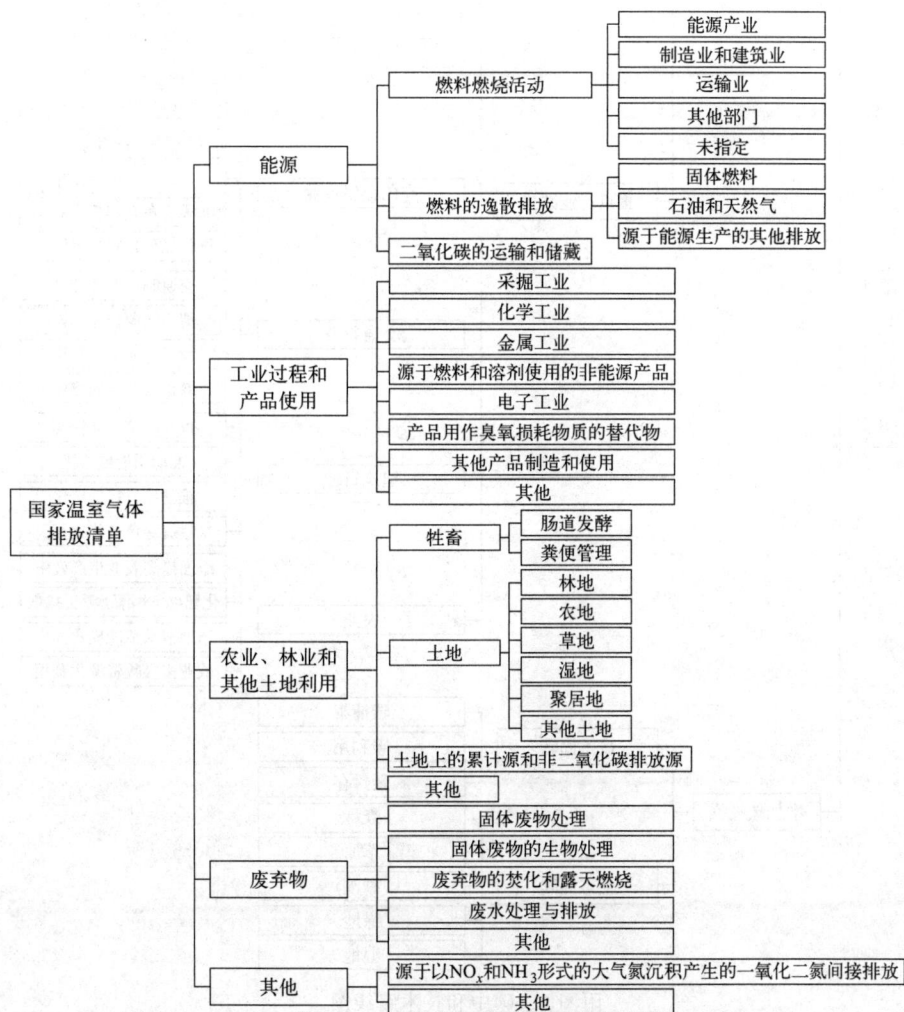

能源产业
制造业和建筑业
运输业
其他部门
未指定

燃料燃烧活动

固体燃料
石油和天然气
源于能源生产的其他排放

燃料的逸散排放

能源

二氧化碳的运输和储藏

采掘工业
化学工业
金属工业
源于燃料和溶剂使用的非能源产品
电子工业
产品用作臭氧损耗物质的替代物
其他产品制造和使用
其他

工业过程和产品使用

国家温室气体排放清单

肠道发酵
粪便管理

牲畜

林地
农地
草地
湿地
聚居地
其他土地

土地

农业、林业和其他土地利用

土地上的累计源和非二氧化碳排放源
其他

固体废物处理
固体废物的生物处理
废弃物的焚化和露天燃烧
废水处理与排放
其他

废弃物

源于以NO_x和NH_3形式的大气氮沉积产生的一氧化二氮间接排放
其他

其他

附图1　《2006年IPCC国家温室气体清单指南》碳排放源分类

			推动终端消费电气化
		能源结构调整	完善能源双控制度
			优化清洁能源配置
			推动能源互联网建设
			石化能源结构低碳化
		石油化工行业	石化全过程节能管理
			加强低零负碳技术研发
			积极参加碳市场交易
			能源结构清洁低碳化
			压缩粗钢产量和产能
		钢铁行业	优化工艺流程和原料
			强化全系统能效管理
	减少碳排放		推动钢铁业技术创新
			促进能源结构低碳化
		建材行业	推动低碳建材技术研发
			加强产业链节能管理
			研发产业碳排放标准
碳中和技术路线图			严控铜铅锌冶炼产能
		有色金属行业	推动清洁能源使用
	重点行业减排		加强有色金属再生利用
			强化绿色减碳技术研发
			交通制造业碳减排
		交通行业	清洁能源交通建设
			数字智能交通建设
			绿色公共交通建设
			提高建筑节能标准
		建筑行业	推动用能电气化
			推动原材料低碳化
			建筑绿色节能运行
			全面提高农业生产效率
		农业	化肥-农药-薄膜源头减量
			节地节水节能模式推广
			农业废弃物资源化利用
			碳捕集
	技术固碳		碳利用
			碳封存
	增加碳吸收		森林
			草原
	生态固碳		湖泊
			绿地
			湿地

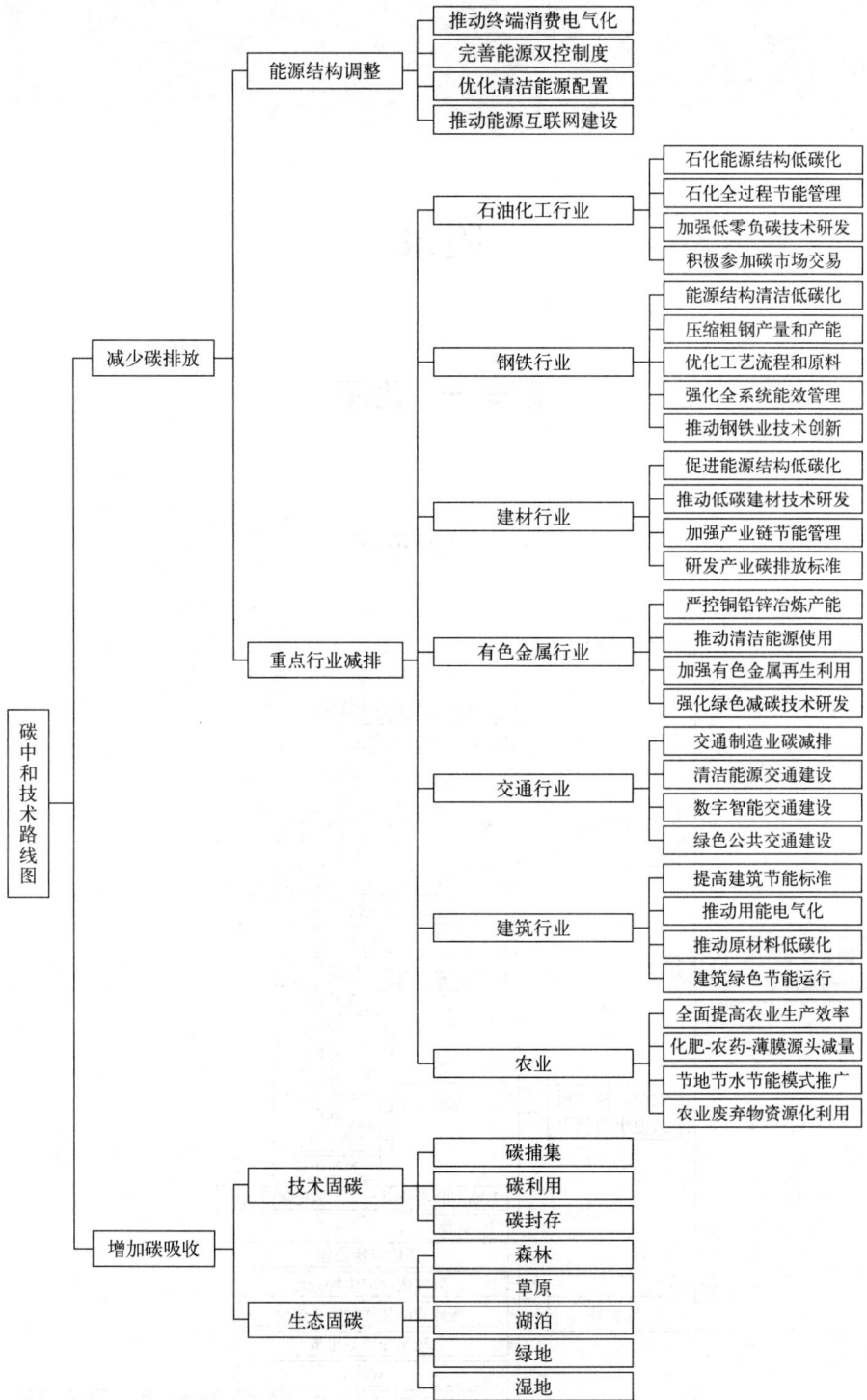

附图 2　碳中和技术路线图

附录二　附表

附表1　国务院及各部委发布的"双碳"相关政策

成文或发布时间	发布机构	政策名称
	国务院	
2020年11月2日	国务院办公厅	新能源汽车产业发展规划(2021—2035年)
2021年2月22日	国务院	关于加快建立健全绿色低碳循环发展经济体系的指导意见
2021年3月12日	国务院	国民经济和社会发展第十四个五年规划和2035年远景目标纲要
2021年10月24日	国务院	关于完整准确全面贯彻新发展理念做好碳达峰碳中和工作的意见
2021年10月24日	国务院	2030年前碳达峰行动方案
2021年10月27日	国务院新闻办公室	中国应对气候变化的政策与行动(白皮书)
2021年12月28日	国务院	"十四五"节能减排综合工作方案
2022年5月30日	国务院办公厅	关于促进新时代新能源高质量发展的实施方案
2024年8月2日	国务院办公厅	关于印发《加快构建碳排放双控制度体系工作方案》的通知
2024年2月4日	国务院	碳排放权交易管理暂行条例
2024年5月29日	国务院	关于印发《2024—2025年节能降碳行动方案》的通知
	各部委	
2020年10月16日	生态环境部办公厅、国家发展和改革委员会办公厅	关于深入推进重点行业清洁生产审核工作的通知
2020年12月31日	生态环境部	碳排放权交易管理办法(试行)
2021年2月20日	国家市场监督管理总局、国家标准化管理委员会	乘用车燃料消耗量限值
2021年2月26日	生态环境部办公厅、国家发展改革委办公厅	关于报送2020年全国清洁生产审核工作总结的通知
2021年3月29日	生态环境部办公厅、国家发展改革委办公厅	关于印发《企业温室气体排放报告核查指南(试行)》的通知
2021年3月29日	生态环境部办公厅	关于加强企业温室气体排放报告管理相关工作的通知
2021年4月17日	工业和信息化部	钢铁行业产能置换实施办法
2021年7月1日	国家发展改革委	"十四五"循环经济发展规划
2021年7月27日	生态环境部办公厅	关于开展重点行业建设项目碳排放环境影响评价试点的通知
2021年9月3日	工业和信息化部、中国人民银行、中国银行保险监督管理委员会、中国证券监督管理委员会	关于加强产融合作推动工业绿色发展的指导意见

续表

成文或发布时间	发布机构	政策名称
各部委		
2021 年 10 月 25 日	生态环境部办公厅	关于做好全国碳排放权交易市场数据质量监督管理相关工作的通知
2021 年 10 月 26 日	生态环境部办公厅	关于做好全国碳排放权交易市场第一个履约周期碳排放配额清缴工作的通知
2021 年 10 月 29 日	国家发展改革委、国家能源局	全国煤电机组改造升级实施方案
2021 年 10 月 29 日	国家发展改革委等 10 部门	"十四五"全国清洁生产推行方案
2021 年 11 月 30 日	国家发展改革委等 4 部门	贯彻落实碳达峰碳中和目标要求,推动数据中心和 5G 等新型基础设施绿色高质量发展实施方案
2021 年 12 月 25 日	工业和信息化部等 10 部门	关于促进制造业有序转移的指导意见
2021 年 12 月 27 日	国家发展改革委办公厅	关于加快推进大宗固体废弃物综合利用示范建设的通知
2022 年 1 月 20 日	工业和信息化部等 3 部门	关于促进钢铁工业高质量发展的指导意见
2022 年 1 月 27 日	工业和信息化部等 8 部门	关于加快推动工业资源综合利用的实施方案
2022 年 1 月 30 日	国家发展改革委、国家能源局	关于完善能源绿色低碳转型体制机制和政策措施的意见
2022 年 2 月 17 日	生态环境部办公厅	关于做好全国碳市场第一个履约周期后续相关工作的通知
2022 年 3 月 4 日	科技部等 9 部门	"十四五"东西部科技合作实施方案
2022 年 3 月 15 日	生态环境部办公厅	关于做好 2022 年企业温室气体排放报告管理相关重点工作的通知
2022 年 3 月 28 日	工业和信息化部等 6 部门	关于"十四五"推动石化化工行业高质量发展的指导意见
2022 年 4 月 2 日	生态环境部办公厅、国家发展改革委办公厅、工业和信息化部办公厅	关于推荐清洁生产先进技术的通知
2022 年 4 月 21 日	工业和信息化部、国家发展改革委	关于产业用纺织品行业高质量发展的指导意见
2022 年 4 月 21 日	工业和信息化部、国家发展改革委	关于化纤工业高质量发展的指导意见
2022 年 5 月 6 日	生态环境部办公厅、国家发展改革委办公厅	关于推荐清洁生产审核创新试点项目的通知
2022 年 5 月 7 日	农业农村部、国家发展改革委	农业农村减排固碳实施方案
2022 年 5 月 10 日	国家发展改革委等 6 部门	煤炭清洁高效利用重点领域标杆水平和基准水平(2022 年版)
2022 年 5 月 25 日	财政部	关于印发财政支持做好碳达峰碳中和工作的意见的通知
2022 年 6 月 7 日	生态环境部办公厅	关于高效统筹疫情防控和经济社会发展 调整 2022 年企业温室气体排放报告管理相关重点工作任务的通知
2022 年 6 月 8 日	工业和信息化部等 5 部门	关于推动轻工业高质量发展的指导意见
2022 年 6 月 10 日	生态环境部等 7 部门	减污降碳协同增效实施方案
2022 年 6 月 23 日	工业和信息化部等 6 部门	工业能效提升行动计划

续表

成文或发布时间	发布机构	政策名称
	各部委	
2022 年 7 月 6 日	国家市场监管总局等 16 部门	贯彻实施《国家标准化发展纲要》行动计划
2022 年 7 月 7 日	工业和信息化部、国家发展改革委、生态环境部	工业领域碳达峰实施方案
2022 年 7 月 21 日	国家标准化管理委员会	关于下达 2022 年碳达峰碳中和国家标准专项计划及相关标准外文版计划的通知
2022 年 8 月 17 日	工业和信息化部办公厅、国家市场监督管理总局办公厅、国家能源局综合司	关于促进光伏产业链供应链协同发展的通知
2022 年 8 月 18 日	科技部等 9 部门	科技支撑碳达峰碳中和实施方案(2022—2030 年)
2022 年 8 月 19 日	国家发展改革委、国家统计局、生态环境部	关于加快建立统一规范的碳排放统计核算体系实施方案
2022 年 8 月 22 日	工业和信息化部等 7 部门	信息通信行业绿色低碳发展行动计划(2022—2025 年)
2022 年 8 月 24 日	工业和信息化部等 5 部门	加快电力装备绿色低碳创新发展行动计划
2022 年 9 月 19 日	生态环境部办公厅	关于开展 2022 年绿色低碳系列典型征集活动的通知
2022 年 9 月 26 日	自然资源部	海洋碳汇核算方法
2022 年 10 月 18 日	国家市场监管总局、国家发展改革委等 9 部门	建立健全碳达峰碳中和标准计量体系实施方案
2022 年 11 月 2 日	工业和信息化部等 4 部门	建材行业碳达峰实施方案
2022 年 11 月 10 日	工业和信息化部等 3 部门	有色金属行业碳达峰实施方案
2022 年 11 月 29 日	工业和信息化部	国家工业和信息化领域节能技术装备推荐目录(2022 年版)
2022 年 12 月 13 日	生态环境部办公厅、国家发展改革委办公厅	关于同意实施第一批清洁生产审核创新试点项目的通知
2022 年 12 月 21 日	生态环境部办公厅	企业温室气体排放核算与报告指南　发电设施
2022 年 12 月 21 日	生态环境部办公厅	企业温室气体排放核查技术指南　发电设施
2022 年 12 月 21 日	生态环境部办公厅	国家重点推广的低碳技术目录(第四批)
2023 年 1 月 3 日	工业和信息化部等 6 部门	关于推动能源电子产业发展的指导意见
2023 年 1 月 9 日	生态环境部办公厅、国家发展改革委办公厅、工业和信息化部办公厅	国家清洁生产先进技术目录(2022)
2023 年 1 月 30 日	工业和信息化部等 8 部门	关于组织开展公共领域车辆全面电动化先行区试点工作的通知
2023 年 2 月 4 日	生态环境部办公厅	关于做好 2023—2025 年发电行业企业温室气体排放报告管理有关工作的通知
2023 年 3 月 3 日	生态环境部办公厅、国家发展改革委办公厅	关于推荐第二批清洁生产审核创新试点项目的通知
2023 年 3 月 9 日	工业和信息化部等 6 部门	关于开展 2023 年绿色建材下乡活动的通知
2023 年 3 月 13 日	生态环境部	关于做好 2021、2022 年度全国碳排放权交易配额分配相关工作的通知

成文或发布时间	发布机构	政策名称
各部委		
2023 年 3 月 27 日	生态环境部办公厅	关于公开征集温室气体自愿减排项目方法学建议的函
2023 年 4 月 1 日	国家标准委等 11 部门	关于印发碳达峰碳中和标准体系建设指南的通知
2023 年 4 月 14 日	工业和信息化部等 3 部门	关于推动铸造和锻压行业高质量发展的指导意见
2023 年 6 月 29 日	工业和信息化部等 5 部门	关于修改《乘用车企业平均燃料消耗量与新能源汽车积分并行管理办法》的决定
2023 年 7 月 17 日	生态环境部办公厅	关于全国碳排放权交易市场 2021、2022 年度碳排放配额清缴相关工作的通知
2023 年 8 月 4 日	生态环境部办公厅、国家发展改革委办公厅	关于同意实施第二批清洁生产审核创新试点项目的通知
2023 年 8 月 9 日	工业和信息化部	电力装备行业稳增长工作方案(2023—2024 年)
2023 年 10 月 18 日	生态环境部办公厅	关于做好 2023—2025 年部分重点行业企业温室气体排放报告与核查工作的通知
2023 年 10 月 19 日	生态环境部、国家市场监管总局	温室气体自愿减排交易管理办法(试行)
2023 年 10 月 20 日	国家发改委	国家碳达峰试点建设方案
2023 年 10 月 24 日	生态环境部办公厅	关于印发《温室气体自愿减排项目方法学 造林碳汇(CCER—14—001—V01)》等 4 项方法学的通知
2023 年 11 月 7 日	生态环境部等 11 部门	甲烷排放控制行动方案
2023 年 11 月 13 日	国家发展改革委等 5 部门	关于加快建立产品碳足迹管理体系的意见
2024 年 2 月 4 日	工业和信息化部办公厅	工业领域碳达峰碳中和标准体系建设指南
2024 年 3 月 12 日	国家发展改革委、住房城乡建设部	加快推动建筑领域节能降碳工作方案
2024 年 5 月 22 日	生态环境部等 15 部门	关于印发《关于建立碳足迹管理体系的实施方案》的通知
2024 年 7 月 14 日	国家发改委、国家市场监管总局、生态环境部	关于进一步强化碳达峰碳中和标准计量体系建设行动方案(2024—2025 年)
2024 年 10 月 8 日	国家发改委等 8 部门	关于印发《完善碳排放统计核算体系工作方案》的通知
2024 年 10 月 8 日	工业和信息化部	关于印发《印染行业绿色低碳发展技术指南(2024 版)》的通知
2024 年 10 月 25 日	国家机关事务管理局、国家发展改革委	关于规范中央国家机关节能降碳项目管理工作的通知
2024 年 12 月 28 日	生态环境部等 5 部门	关于印发《产品碳足迹核算标准编制工作指引》的通知
2024 年 12 月 30 日	工业和信息化部办公厅、国家发展改革委办公厅、国家能源局综合司	关于印发《加快工业领域清洁低碳氢应用实施方案》的通知
2025 年 1 月 15 日	工业和信息化部等 4 部门	关于公布工业产品碳足迹核算规则团体标准推荐清单(第一批)的通告
2025 年 3 月 7 日	工业和信息化部办公厅	关于印发《工业企业和园区数字化能碳管理中心建设指南》的通知
2025 年 3 月 17 日	国家认监委	关于发布产品碳足迹标识认证通用实施规则(试行)的公告

附表 2　重点行业碳排放量核算标准规范清单

行业类别	标准号	标准规范
通用标准	—	省级温室气体清单编制指南(试行)
	—	2006 年 IPCC 国家温室气体清单指南
能源行业	—	中国石油天然气生产企业温室气体排放核算方法与报告指南(试行)
	—	中国煤炭生产企业温室气体排放核算方法与报告指南(试行)
	—	中国发电企业温室气体排放核算方法与报告指南(试行)
	—	中国电网企业温室气体排放核算方法与报告指南(试行)
	GB/T 32151.11—2018	温室气体排放核算与报告要求　第 11 部分:煤炭生产企业
	GB/T 32151.2—2015	温室气体排放核算与报告要求　第 2 部分:电网企业
	GB/T 32151.1—2015	温室气体排放核算与报告要求　第 1 部分:发电企业
石油化工行业	GB/T 32150—2015	工业企业温室气体排放核算和报告通则
	GB/T 32151.10—2023	碳排放核算与报告要求　第 10 部分:化工生产企业
	—	中国化工生产企业温室气体排放核算方法与报告指南(试行)
	—	中国石油化工企业温室气体排放核算方法与报告指南(试行)
	—	中国独立焦化企业温室气体排放核算方法与报告指南(试行)
	—	中国镁冶炼企业温室气体排放核算方法与报告指南(试行)
	—	中国电解铝生产企业温室气体排放核算方法与报告指南(试行)
	—	氟化工企业温室气体排放核算方法与报告指南(试行)
	—	工业其他行业企业温室气体排放核算方法与报告指南(试行)
钢铁行业	GB/T 32150—2015	工业企业温室气体排放核算和报告通则
	GB/T 33755—2017	基于项目的温室气体减排量评估技术规范 钢铁行业余能利用
	GB/T 32151.5—2015	温室气体排放核算与报告要求　第 5 部分:钢铁生产企业
	—	中国钢铁生产企业温室气体排放核算方法与报告指南(试行)
建材行业	GB/T 33756—2017	基于项目的温室气体减排量评估技术规范　生产水泥熟料的原料替代项目
	GB/T 32151.7—2023	碳排放核算与报告要求　第 7 部分:平板玻璃生产企业
	GB/T 32151.8—2023	碳排放核算与报告要求　第 8 部分:水泥生产企业
	GB/T 32151.9—2023	碳排放核算与报告要求　第 9 部分:陶瓷生产企业
	—	中国陶瓷生产企业温室气体排放核算方法与报告指南(试行)
	—	中国平板玻璃生产企业温室气体排放核算方法与报告指南(试行)
	—	中国水泥生产企业温室气体排放核算方法与报告指南(试行)
有色金属行业	GB/T 32150—2015	工业企业温室气体排放核算和报告通则
	GB/T 32151.3—2015	温室气体排放核算与报告要求　第 3 部分:镁冶炼企业
	GB/T 32151.4—2015	温室气体排放核算与报告要求　第 4 部分:铝冶炼企业
	—	其他有色金属冶炼和压延加工业企业温室气体排放核算方法与报告指南(试行)
	GB/T 32150—2015	工业企业温室气体排放核算和报告通则
交通行业	—	陆上交通运输企业温室气体排放核算方法与报告指南(试行)

行业类别	标准号	标准规范
建筑行业	GB/T 51366—2019	建筑碳排放计算标准
农业	DB11/T 1561—2018	农业有机废弃物(畜禽粪便)循环利用项目碳减排量核算指南
	T/ZGCERIS 00013—2018	农业企业(组织)温室气体排放核算和报告通则
	DB11/T 1564—2018	种植农产品温室气体排放核算指南
	DB11/T 1565—2018	畜牧产品温室气体排放核算指南

附表3　报告主体温室气体排放量计算公式汇总

类型	计算公式	物理量含义
燃料燃烧排放	$E_{燃烧} = \sum_i E_{燃烧i}$	$E_{燃烧}$——燃料燃烧产生的温室气体排放量总和,以二氧化碳当量计,t; $E_{燃烧i}$——第i种燃料燃烧产生的温室气体排放,以二氧化碳当量计,t
过程排放	$E_{过程} = \sum_i E_{过程i}$	$E_{过程i}$——第i个过程产生的温室气体排放,以二氧化碳当量计,t
购入的电力、热力产生的排放	$E_{购入电} = AD_{购入电} \times EF_{电} \times GWP$ $E_{购入热} = AD_{购入热} \times EF_{热} \times GWP$	$E_{购入电}$——购入的电力所产生的二氧化碳排放,t; $AD_{购入电}$——购入的电力量,MW·h; $EF_{电}$——电力产生排放因子,t/(MW·h); $E_{购入热}$——购入的热力所产生的二氧化碳排放,t; $AD_{购入热}$——购入的热力量,GJ; $EF_{热}$——热力产生排放因子,t/GJ; GWP——全球增温潜能值,数值可参考政府间气候变化专门委员会(IPCC)提供的数据
输出的电力、热力产生的排放	$E_{输出电} = AD_{输出电} \times EF_{电} \times GWP$ $E_{输出热} = AD_{输出热} \times EF_{热} \times GWP$	$E_{输出电}$——输出的电力所产生的二氧化碳排放,t; $AD_{输出电}$——输出的电力量,MW·h; $EF_{电}$——电力产生排放因子,t/(MW·h); $E_{输出热}$——输出的热力所产生的二氧化碳排放,t; $AD_{输出热}$——输出的热力量,GJ; $EF_{热}$——热力产生排放因子,t/GJ; GWP——全球增温潜能值,数值可参考IPCC提供的数据
温室气体排放总量	$E = E_{燃烧} + E_{过程} + E_{购入电} - E_{输出电}$ $+ E_{购入热} - E_{输出热} - E_{回收利用}$	E——温室气体排放总量,以二氧化碳当量计,t; $E_{燃烧}$——燃料燃烧产生的温室气体排放量总和,以二氧化碳当量计,t; $E_{过程}$——过程温室气体排放量总和,以二氧化碳当量计,t; $E_{购入电}$——购入的电力所产生的二氧化碳排放,t; $E_{输出电}$——输出的电力所产生的二氧化碳排放,t; $E_{购入热}$——购入的热力所产生的二氧化碳排放,t; $E_{输出热}$——输出的热力所产生的二氧化碳排放,t; $E_{回收利用}$——燃料燃烧、工艺过程产生的温室气体经回收作为生产原料自用或作为产品外供所对应的温室气体排放量,t

附表 4　企业净购入热、蒸汽消费量计算公式

类型	计算公式	参数解释
热水	$AD_{热水} = M_w \times (T_w - 20) \times 4.1868 \times 10^{-3}$	$AD_{热水}$ 为热水的热量，GJ； M_w 为热水的质量，t； T_w 为热水的温度，℃； 4.1868 为水在常温常压下的比热容，kJ/(kg·℃)
蒸汽	$AD_{蒸汽} = M \times (E - 83.74) \times 10^{-3}$	$AD_{蒸汽}$ 为蒸汽的热量，GJ； M 为蒸汽的质量，t； E 为蒸汽所对应的温度、压力下每千克干蒸汽的热焓，kJ/kg。 饱和蒸汽和过热蒸汽的热焓可分别查阅《中国石油化工企业温室气体排放核算方法与报告指南（试行）》附录二表2.2和表2.3

附表 5　工业生产过程不同装置 CO₂ 排放量计算公式汇总

序号	装置类型	计算公式	参数解释	数据监测与获取
1	催化裂化装置	$E_{CO_2烧焦} = \sum\limits_{j=1}^{N} \left(MC_j \times CF_j \times OF \times \dfrac{44}{12} \right)$	$E_{CO_2烧焦}$ 为催化裂化装置烧焦生产的 CO₂ 年排放量，t； j 为催化裂化装置序号； MC_j 为第 j 套催化裂化装置烧焦量，t； CF_j 为第 j 套催化裂化装置催化剂结焦的平均含碳量，t/t； OF 为烧焦过程中的碳氧化率	烧焦量 MC_j 按企业生产原始记录或统计台账获取； 焦层的含碳量 CF_j 优先推荐采用企业实测数据，如无实测数据可默认认焦炭含量为 100%； 烧焦设备的碳氧化率 OF 取可缺省值 0.98
		由专门进行催化剂再生或回收的企业进行催化剂烧焦	不计入报告主体的工业生产过程 CO₂ 排放	
		由企业自身进行催化剂再生过程且采用连续烧焦方式	参考催化裂化装置连续烧焦排放计算公式	
2	催化重整装置	由企业自身进行催化重整装置再生过程采用间歇烧焦方式 $E_{CO_2烧焦} = \sum\limits_{j=1}^{N} \left[MC_j \times (1 - CF_{前,j}) \times \left(\dfrac{CF_{后,j}}{1 - CF_{后,j}} - \dfrac{CF_{前,j}}{1 - CF_{前,j}} \right) \right] \times \dfrac{44}{12}$	$E_{CO_2烧焦}$ 为催化剂间歇催化重整装置在整个报告期内存再生烧焦再生导致的 CO₂ 排放量，t； j 为催化重整装置序号； MC_j 为第 j 套催化重整装置再生的催化剂量，t； $CF_{前,j}$ 为第 j 套催化重整装置再生前催化剂上的含碳量，%； $CF_{后,j}$ 为第 j 套催化重整装置再生后催化剂上的含碳量，%	MC_j 根据生产记录获取，企业应在每次烧焦过程中实测催化剂烧焦前及烧焦后的含碳量 $CF_{前,j}$ 及 $CF_{后,j}$；烧焦后的碳氧化率 OF 取可缺省值 0.98

续表

序号	装置类型	计算公式	参数解释	数据监测与获取
3	其他生产装置	连续烧焦过程目发生在企业内部	参考催化裂化装置连续烧焦排放计算公式	
	催化剂烧焦再生	同歇烧焦再生过程目发生在企业内部	参考催化重整装置连续烧焦排放计算公式	
4	制氢装置	$$E_{CO_2制氢} = \sum_{j=1}^{N}[AD_r \times CC_r - (Q_{sg} \times CC_{sg} + Q_w \times CC_w)] \times \frac{44}{12}$$	$E_{CO_2制氢}$ 为制氢装置产生的 CO_2 排放量,t; j 为制氢装置序号; AD_r 为第 j 个制氢装置原料 r 的投入量,t; CC_r 为第 j 个制氢装置原料 r 的平均含碳量,t/t; Q_{sg} 为第 j 个制氢装置产生的合成气的量,t/$10^4\,m^3$; CC_{sg} 为第 j 个制氢装置产生的合成气的含碳量,t/t; Q_w 为第 j 个制氢装置产生的含碳废弃物 w 的量,t; CC_w 为第 j 个制氢装置产生的含碳废弃物 w 的含碳量,t/t	原料投入量 AD_r,合成气产生量 Q_{sg} 及残产生量 Q_{sg} 根据企业生产记录获得,合成气含碳量 CC_r,合成气含碳量 CC_{sg} 及原料的含碳量 CC_{sg} 采用企业实测数据
5	焦化装置	延迟焦化装置	不计算工业生产过程排放	
		流化焦化装置	参考催化裂化装置连续烧焦排放计算公式	
		灵活焦化装置	不计算工业生产过程排放	
6	石油焦煅烧装置	$$E_{CO_2煅烧} = \sum_{j=1}^{N}[M_{RC,j} \times CC_{RC,j} - (M_{PC,j} + M_{ds,j}) \times CC_{PC,j}] \times \frac{44}{12}$$	$E_{CO_2煅烧}$ 为石油焦煅烧装置 CO_2 排放量,t; j 为石油焦煅烧装置序号; $M_{RC,j}$ 为进入第 j 套石油焦煅烧装置的生焦的质量,t; $CC_{RC,j}$ 为进入第 j 套石油焦煅烧装置产生的生焦的平均含碳量,t/t; $M_{PC,j}$ 为第 j 套石油焦煅烧装置产出的石油焦成品的质量,t; $M_{ds,j}$ 为第 j 套石油焦煅烧装置的粉尘收集系统收集的石油焦成品的质量,t; $CC_{PC,j}$ 为第 j 套石油焦煅烧装置产出的石油焦成品的平均含碳量,t/t	进入第 j 套石油焦煅烧装置的生焦的质量 $M_{RC,j}$,石油焦成品质量 $M_{PC,j}$ 根据企业台账记录获得,石油焦粉尘质量 $M_{ds,j}$ 及 $CC_{RC,j}$ 及 $CC_{PC,j}$ 采用企业实测数据
7	氧化沥青装置	$$E_{CO_2沥青} = \sum_{j=1}^{N}(M_{oa,j} \times EF_{oa,j})$$	$E_{CO_2沥青}$ 为氧化沥青装置 CO_2 年排放量,t; j 为氧化沥青装置序号; $M_{oa,j}$ 为第 j 套氧化沥青装置的氧化沥青产量,t; $EF_{oa,j}$ 为第 j 套氧化沥青装置沥青氧化过程的 CO_2 排放系数,t/t	$M_{oa,j}$ 根据企业生产记录或企业台账记录获取,沥青氧化过程 CO_2 排放系数应优先采用企业实测值,无实测条件的企业可取缺省值 0.03 t/t

续表

序号	装置类型	计算公式	参数解释	数据监测与获取
8	乙烯裂解装置	$$E_{CO_2 裂解} = \sum_{j=1}^{N} \left[Q_{wg,j} \times T_j \times (C_{CO_2,j} + C_{CO,j}) \times 19.7 \times 10^{-4} \right]$$	$E_{CO_2 裂解}$ 为乙烯裂解装置炉管烧焦产生的 CO_2 排放,t/a; j 为乙烯裂解装置序号,$j=1,2,3,\cdots,N$; $Q_{wg,j}$ 为第 j 套乙烯裂解装置的炉管烧焦尾气平均流量,需折算成标准状况下气体体积,m^3/h; T_j 为第 j 套乙烯裂解装置的年累计烧焦时间,h/a; $C_{CO_2,j}$ 为第 j 套乙烯裂解装置炉管烧焦尾气中 CO_2 的体积分数,%; $C_{CO,j}$ 为第 j 套乙烯裂解装置炉管烧焦尾气中 CO 的体积分数,%	$Q_{wg,j}$ 需根据尾气监测气体流量计获取,尾气中 CO_2 及 CO 浓度根据尾气监测系统气体成分分析仪获取,第 j 套乙烯裂解装置的烧焦时间 T_j 根据原始生产记录获取
9	乙二醇/环氧乙烷生产装置	$$E_{CO_2 乙二醇} = \sum_{j=1}^{N} \left[(RE_j \times REC_j - EO_j \times EOC_j) \times \frac{44}{12} \right]$$	$E_{CO_2 乙二醇}$ 为乙二醇生产装置 CO_2 排放量,t; j 为企业乙二醇生产装置序号,$j=1,2,3,\cdots,N$; RE_j 为第 j 套乙二醇生产装置乙烯原料用量,t; REC_j 为第 j 套乙二醇生产装置乙烯原料的含碳量,t/t; EO_j 为第 j 套乙二醇生产装置环氧乙烷产品产量,t; EOC_j 为第 j 套乙二醇生产装置环氧乙烷的含碳量,t/t	RE_j 及产品产量 EO,根据企业原始生产记录或企业台账记录获取。乙烯原料、环氧乙烷产品的含碳量可以根据各组分物质成分及纯度以及每种物质的化学式和碳原子的数目取得,企业定期检测和记录原料和产品的纯度
10	其他产品生产装置	$$E_{CO_2 其他} = \left\{ \left[\sum_r (AD_r \times CC_r) \right] - \left[\sum_p (Y_p \times CC_p) + \sum_w (Q_w \times CC_w) \right] \right\} \times \frac{44}{12}$$	$E_{CO_2 其他}$ 为某个其他产品生产装置 CO_2 排放量,t; AD_r 为该装置产品 r 的投入量,对固体或液体原料以 t 为单位,对气体原料以 $10^4 m^3$ 为单位; CC_r 为原料 r 的含碳量,对固体或液体原料以 t/t 为单位,对气体原料以 $t/10^4 m^3$ 为单位; Y_p 为该装置产出的产品 p 的产量,对固体或液体产品以 t 为单位,对气体产品以 $10^4 m^3$ 为单位; CC_p 为产品 p 的含碳量,对固体或液体产品以 t/t 为单位,对气体产品以 $t/10^4 m^3$ 为单位; Q_w 为该装置产出含碳废弃物 w 的量,t; CC_w 为含碳废弃物 w 的含碳量,t/t	其他产品生产装置的原料投入量、产品产出量,废弃物产出量,应自行或根据各专业机构定期检测各种原料和产品的质量。其中,对液体或气体的含碳量,企业可每周取一次样,对所有样本所代表的活动水平数进行加权平均;对气体数可根据定期检测气体组分,并根据每种气体中碳原子的体积分数及组分中碳原子的数目按化学式计算得到。无实测条件的企业,对气体纯物质可基于化学式及碳原子的数目,分子量计算;对其他物质可参考行业标准或相关文献值

附表6 不同工况下石油化工行业火炬燃烧碳排放计算公式

类型	计算公式	参数解释	数据的监测与获取
正常工况下火炬气燃烧	$$E_{CO_2正常火炬} = \sum_i \left[Q_{正常火炬i} \times \left(CC_{非CO_2i} \times \frac{44}{12} + V_{CO_2} \times 19.7 \right) \times OF_i \right]$$	i 为火炬系统序号； $Q_{正常火炬i}$ 为正常工况下第 i 号火炬系统的火炬气流量，$10^4\,m^3$； $CC_{非CO_2i}$ 为火炬气中除 CO_2 外其他含碳化合物的总含碳量，$t/10^4\,m^3$； OF_i 为第 i 号火炬系统的碳氧化率，如无实测数据可取缺省值 0.98； V_{CO_2} 为火炬气中 CO_2 的体积浓度，%； $44/12$ 为碳转化为 CO_2 的系数； 19.7 为 CO_2 气体在标准状况下的密度，$t/10^4\,m^3$	$Q_{正常火炬i}$ 可根据流量监测系统、工程计算或类似估算方法获得； V_{CO_2} 可根据火炬气体组分分析仪或火炬气来源获取； $CC_{非CO_2}$ 可依据公式计算： $$CC_{非CO_2} = \sum_n \left(\frac{12 \times V_n \times CN_n \times 10}{22.4} \right)$$ 式中，n 为火炬气的各种气体组分，CO_2 除外； $CC_{非CO_2}$ 为火炬气中除 CO_2 外其他含碳化合物的总含碳量，$t/10^4\,m^3$； V_n 为火炬气中除 CO_2 外的第 n 种含碳化合物（包括一氧化碳）的体积浓度，%； CN_n 为火炬气中第 n 种含碳化合物（包括一氧化碳）化学分子式中的碳原子数目
由于事故导致的火炬气燃烧	$$E_{CO_2事故火炬} = \sum_j \left[GF_{事故,j} \times T_{事故,j} \times CN_{n,j} \times \frac{44}{22.4} \times 10 \right]$$	j 为事故次数； $GF_{事故,j}$ 为报告期内第 j 次事故时的平均火炬气流速度，$10^4\,m^3/h$； $T_{事故,j}$ 为报告期内第 j 次事故的持续时间，h； $CN_{n,j}$ 为第 j 次事故气体摩尔组分的平均碳原子数目； 22.4 为标准状况下 $1mol$ 理想气体的体积，L/mol； 44 为 CO_2 的摩尔质量，g/mol	$T_{事故,j}$ 及 $GF_{事故,j}$ 应参考事故调查报告取值。对石油炼制系统的事故火炬，气体组分按 C_5 计，即 $CN_{n,j}=5$；对石油化工系统的事故火炬，气体组分按 C_3 计，即 $CN_{n,j}=3$

附表 7　塑料全生命周期不同排放类型的碳排放量计算方法

参考出处	计算方法	计算公式	参数解释
第三卷 工业过程和产品使用	排放因子法	$E_{CO_{2i}} = PP_i \times EE_i \times GAF/100$	$E_{CO_{2i}}$ 为生产化工产品 i 的 CO_2 排放，t; PP_i 为化工产品 i 的年产量，t; EE_i 为化工产品 i 的 CO_2 排放因子，t/t; GAF 为地理调整因子（仅适用于乙烯生产），%
第二卷 能源活动	排放因子法	排放$_{CO_2}$ = 燃料消耗$_{燃料}$ × 排放因子$_{CO_2,燃料}$	排放$_{CO_2}$ 为化石燃料燃烧的 CO_2 排放量，kg; 燃料消耗$_{燃料}$ 为化石燃料消耗量，TJ; 排放因子$_{CO_2,燃料}$ 为化石燃料含碳率，kg CO_2/TJ;
第五卷 废弃物	基于已燃烧废弃物总量的 CO_2 排放估算	$E_{CO_2} = \sum_i (SW \times dm \times CF \times FCF \times OF) \times 44/12$	SW 为被焚烧或开放燃烧的废塑料的质量，Gg; dm 为废塑料的干物质质量含量，%; CF 为废塑料的碳含量，%; FCF 为废塑料中的化石成因碳含量，%; OF 为废塑料的碳氧化率; 44/12 为二氧化碳与碳的质量换算关系

附表 8　轮胎全生命周期不同环节温室气体排放量计算方法

环节	计算方法		参数解释
原材料调配	$E_D = \sum Q \times C_{D,r} \times (EF_{D,p} + EF_{D,t})$		E_D 为原材料调配阶段温室气体排放，以 CO_2 当量计（本表余同），kg; Q 为轮胎的质量，kg; $C_{D,r}$ 为轮胎原材料构成比，%; $EF_{D,p}$ 为原材料生产的温室气体排放系数，kg/kg; $EF_{D,t}$ 为原材料运输的温室气体排放系数，kg/kg;

环节	计算方法	参数解释
生产	$E_{P,e} = AD_e \times EF_e$ $E_{P,f} = AD_f \times EF_f$ $E_P = (E_{P,f} \times K_f + E_{P,e} \times K_e) \times Q$	$E_{P,e}$ 为生产每 kg 轮胎消耗电力能源产生的温室气体排放，kg； $E_{P,f}$ 为生产每 kg 轮胎消耗化石能源产生的温室气体排放，kg； AD_e 为电力能源的消耗量，kW·h； AD_f 为化石能源的消耗量，对干固体、液体，单位为 kg，对干气体，单位为 m³； EF_e 为电力能源的排放系数，kg/(kW·h)； EF_f 为化石能源的排放系数，对干固体、液体，单位为 kg/kg，对干气体，单位为 kg/m³； E_P 为轮胎生产阶段的温室气体排放量，kg； K_e 为不同类型轮胎的电力能源消耗系数； K_f 为不同类型轮胎的化石能源消耗系数
流通	$E_C = Q \times EF_{C,t}$	E_C 为轮胎流通阶段的温室气体排放量，kg； $EF_{C,t}$ 为轮胎流通阶段运输的温室气体排放系数，kg/kg
使用	$$E_U = \frac{L \times AD_{U,f} \times EF_{U,f} \times \gamma \times \alpha}{N}$$	E_U 为轮胎使用阶段的温室气体排放量，kg； L 为轮胎寿命，km； $AD_{U,f}$ 为车辆的耗油量，L/km； $EF_{U,f}$ 为车辆燃油的温室气体排放系数，kg/L； γ 为车辆的燃料贡献率； α 为轮胎的滚动阻力修正系数； N 为轮胎安装系数
废弃及资源化利用	回收： $Q_w = Q \times \lambda$ $E_{R,t} = Q_w \times EF_{R,t}$	$E_{R,t}$ 为旧轮胎回收过程产生的温室气体排放量，kg； $EF_{R,t}$ 为旧轮胎回收过程运输的温室气体排放系数，kg/kg； Q 为新轮胎的质量，kg； Q_w 为旧轮胎回收时的质量，kg； λ 为旧轮胎回收时的磨损率，%

环节	计算方法	参数解释
	材料再利用： $E_{R,ma}=Q_{w,ma}\times\eta\times(AD_e\times EF_e+AD_f\times EF_f)$ $E_{R,mn}=[(Q_{w,ma}-Q\times C_{D,rs})+Q_{w,ma}\times(1-\eta)]\times(EF_{R,mnt}+EF_{R,mnd})$ $ER_{R,m}=(Q_{w,ma}\times\eta\times EF_{R,mr})+(Q\times C_{D,rs}\times EF_{D,ps})$ $E_{R,m}=E_{R,t}+E_{R,ma}+E_{R,mn}-ER_{R,m}$	$E_{R,ma}$ 为旧轮胎生产橡胶粉和再生胶的温室气体排放量，kg； $Q_{w,ma}$ 为旧轮胎中可生产再生胶的橡胶主体部分质量，kg； η 为旧轮胎的橡胶转化率，%； $E_{R,mn}$ 为旧轮胎无法再利用部分进行废弃处理的温室气体排放量，kg； $Q_{w,mn}$ 为旧轮胎中所含的钢丝和线的质量，kg； $C_{D,rs}$ 为钢材在轮胎中所占的比例，%； $EF_{R,mnt}$ 为旧轮胎无法再利用部分运输的温室气体排放系数，kg/kg； $EF_{R,mnd}$ 为旧轮胎无法再利用部分处理的温室气体排放系数，kg/kg； $ER_{R,m}$ 为旧轮胎材料再利用的减排效果，kg； $EF_{R,mr}$ 为再生胶生产的温室气体排放系数，kg/kg； $EF_{D,ps}$ 为钢丝生产的温室气体排放系数，kg/kg； $E_{R,m}$ 为旧轮胎材料再利用阶段的温室气体排放量，kg
废弃及资源化利用	热能再利用： $E_{R,hb}=Q_w\times P\times\dfrac{44}{12}$ $ER_{R,h}=Q_w\times NCV_{tire}\times EF_{R,hs}\times A$ $E_{R,h}=E_{R,t}+E_{R,hb}-ER_{R,h}$	$E_{R,hb}$ 为旧轮胎燃烧产生的温室气体排放量，%； P 为旧轮胎中碳元素的含量，%； 44/12 为碳转化为 CO_2 的系数； $ER_{R,h}$ 为旧轮胎热能再利用的减排效果，kg； NCV_{tire} 为轮胎的低位发热量，MJ/kg； $EF_{R,hs}$ 为替代燃料的温室气体排放系数，kg/MJ； A 为热回收效率系数，%； $E_{R,h}$ 为旧轮胎热能再利用阶段的温室气体排放量，kg
	翻新再利用： $E_{R,rrd}=\sum[Q_{R,rr}\times C_{R,rr}\times(EF_{D,p}+EF_{D,t})]$ $E_{R,rr}=AD_t\times EF_f+AD_f\times EF_e$ $E_{R,rp}=AD_f\times EF_f+AD_e\times EF_e$ $ER_{R,r}=E_D+E_P$ $E_{R,r}=E_{R,t}+E_{R,rrd}+E_{R,rm}+E_{R,rp}-ER_{R,r}$	$E_{R,rrd}$ 为翻新胶料原材料调配过程的质量，kg； $Q_{R,rr}$ 为翻新胶料原材料的质量，kg； $C_{R,rr}$ 为翻新胶料混料原材料构成比，%； $E_{R,rm}$ 为翻新胶料混炼时的温室气体排放量，kg； $E_{R,rp}$ 为翻新轮胎生产时的温室气体排放量，kg； $ER_{R,r}$ 为翻新轮胎翻新再利用的减排效果，kg； $E_{R,r}$ 为旧轮胎翻新再利用阶段的温室气体排放量，kg

附表 9　水泥行业碳减排技术清单及预期效果

类型	技术名称	预期效果
能效提升技术	水泥窑炉用耐火材料整体提升技术	熟料烧成能耗（以标准煤计，本表余同）降低 1～3kg/t
	预热器分离效率提升及耐阻优化技术	熟料烧成综合能耗降低 1～2kg/t
	五级预热器改造低省能耗六级预热器技术	熟料烧成综合能耗降低 4～5kg/t
	分解炉自脱硝及扩容优化技术	熟料烧成综合能耗降低 1～3kg/t，减少氨用量 30%～50%
	冷却机升级换代技术（三代更换为四代）	熟料烧成综合能耗降低 1～3kg/t
	冷却机更换为中置辊破碳技术	熟料烧成综合能耗降低 0.2～0.5kg/t
	富氧燃烧技术	熟料烧成综合能耗降低 2～4kg/t
	窑头燃烧器优化改造	熟料烧成综合能耗降低 1～2kg/t
	生料易烧性和操作管理提升技术	熟料烧成综合能耗降低 1～5kg/t
	立式辊磨生料外循环技术	系统单位电耗达到 11～13kW·h/t
	辊压机生料终粉磨技术	系统单位电耗达到 10～13kW·h/t
	水泥粉磨优化提升技术	系统单位电耗达到 23～26kW·h/t
	钢渣/矿渣辊压机终粉磨技术	生产矿渣微粉时系统电耗小于 33kW·h/t
	钢渣立磨终粉磨技术	系统能耗≤40kW·h/t
	风机效率提升节能技术	风机效率达到 82%～85%，实现节能 30%～40%
	水泥工业智能化技术	实现生产线定员小于 80 人，熟料综合电耗降低 1～5 kW·h/t，标准煤耗降低 1.0～3.0kg/t
原燃料替代技术	替代燃料协同处置技术	燃料替代率 20%～60%，CO₂ 排放量降低约 10%～20%，水泥熟料生产综合能耗降低 10%～50%
	替代燃料预粉磨烧装备及技术	燃料替代率达到 50%以上，CO₂ 排放量降低约 10%～20%，水泥熟料生产综合能耗降低 10%～40%
	新能源替代技术	增加一套 1.5MW 风力发电项目，年发电量约 150×10⁴ kW·h，电力消耗减少 1kW·h/t；建设多套风力发电或者光电、垃圾焚烧发电装置，可实现水泥企业"零购电"
	电石渣替代石灰石质原料水泥熟料技术	1t 电石渣（干基）可以代替 1.23t 优质石灰石生产 1t 熟料，CO₂ 排放量降低约 40%～50%
	超细冶金渣立磨粉磨装备技术	1t 电石渣（干基）可以代替 1.23t 优质石灰石生产 1t 熟料，CO₂ 排放量降低约 40%～50%

续表

类型	技术名称	预期效果
低碳水泥技术	高贝利特硫铝酸盐（铁铝酸盐）水泥技术	降低水泥熟料烧成工艺过程 CO_2 排放量 20%~30%
	低热硅酸盐水泥与中热硅酸盐水泥及其制备技术	降低水泥熟料烧成工艺过程 CO_2 排放量 5%左右
	分级分别水泥粉磨技术	开展分级分别高效铜磨制备低碳水泥技术研究，达到相同的硅酸盐水泥强度，实现熟料系数降低 10%以上
	高岭土煅烧生产低碳水泥	开展分级分别高效铜磨制备低碳水泥技术研究，达到相同的硅酸盐水泥强度，实现熟料系数降低 10%以上
	工业副产石膏制硫酸联产水泥技术	采用工业副产石膏替代天然石灰石，CO_2 排放量降低约 50%
碳捕集封存技术	全氧燃烧低能耗碳捕集技术	单位 CO_2 能源消耗小于 1.6GJ/t
	水泥窑炉烟气捕集 CO_2 技术	单位 CO_2 能源消耗小于 3.3GJ/t

附表 10 高耗能行业重点领域能效标杆水平和基准水平（有色金属行业）

国民经济行业分类及代码			重点领域	指标名称	指标单位	标杆水平	基准水平	参考标准
大类	中类	小类						
有色金属冶炼和压延加工业（32）	常用有色金属冶炼（321）	铜冶炼（3211）	铜冶炼工艺（铜精矿—阴极铜）	单位产品综合能耗	以标准煤计，kg/t	260	380	GB 21248
			粗铜冶炼工艺（铜精矿—粗铜）			140	260	
			阳极铜工艺（铜精矿—阳极铜）			180	290	
			电解工序（阳极铜—阴极铜）			85	110	
		铝锌冶炼（3212）	粗铝工艺	单位产品综合能耗	以标准煤计，kg/t	230	300	GB 21250
			铝电解精炼工序			100	120	
			铝冶炼工艺			330	420	
			火法炼锌工艺：粗锌（精矿—粗锌）	单位产品综合能耗	以标准煤计，kg/t	1450	1620	GB 21249
			火法炼锌工艺：锌（精矿—精馏锌）			1800	2020	
			湿法炼锌工艺：电锌锭（有浸出渣火法处理工艺）（精矿—电锌锭）			1100	1280	
			湿法炼锌工艺：电锌锭（无浸出渣火法处理工艺）（精矿—电锌锭）			800	950	
			湿法炼锌工艺：电锌锭（氧化精矿—电锌锭）			800	950	
		铝冶炼（3216）	电解铝	铝液交流电耗	kW·h/t	13000	13350	GB 21346

数据来源：国家发展改革委，高耗能行业重点领域能效标杆水平和基准水平（2021 年版）。

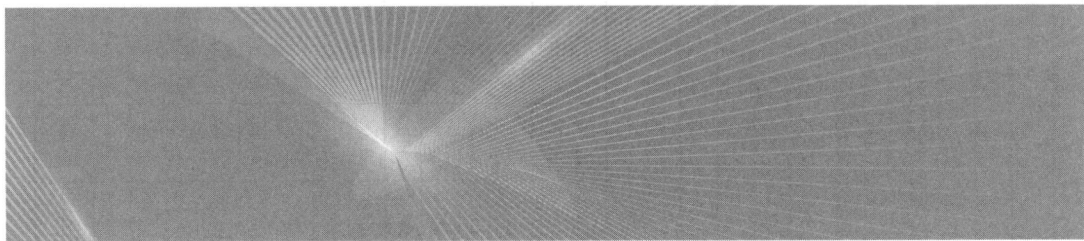

参考文献

[1] 焦丽杰.我国的碳排放现状和实现"双碳"目标的挑战[J].中国总会计师,2021(6):38-39.

[2] 霍鹏举.低阶煤的分质利用技术现状及发展前景[J].应用化工,2018,47(10):2287-2291.

[3] 邹绍辉,刘冰.碳中和背景下新型煤化工产业碳减排路径研究[J].金融与经济,2021(9):60-67.

[4] 刘臻,次东辉,方薪晖,等.基于含碳废弃物与煤共气化的碳循环概念及碳减排潜力分析[J].洁净煤技术,2022,28(2):130-136.

[5] 付鹏,徐国平,李兴华,等.我国生物质发电行业发展现状与趋势及碳减排潜力分析[J].工业安全与环保,2021,47(增刊1):48-52.

[6] 翁琳,陈剑波.光伏系统基于全生命周期碳排放量计算的环境与经济效益分析[J].上海理工大学学报,2017,39(3):282-288.

[7] 郭敏晓.风力、光伏及生物质发电的生命周期CO_2排放核算[D].北京:清华大学,2012.

[8] 吴凡.基于LCA理论的风电项目碳减排效果分析[D].北京:华北电力大学,2019.

[9] 邹才能,熊波,薛华庆,等.新能源在碳中和中的地位与作用[J].石油勘探与开发,2021,48(2):411-420.

[10] 陈怡,田川,曹颖,等.中国电力行业碳排放达峰及减排潜力分析[J].气候变化研究进展,2020,16(5):632-640.

[11] 邱波.我国再电气化发展现状及前景研究[J].中国电力企业管理,2020(16):48-52.

[12] 李玲.石化行业该如何通过碳减排大考[N].中国能源报,2021-05-03(3).

[13] 崔煜晨.石化企业为了碳中和在做啥[N].中国环境报,2021-08-26(7).

[14] 刘业业.石油炼制工业过程碳排放核算及环境影响评价[D].济南:山东大学,2020.

[15] 彭晨凤.碳中和政策对石化企业的影响[J].当代化工研究,2021(14):181-182.

[16] 薛华.全国碳市场对我国石油石化企业的机遇与挑战[N].中国石油报,2021-07-27(6).

[17] 窦守花,闫卫林.石油化工企业节能减排的现状及对策[J].当代化工研究,2021(8):95-96.

[18] 王红秋,雪晶,宋倩倩,等.我国石化行业低碳发展面临的形势[N].中国石油报,2021-07-20(6).

[19] 范媛媛.我国石化产业发展趋势初探[J].产业创新研究,2021(14):7-9.

[20] 2019年中国石油和化学工业经济运行报告[J].现代化工,2020,40(3):230-232.

[21] An R,Yu B,Li R,et al. Potential of energy savings and CO_2 emission reduction in China's iron and steel industry[J]. Applied Energy,2018,226(15):862-880.

[22] 袁晓玲,郗继宏,李朝鹏,等.中国工业部门碳排放峰值预测及减排潜力研究[J].统计与信息论坛,2020,35(9):72-82.

[23] 李宏剑.炼钢全流程降低钢铁料消耗的实践攻关[J].冶金管理,2020(17):7-8.

[24] 禹露.能源精细化管理在钢铁行业中的应用[J].冶金动力,2019(3):8-11.

[25] 苏亚红.钢铁行业应对"双碳"的挑战及措施分析 [N].中国冶金报,2021-10-13 (1).

[26] 王辉,栾维新,杨玉洁.我国钢铁工业沿海布局趋势分析 [J].海洋环境科学,2014,33 (3):
477-481.

[27] 崔源声,田桂萍,屈交胜,等.中国水泥工业的现状与未来 [N].中国建材报,2019-03-15 (4).

[28] 徐万里.水泥工业节能减排的现状及思考 [J].绿色环保建材,2018 (11):14-15.

[29] 刘昊.水泥工业碳减排路径分析 [J].水泥工程,2021 (5):1-3,21.

[30] 张冬梅.浅析建筑材料石灰的性能及应用 [J].四川水泥,2021 (7):105-106.

[31] 中国建筑材料工业碳排放报告(2020年度)[J].石材,2021 (5):3-5,54.

[32] 王彦静,刘宇,崔素萍,等.我国建筑陶瓷行业碳排放及减排潜力分析 [J].材料导报,2018,32
(22):3967-3972.

[33] 谭婕婕,罗安仲,田小风.现代城市建筑中新型墙体材料的运用探究 [J].广西城镇建设,2021
(5):45-47.

[34] 严玉廷,刘晶茹,丁宁,等.中国平板玻璃生产碳排放研究 [J].环境科学学报,2017,37 (8):
3213-3219.

[35] 付立娟,杨勇,卢静华.水泥工业碳达峰与碳中和前景分析 [J].中国建材科技,2021,30 (4):
80-84.

[36] 郭夏清.中美英绿色建筑评价标准比较与应用研究 [D].广州:华南理工大学,2017.

[37] 胡会贤.浅析当前我国新型建筑材料行业的发展状况及发展展望 [C] //建筑科技与管理学术交流
会论文集.[出版者不详],2012:129,131.

[38] 康永,王坤.也谈"十三五"期间建筑卫生陶瓷行业改革方向及发展目标 [J].陶瓷,2018 (10):
18-27.

[39] 唐黎标.试论陶瓷行业的未来发展趋势 [J].陶瓷,2018 (9):14-16.

[40] 侯芹芹,崔新悦,宋子立,等."碳达峰"背景下的"碳中和"措施研究分析 [J].当代化工,
2021,50 (11):2727-2730,2736.

[41] 黄志凌.深刻理解碳达峰、碳中和背景下的能源行业趋势 [N].中国经济时报,2021-11-05 (3).

[42] 王晓芳,苏桂军,杨洪儒.建筑卫生陶瓷产业低碳化发展的途径 [C] //中国建材工业经济研究会.
中国建材产业转型升级创新发展研究论文集.北京:中国建材工业出版社,2013:222-228.

[43] Zhang L,Long R,Chen H,et al.A review of China's road traffic carbon emissions [J].Journal of
Cleaner Production,2019,207:569-581.

[44] 张诗青,王建伟,郑文龙.中国交通运输碳排放及影响因素时空差异分析 [J].环境科学学报,
2017,37 (12):4787-4797.

[45] 杨加猛,万文娟.省域交通运输业碳排放核算及其减排情景分析 [J].公路,2017,62 (11):
155-159.

[46] 欧阳斌,凤振华,李忠奎,等.交通运输能耗与碳排放测算评价方法及应用:以江苏省为例 [J].
软科学,2015,29 (1):139-144.

[47] 李利军,姚国君.京津冀公铁货运碳排放测算研究 [J].铁道运输与经济,2021,43 (11):
126-132.

[48] 魏茂苏,万晓跃,张曦.水上运输企业碳排放量化方法研究 [J].中国船检,2016 (5):98-101.

[49] 王勇,李红昌,郭雪萌,等.我国铁路运营二氧化碳排放影响因素研究 [J].铁道学报,2021,43
(6):189-195.

[50] 汪莹,高佳钰,雷雨轩.我国铁路运营碳排放影响因素研究 [J].铁道学报,2020,42 (4):7-16.

[51] Lin Y,Qin Y,Wu J,et al.Impact of high-speed rail on road traffic and greenhouse gas emissions [J].
Nature Climate Change,2022,12 (3):297.

[52] 石钰婷.航空运输碳排放演变特征及驱动因素研究 [D].南京:南京航空航天大学,2020.

[53] 于敬磊，周玲玲，胡华清．中国民航碳排放的历史特征及未来趋势预测［J］．中外能源，2018，23
　　　（8）：10-15.

[54] 朱佳琳，胡荣，张军峰，等．中国航空器碳排放测算与演化特征研究［J］．武汉理工大学学报（交
　　　通科学与工程版），2020，44（3）：558-563.

[55] 郭继孚．推动城市交通碳达峰、碳中和的对策与建议［J］．可持续发展经济导刊，2021（3）：
　　　22-23.

[56] 陆化普．智能交通系统主要技术的发展［J］．科技导报，2019，37（6）：27-35.

[57] 王明建，夏申琳，潘恒沛．汽车轻量化技术现状及展望［J］．汽车工艺师，2016（7）：56-59.

[58] 孙峰．我国绿色船舶发展展望［J］．船海工程，2019，48（3）：1-4，9.

[59] 袁志逸，李振宇，康利平，等．中国交通部门低碳排放措施和路径研究综述［J］．气候变化研究进
　　　展，2021，17（1）：27-35.

[60] 刘建国，朱跃中，田智宇．"碳中和"目标下我国交通脱碳路径研究［J］．中国能源，2021，43
　　　（5）：6-12，37.

[61] 郭大鹏．市政工程施工现场管理存在的不足及其应对策略［J］．住宅与房地产，2019（34）：130.

[62] 万建站．建筑施工管理中存在的问题及措施探讨［J］．中国住宅设施，2019（11）：80-81.

[63] 宋皇生．建筑工程管理中的施工现场管理与优化措施［J］．江西建材，2019（9）：215，217.

[64] 董艳霞．建筑市场管理的现状和思考［J］．城市建设理论研究（电子版），2013（11）：1-5.

[65] 娄世平．建筑市场管理的现状与思考［J］．咸宁学院学报，2005（4）：147-148.

[66] 王孟钧，邓铁军，朱高明．建筑市场管理的自组织理论及其实现［J］．湖南大学学报（自然科学
　　　版），2001（4）：121-126.

[67] 杨海山，任宏．投资主体多元化下之建筑市场管理-现状与完善［J］．重庆建筑大学学报，1998
　　　（5）：39-46.

[68] 叶少帅．建筑施工过程碳排计算模型研究［J］．建筑经济，2012（4）：100-103.

[69] 龙惟定，张改景，梁浩，等．低碳建筑的评价指标初探［J］．暖通空调，2010，40（3）：6-11.

[70] Jiang P，Tovey K. Overcoming barriers to implementation of carbon reduction strategies in large com-
　　　mercial buildings in China［J］. Building and Environment，2010，45（4）：856-864.

[71] 樊颖，吕鹏，陈恺文，等．高校宿舍碳排放现状调查与减排方案设计：以东南大学九龙湖校区为背
　　　景［J］．黑龙江：工程管理学报，2012（4）：56-60.

[72] 胡文发，郭淑婷．中国住宅建筑使用阶段碳排放的因素分解实证［J］．同济大学学报（自然科学
　　　版），2012，40（6）：960-964.

[73] 万惠文，水中和，林宗寿．再生混凝土的环境评价［J］．武汉理工大学学报．2003（4）：17-20.

[74] 丁志坤，伊桂珍，黄腾跃．建筑废弃物减量化管理环境效益评估模型研究［J］．防灾减灾工程学报．
　　　2016（1）：99-106.

[75] 王地春，张智慧，刘睿劼，等．建筑固体废弃物治理全生命周期环境影响评价：以废旧粘土砖为例
　　　［J］．工程管理学报．2013（4）：1-5.

[76] 魏秀萍，赖芨宇，李晓娟．施工阶段住宅工程机电耗能的碳排放计算［J］．北华大学学报（自然科
　　　学版），2013，14（4）：484-487.

[77] 李兵，李云霞，吴斌，等．建筑施工碳排放测算模型研究［J］．土木建筑工程信息技术，2011，3
　　　（2）：5-10.

[78] 李小冬，王帅，张智慧，等．施工阶段环境影响定量评价方法［J］．清华大学学报，2009，49（9）：
　　　52-55.

[79] 廖忠勇，王东，肖毅，等．低碳装饰装修工程及评价体系的研究［J］．施工技术，2011，40（增刊
　　　1）：372-375.

[80] 周红波．低碳施工的影响因素与控制措施研究［J］．建筑经济，2011（2）：5-8.

[81] 邓郊．低碳约束下施工设备的选择决策模型研究［D］．大连：大连理工大学，2011．

[82] 孙祎．我国农业产业政策价值分析［D］．昆明：云南大学，2019．

[83] 姬翠梅．促进我国生态农业发展的重要意义、政策基础与制度展望［J］．农业经济，2021（5）：15-16．

[84] 刘明明，雷锦锋．我国农业实现碳中和的法制保障研究［J］．广西社会科学，2021（9）：30-38．

[85] 曹伟平，宋健，丰硕．科学认识农业转基因技术［J］．现代农村科技，2021（11）：115-117．

[86] 林敏．农业生物育种技术的发展历程及产业化对策［J］．生物技术进展，2021，11（4）：405-417．

[87] 闫明明．物联网技术在现代农业发展中的应用研究［J］．中小企业管理与科技（下旬刊），2021（11）：191-193．

[88] 王同平．农业节水灌溉技术的推广及应用［J］．农业科技与信息，2021（19）：111-112．

[89] 王会强，刘维娜，尹义蕾，等．我国设施农业智能水肥一体化技术发展现状及分析［J］．河北农机，2021（10）：36-37．

[90] 许彪，张莹．5G技术在智慧农业大棚灌溉模型中的应用研究［J］．农机使用与维修，2021（9）：17-18．

[91] 中国农科院．中国农业产业发展报告2020（简版）［R/OL］．（2021-06-03）［2025-05-15］．http://www.199it.com/archives/1113163.html．

[92] 高如梦．碳排放约束下的农业增长：测度、评价与影响因素［D］．武汉：武汉轻工大学，2020．

[93] 刘明明，雷锦锋．我国农业实现碳中和的法制保障研究［J］．广西社会科学，2021（9）：30-38．

[94] 胡婉玲，张金鑫，王红玲．中国种植业碳排放时空分异研究［J］．统计与决策，2020，36（15）：92-95．

[95] 周媛，郑丽凤，周新年，等．基于行业标准的木材生产作业系统碳排放［J］．北华大学学报（自然科学版），2014，15（6）：815-820．

[96] 卞荣军，李恋卿．生物质废弃物处理与农业碳中和［J］．科学，2021，73（6）：22-26，4．

[97] 王雪萤．低碳视角下的质量兴农研究［D］．西安：陕西师范大学，2019．

[98] 隋福民．以平台为抓手，促进中国农业产业的升级［J］．中共杭州市委党校学报，2020（6）：58-66．

[99] 张林秀，白云丽，孙明星，等．从系统科学视角探讨农业生产绿色转型［J］．农业经济问题，2021（10）：42-50．

[100] 尹岩，郗凤明，邴龙飞，等．我国设施农业碳排放核算及碳减排路径［J］．应用生态学报，2021，32（11）：3856-3864．

[101] 汤爱明．我国现代设施农业装备技术的研究现状及发展对策［J］．新农业，2021（20）：43-44．

[102] 程琨，潘根兴．农业与碳中和［J］．科学，2021，73（6）：8-12，4．

[103] 钱耀洲，姚洪根，潘建根，等．关于农业种植技术和现代农业机械化的相关性探讨［J］．河北农机，2021（10）：59-60．

[104] 国务院．2030年前碳达峰行动方案的通知：国发〔2021〕23号［EB/OL］．（2021-10-24）［2025-05-15］．http://www.gov.cn/zhengce/content/2021-10/26/content_5644984.htm．

[105] 田春英．推动承德市农业废弃物资源循环利用的关键措施［J］．农村经济与科技，2020，31（7）：25-26．

[106] Ou S，Yu R，Lin Z，et al. Intensity and daily pattern of passenger vehicle use by region and class in China：Estimation and implications for energy use and electrification［J］．Mitigation and Adaptation Strategies for Global Change，2020，25（3）：307-327．

[107] 韩立群．碳中和的历史源起、各方立场及发展前景［J］．国际研究参考，2021（7）：29-36，44．

[108] 薛亮．各国推进实现碳中和的目标和进展［J］．上海人大月刊，2021（7）：53-54．

[109] 国家质量监督检验检疫总局，国家标准化管理委员会．工业企业温室气体排放核算和报告通则：

GB/T 32150—2015 ［S］.

[110] 中国国际科技促进会. 城市碳达峰碳中和规划技术导则：T/CI 020—2022 ［S］.

[111] 朱骅. 从碳汇渔业到蓝色粮仓的发展机制 ［J］. 上海海洋大学学报，2019，28（6）：968-975.

[112] 种珊，朱松丽. 我国塑料碳排放核算体系搭建与应用初探 ［J］. 中国能源，2022，44（12）：7-15.

[113] 师佳，宁俊. 我国纺织服装行业碳排放影响因素及达峰预测 ［J］. 北京服装学院学报（自然科学版），2022，42（3）：66-74.

[114] 黄倩倩，曲洪建. 中国纺织服装行业碳排放量的时空格局演变 ［J］. 毛纺科技，2022，50（11）：108-118.

[115] 王来力，杜冲，吴雄英. 我国纺织服装行业的碳排放分析 ［J］. 纺织导报，2011（10）：19-22.

[116] 张鲁明. 报告显示，全球每年产生 10 亿条废旧轮胎 ［J］. 中国轮胎资源综合利用，2022（7）：39.

[117] 冯志亮. 废旧轮胎全生命周期碳足迹计算 ［D］. 天津：河北工业大学，2020.

[118] 张叶信，陈新疆，余甲锋，等. 蒸压加气混凝土生产中的碳排放量计算 ［J］. 砖瓦，2023（4）：38-41.

[119] 陈霏，农玉伯，潘荣伟，等. 烧结页岩空心砖与加气混凝土砌块碳排放对比 ［J］. 新型建筑材料，2023，50（3）：82-85.

[120] 李清疆，刘军. 加气混凝土砌块与烧结页岩空心砖全生命周期能耗与碳排放分析 ［J］. 重庆电子工程职业学院学报，2015，24（4）：148-151.

[121] 王志慧，叶晓青，周强. 建筑外墙不同选材方案的碳排放量对比分析 ［J］. 重庆建筑，2015，14（9）：53-56.

[122] 刘次啟，张强，杨佳成. 蒸压加气混凝土砌块的研究现状 ［J］. 砖瓦，2022（3）：34-36，39.

[123] 2030 年中国建材工业"创新提升、超越引领"发展战略 ［N］. 中国建材报，2013-07-02（2）.

[124] 中国建筑材料工业碳排放报告（2020 年度）［J］. 中国建材，2021（4）：59-62.

[125] 中国制造 2025 中国建材制造业发展纲要 ［J］. 中国建材，2018（7）：16-23.

[126] 产业结构调整指导目录（2011 年本）［N］. 中国经济导报，2011-04-30（B06）.

[127] 刘强. 黑龙江省碳达峰与碳中和的有效路径研究 ［D］. 哈尔滨：黑龙江大学，2022.

[128] 张亚博. 基于 STIRPAT-LEAP 模型的京津冀区域碳排放峰值预测 ［D］. 北京：中国石油大学（北京），2021.

[129] 滕飞，平冰宇，边远，等. 基于 STIRPAT 模型的东三省"碳排放"预测与达峰路径研究 ［J］. 通化师范学院学报，2022，43（10）：18-30.

[130] 李小军，朱青祥，漆志强，等. 基于 STIRPAT 模型的碳排放峰值预测研究：以甘肃省为例 ［J］. 环保科技，2022，28（5）：38-44.

[131] 程雪琼. 江西省低碳发展评价与碳达峰预测研究 ［D］. 南昌：南昌大学，2022.

[132] 中国省域碳排放情景预测与达峰路径研究 ［D］. 淮南：安徽理工大学，2022.

[133] 田利军，徐森雨，李一博，等. 基于 STIRPAT 模型的天津滨海国际机场航空器碳排放峰值预测研究 ［J］. 天津商业大学学报，2023，43（2）：33-40.

[134] 刘泽森，黄贤金，卢学鹤，等. 共享社会经济路径下中国碳中和路径预测 ［J］. 地理学报，2022，77（9）：2189-2201.

[135] Wang S, Wang Y X, Zhou C X, et al. Projections in various scenarios and the impact of economy, population, and technology for regional emission peak and carbon neutrality in China ［J］, International Journal of Environmental Research and Public Health，2022，19：12126.

[136] 杨立，唐柳. 曲周县碳平衡分析与预测 ［J］. 中国人口·资源与环境，2013，23（增刊2）：10-13.

[137] 宋晓聪，杜帅，邓陈宁，等. 钢铁行业生命周期碳排放核算及减排潜力评估 ［J］. 环境科学，2023，44（12）：6630-6642.

[138] 禹露. 能源精细化管理在钢铁行业中的应用 ［J］. 冶金动力，2019（3）：8-11.

[139] 董金池，汪旭颖，蔡博峰，等．中国钢铁行业 CO_2 减排技术及成本研究［J］．环境工程，2021，39（10）：23-31，40.

[140] 庄贵阳．低碳消费的概念辨识及政策框架［J］．人民论坛·学术前沿，2019（2）：47-53.

[141] 郝少阳，宋鹭，徐海红．我国砖瓦行业面临的环境问题与对策建议［J］．环境影响评价，2020，42（6）：16-19.

[142] Cohen G，Jalles J T，Loungani P，et al. The Long-run decoupling of emissions and output：Evidence from the largest emitters［J］．Energy Policy，2018，118（6）：58-68.

[143] 王巧．中国低碳城市试点政策"嵌套执行"及其效果研究［D］．武汉：华中科技大学，2021.

[144] 现代院能源安全研究中心课题组，赵宏图．国际碳中和发展态势及前景［J］．现代国际关系，2022（2）：20-28，62.

[145] 习近平在中共中央政治局第三十六次集体学习时强调：深入分析推进碳达峰碳中和工作面临的形势任务　扎扎实实把党中央决策部署落到实处［N］．人民日报，2022-01-26（3）.

[146] 巢清尘．"碳达峰和碳中和"的科学内涵及我国的政策措施［J］．环境与可持续发展，2021，46（2）：14-19.

[147] 周楠，邱波，赵良，等．我国碳达峰碳中和"1＋N"政策体系分析与展望［J］．可持续发展经济导刊，2023（增刊2）：62-66.

[148] 李宜衡，王振强，朱培武．我国碳达峰碳中和标准化现状及对策建议研究［J］．品牌与标准化，2023（5）：21-24.

[149] 欧阳志远，史作廷，石敏俊，等．"碳达峰碳中和"：挑战与对策［J］．河北经贸大学学报，2021，42（5）：1-11.

[150] IEA. Net zero by 2050：A roadmap for the global energy sector［R/OL］．（2021-05-18）［2024-05-15］．https：//www.iea.org/events/net-zero-by-2050-a-roadmap-for the global-energy-system.

[151] 葛继红，孔阿敬，王猛．"双碳"背景下中国农业碳排放分布动态及减排路径［J］．新疆农垦经济，2023（4）：44-52.

[152] 孔德雷，姜培坤．"双碳"背景下种植业减排增汇的途径与政策建议［J］．浙江农林大学学报，2023，40（6）：1357-1365.

[153] 陈璇．"双碳"目标下中国农业碳减排政策情景模拟研究［D］．长春：吉林大学，2023.

[154] 李佳诺．双碳政策下农业绿色技术创新问题及对策研究［J］．当代农村财经，2023（2）：31-33.

[155] 刘文，范培清，孔庆霞，等．我国农田投入品减量增效技术研究进展［J］．寒旱农业科学，2023，2（1）：13-16.

[156] RMI，中国科学院生态环境研究中心．乡村碳中和和公平转型：现状与展望暨乡村碳中和发展指数报告［R］，2023.

[157] 国家统计局．中国统计年鉴2022［M］．北京：中国统计出版社，2023.

[158] 国家统计局．中国农村统计年鉴2022［M］．北京：中国统计出版社，2023.

[159] 方精云．碳中和的生态学透视［J］．植物生态学报，2021，45（11）：1173-1176.

[160] 于贵瑞，郝天象，朱剑兴．中国碳达峰、碳中和行动方略之探讨［J］．中国科学院院刊，2022，37（4）：423-434.

[161] 姜联合．全球碳循环：从基本的科学问题到国家的绿色担当［J］．科学，2021，73（1）：39-43.

[162] 谢高地．论我国生态系统碳汇能力及其提升途径［J］．环境保护，2023，51（3）：12-16.

[163] 王献红，王佛松．二氧化碳的固定和利用［M］．北京：化学工业出版社，2011.

[164] 中国工程院生物碳汇扩增战略研究课题组．生物碳汇扩增战略研究［M］．北京：科学出版社，2015.

[165] 陈泮勤．中国陆地生态系统碳收支与增汇对策［M］．北京：科学出版社，2008.

[166] 董恒宇．碳汇概要［M］．北京：科学出版社，2012.

[167] Bossio D A, Cook-Patton S C, Ellis P W, et al. The role of soil carbon in natural climate solutions [J]. Nature Sustainability, 2020, 3 (5): 1-8.

[168] 张贤, 李阳, 马乔, 等. 我国碳捕集利用与封存技术发展研究 [J]. 中国工程科学, 2021, 23 (6): 70-80.

[169] 徐金金, 余秀兰. 拜登政府的气候政策及中美气候合作前景 [J]. 区域国别学刊, 2023, 7 (4): 128-153, 160.

[170] 张玉环. 拜登政府气候外交战略：动因、进展与制约因素 [J]. 东北亚论坛, 2023, 32 (4): 50-65, 127-128.

[171] 徐金金, 黄云游. 拜登政府的能源政策及其影响 [J]. 国际石油经济, 2022, 30 (9): 21-32.

[172] 朱玲玲. 拜登政府的"清洁能源革命"：内容、特点与前景 [J]. 中国石油大学学报（社会科学版）, 2022, 38 (4): 45-55.

[173] 宣晓伟, 张浩. 碳排放权配额分配的国际经验及启示 [J]. 中国人口·资源与环境, 2013, 23 (12): 10-15.

[174] 张厶月, 祝琳. 美国《基础设施投资和就业法案》概况、进展及影响 [J]. 社会科学前沿, 2022, 11 (5): 1580-1586.

[175] 郑杰峰. 欧盟二氧化碳减排政策研究及其对我国的启示 [D]. 北京：中国石油大学, 2011.

[176] 秦阿宁, 孙玉玲, 王燕鹏, 等. 碳中和背景下的国际绿色技术发展态势分析 [J]. 世界科技研究与发展, 2021, 43 (4): 18.

[177] 汪惠青, 魏天磊. 欧盟碳治理的最新进展、经验总结及相关启示 [J]. 西南金融, 2022 (5): 3-15.

[178] 甘满光, 张力为, 李小春, 等. 欧洲 CCUS 技术发展现状及对我国的启示 [J]. 热力发电, 2023, 52 (4): 1-13.

[179] 江思羽. 碳中和目标下的欧盟能源气候政策与中欧合作 [J]. 国际经济评论, 2022 (1): 134-154, 7-8.

[180] 田慧芳. 碳中和背景下中欧气候合作的潜力与挑战 [J]. 欧亚经济, 2022 (5): 25.

[181] 潘家华, 董秀成, 崔洪建, 等. 欧洲能源危机及其影响分析 [J]. 国际经济评论, 2023 (1): 9-37, 4.

[182] 刘丛丛, 吴建中. 走向碳中和的英国政府及企业低碳政策发展 [J]. 国际石油经济, 2021, 29 (4): 83-91.

[183] 张亦弛, 牟效毅. 英国低碳能源转型：战略、情景、政策与启示 [J]. 国际石油经济, 2020, 28 (4): 17-29.

[184] 汪惠青, 魏天磊. 欧盟碳治理的最新进展、经验总结及相关启示 [J]. 西南金融, 2022 (5): 13.

[185] 杜江, 秦雨桐. 日本迈向"碳中和"的困境及其实现路径 [J]. 现代日本经济, 2022 (3): 66-80.

[186] 李东坡, 周慧, 霍增辉. 日本实现"碳中和"目标的战略选择与政策启示 [J]. 经济学家, 2022 (5): 117-128.

[187] 刘小林. 日本参与全球治理及其战略意图：以《京都议定书》的全球环境治理框架为例 [J]. 南开学报（哲学社会科学版）, 2012 (3): 26-33.

[188] 江霞, 汪华林. 碳中和技术概论 [M]. 北京：高等教育出版社, 2022.

[189] 程明, 张建忠, 王念春. 可再生能源发电技术 [M]. 北京：机械工业出版社, 2020.

[190] 李克勋, 宗明珠, 魏高升. 地热能及与其他新能源联合发电综述 [J]. 发电技术, 2020, 41 (1): 69-77.

[191] 钱伯章. 水力能、海洋能和地热能技术与应用 [M]. 北京：科学出版社, 2010.

[192] 毛宗强, 毛志明. 氢气生产及热化学应用 [M]. 北京：化学工业出版社, 2015.

[193] 吴朝玲, 李永涛, 李媛. 氢的储存与运输 [M]. 北京：化学工业出版社, 2021.

［194］ 张晖，刘昕昕，付时雨 . 生物质制氢技术及其研究进展［J］. 中国造纸，2019（7）：68-74.

［195］ 陈冠益，马文超，颜蓓蓓 . 生物质废物资源综合利用技术［M］. 北京：化学工业出版社，2015.

［196］ Wang H L，Yang B，Zhang Q，et al. Catalytic routes for the conversion of lignocellulosic biomass to aviation fuel range hydrocarbons［J］. Renwable and Sustainable Energy Reviews，2020，120：109612.

［197］ Wang F，Harindintwali J D，Yuan Z，et al. Technologies and perspectives for achieving caron neutrality［J］. The Innovation，2021，2（4）：100180.

［198］ 陆诗建 . 碳捕集、利用与封存技术［M］. 北京：中国石化出版社，2020.

［199］ 樊三彩 . 周志东：2025 年底有望实现电炉钢产量占比 15％［N］. 中国冶金报，2024-08-06（8）.

［200］ 刘楠楠，刘玉柱，楚敬龙，等 . 有色金属冶炼企业低碳绩效评价指标体系构建探析［J］. 矿冶，2024，33（2）：310-316.

［201］ 傅向升 . 增强信心加快转型奋力开创稳中求进、以进促稳新局面：在"2023 年度中国石油和化学工业经济运行新闻发布会"上的报告［J］. 中国石油和化工，2024（2）：14-25.

［202］ 郑雨潮 . 双碳目标下农业净碳排放时空演变及趋势预测研究［J］. 农业与技术，2025，45（1）：102-109.

［203］ 赵玉，陈霖波，张玉，等 . 中国粮食种植业碳效应时空演化及碳排放公平性［J］. 生态学报，2024，44（12）：5059-5069.

［204］ 李蕴 . 关于加快我国可持续航空燃料发展的思考与建议［J］. 大飞机，2023（4）：60-63.

［205］ 崔文仲，周晚来 . "双碳"背景下农业废弃物基料化利用可行性分析［J］. 南方农机，2024（6）：10-14.